国防科技图书出版基金

飞行控制与飞行仿真
Flight Control and Flight Simulation

王行仁　龚光红　等编著

国防工业出版社
·北京·

图书在版编目(CIP)数据

飞行控制与飞行仿真 / 王行仁等编著. —北京：
国防工业出版社，2019.4
ISBN 978 - 7 - 118 - 11735 - 6

Ⅰ. ①飞… Ⅱ. ①王… ②龚… Ⅲ. ①飞行控制系统
②飞行模拟 – 计算机仿真 Ⅳ. ①V249②V211.8

中国版本图书馆 CIP 数据核字(2019)第 036892 号

※

国防工业出版社出版发行

（北京市海淀区紫竹院南路 23 号　邮政编码 100048）
三河市腾飞印务有限公司印刷
新华书店经售
*
开本 710×1000　1/16　印张 19　字数 327 千字
2019 年 4 月第 1 版第 1 次印刷　印数 1—2000 册　定价 98.00 元

（本书如有印装错误，我社负责调换）

国防书店：(010)88540777　　发行邮购：(010)88540776
发行传真：(010)88540755　　发行业务：(010)88540717

致 读 者

本书由中央军委装备发展部**国防科技图书出版基金**资助出版。

为了促进国防科技和武器装备发展，加强社会主义物质文明和精神文明建设，培养优秀科技人才，确保国防科技优秀图书的出版，原国防科工委于1988年初决定每年拨出专款，设立国防科技图书出版基金，成立评审委员会，扶持、审定出版国防科技优秀图书。这是一项具有深远意义的创举。

国防科技图书出版基金资助的对象是：

1. 在国防科学技术领域中，学术水平高，内容有创见，在学科上居领先地位的基础科学理论图书；在工程技术理论方面有突破的应用科学专著。

2. 学术思想新颖，内容具体、实用，对国防科技和武器装备发展具有较大推动作用的专著；密切结合国防现代化和武器装备现代化需要的高新技术内容的专著。

3. 有重要发展前景和有重大开拓使用价值，密切结合国防现代化和武器装备现代化需要的新工艺、新材料内容的专著。

4. 填补目前我国科技领域空白并具有军事应用前景的薄弱学科和边缘学科的科技图书。

国防科技图书出版基金评审委员会在中央军委装备发展部的领导下开展工作，负责掌握出版基金的使用方向，评审受理的图书选题，决定资助的图书选题和资助金额，以及决定中断或取消资助等。经评审给予资助的图书，由中央军委装备发展部国防工业出版社出版发行。

国防科技和武器装备发展已经取得了举世瞩目的成就，国防科技图书承担着记载和弘扬这些成就，积累和传播科技知识的使命。开展好评审工作，使有限的基金发挥出巨大的效能，需要不断摸索、认真总结和及时改进，更需要国防科技和武器装备建设战线广大科技工作者、专家、教授，以及社会各界朋友的热情支持。

让我们携起手来，为祖国昌盛、科技腾飞、出版繁荣而共同奋斗！

国防科技图书出版基金

评审委员会

国防科技图书出版基金
第七届评审委员会组成人员

推　荐　序

　　飞机的发明者 Wilbur Wright 在研制世界首架有动力飞行飞机的过程中曾感慨道:"飞行器从发明开始,飞行控制就是最难的难题!"飞行控制系统的作用是保证飞机的稳定性和操纵性,提高飞机的飞行性能、增强飞行的安全性、减轻驾驶员的工作负荷。

　　在飞行需求牵引和相关技术的推动下,飞行控制系统经历了从人工飞行控制系统向自动飞行控制系统的发展。现代飞机的飞行包线不断扩大,需执行的飞行任务越来越复杂,由此对飞机控制系统的性能要求也越来越高。余度技术、数字电传操纵技术、总线技术、分布式控制技术、光传技术、智能控制技术等的综合运用,不断提高着飞机的飞行性能与安全性能,同时也使得飞行控制系统的设计与验证愈加复杂。

　　飞行控制系统设计是一项复杂的系统工程,涉及众多的专业,需要采用论证、设计、仿真、试验与验证一体化的设计思路。其中,采用基于模型的设计流程及其设计的快速迭代,能显著缩短系统研制周期、降低成本、提高产品质量。

　　仿真科学与技术是以建模与仿真理论为基础,建立并利用被研究对象的模型,用计算机、物理效应设备及仿真器作为工具,对被研究对象进行分析、设计、运行和评估的一门综合性、交叉性学科。现代仿真科学与技术已成为人类认识和改造客观世界的重要手段,在国民经济、国家安全和人类社会生活的各个领域发挥着不可或缺的重要作用。实践表明,仿真科学与技术可以全面、高效地支持飞行控制系统全系统设计、试验和全生命周期应用。

　　该书将飞行系统的设计与试验和仿真技术相融合,结合作者多年来在飞行控制与飞行仿真领域的丰富教学和科研经验,全面地论述了飞行控制系统设计方法与支撑环境,以及数学仿真、半实物仿真、分布式仿真、环境仿真等在飞行控制系统设计与试验验证中的应用等技术,其内容不乏创新,并独具特色。

　　该书作者北京航空航天大学王行仁教授,是我国仿真科学与技术学科创始人之一,在系统仿真、飞行器稳定与控制、计算机实时控制等工程领域提出了许多新的理论方法,系统地解决了工程实践中的一系列关键技术。在分布交互仿真和虚拟现实技术应用研究方面取得了重大成果,发表大量学术论文,出版多部专著,为把我国仿真技术提高到国际先进水平作出了突出贡献。

王行仁教授是我国飞行器控制、系统仿真、计算机实时控制等工程领域的著名专家、学者和优秀教育工作者,曾任中国系统仿真学会理事长、荣誉理事长,是我国导航制导与控制国家重点学科学术带头人。王行仁教授持续耕耘在科研与教学第一线,在飞行器控制与仿真技术和应用研究方面取得了许多重要的科研与教学成果,并获得多项国家级奖项,同时他还主讲了"飞行器稳定与自动驾驶仪""飞行控制系统""计算机控制系统""容错控制系统"和"现代仿真技术"等课程。

耄耋之年,王行仁教授仍勤耕不已,为了给读者提供更丰富而实用的知识与技术,他查阅了上千篇文献资料广阅博览,逐篇整理、批注、摘录、分类,融入本书的架构与内容细节之中。此书的撰写历时数载,倾入了王行仁教授的大量心血。王行仁教授病逝后,教学科研团队又根据同行专家的意见,继续对此书进行了修改与完善。

相信本书的出版不仅能为飞行控制与飞行仿真领域科研人员的研究工作及高等院校学生的学习提供重要参考,同时,其他领域内从事仿真技术研究与应用的科技工作者也能从中获取众多有益的启示。

李伯虎
2018 - 10 - 30

前　言

近几十年来,伴随着高机动性、快速性、高安全可靠性等飞行需求的发展,飞机性能不断面对新的挑战,因此飞行控制技术及其系统结构也随之不断变化,出现了主动控制技术、综合控制技术等先进的飞行控制技术,也显现了飞行控制系统与航电系统综合化的趋势。目前,除了古典控制理论之外,许多现代控制方法也被应用于设计先进飞机的飞行控制系统,信息技术的发展亦为飞行控制系统的设计提供了软件支撑环境。

与此同时,现代建模仿真理论与技术也越来越多地应用于飞行控制系统的设计与试验过程中,除了利用 Matlab/Simulink 软件系统进行数学仿真外,半实物仿真、分布式仿真等先进仿真技术也服务于飞行控制系统,利用飞行控制系统与飞行动力学构成复杂动力学系统,形成具有多输入多输出、多变量、多通道、多回路、多采样速率、实时性与同步、信息交叉耦合等特点的飞行控制综合仿真系统。目前,飞行仿真技术已是研究、设计与实现飞行控制系统重要的、不可或缺的科学方法与手段。

本书结合作者多年来从事飞行控制与飞行仿真的教学和科研实践经验,广泛参考国内外有关文献,以系统性、先进性、实用性为出发点,着力介绍飞行控制系统及其飞行仿真系统的基本原理、系统组成、功能和发展过程。在内容安排上,力求将理论、方法、技术与工程实践经验相结合,广泛反映国内外已有研究成果和学术观点,结合具有代表意义的 F-8C、X-29、A330/A340、A380、B777、B787 等飞机的飞行控制系统组成、实现技术、相关飞行仿真系统等进行介绍,具有工程实用性。

本书由北京航空航天大学先进仿真技术航空科技重点实验室组织编写,由王行仁教授进行全书的框架设计、素材组织、内容确定,由龚光红、王江云、李妮、刘刚、林新等同志进行内容充实与图文绘制。在本书的编写过程中,得到了北京航空航天大学张平教授和西北工业大学吴成富教授的热情帮助,他们对全书提出了中肯的改进建议,丁莹高工对全书进行了校对,在此对这些同志表达由衷的谢意。

受作者学识所限,书中差错在所难免,敬请读者批评指正。

王行仁　龚光红

2018 年 12 月于北京

缩 略 词 表

缩略词	英文全称	中文释义
ACE	Actuator Control Electronics unit	作动器控制电子装置
ADIRS	Air Data Inertial Reference System	大气数据惯性参考系统
ADIRU	Air Data Inertial Reference Unit	大气数据惯性基准组件
ADM	Air Data Module	气动数据组件
AFCS	Automatic Flight Control System	自动飞行控制系统
AFDC	Autopilot Flight Director computer	自动驾驶仪飞行指引计算机
AFDX	Avionics Full – Duplex Switched Ethernet	航空电子全双向交换以太网
AIMS	Airplane Information Management System	飞机信息管理系统
ANN	Artificial Neural Network	人工神经网络
AOA	Angle of Attack	攻角
AP	Application Processor	应用处理器
ASE	Analysis and Synthesis environment	分析综合环境
ASIC	Application – Specific Integrated Circuit	专用集成电路
ATTAS	Advanced Technologies Testing Aircraft System	先进技术试验飞机系统
CAP	Control Anticipation Parameter	操纵期望参数
CAS	Control Augmentation Systems	增控系统
CFCS	Centralized Flight Control Systems	中央式飞行控制系统体系
CGF	Computer Generated Forces	计算机生成兵力
CMM	Common Mode Monitor	通用模式监控器
CRC	Cyclic Redundancy Check	循环冗余校验
CSAS	Control and Stability Augmentation System	控制增稳系统
DCS	Distributed Control System	分布式控制系统

DDC	Direct Digital Control	直接数字控制系统
DFBW	Digital Fly – By – wWire	数字式电传操纵
DFCS	Digital Flight Control System	数字式飞行控制系统
DFD	Data Flow Diagrams	数据流程图
DI	Dynamic Inversion	动态逆
DMM	Demodulator Monitor	解调监控器
EFIS	Electronic Flight Instruments System	电子飞行仪表系统
EHA	Electrohydrostatic Actuator	电动静压式作动器
EICAS	Engine Indicating and Crew Alerting System	发动机指示和机组告警系统
ELMS	Electrical Load Management System	电力负荷管理系统
EMA	Electromechanical Actuator	电动机械式作动器
EMU	Engine Data Interface Unit	发动机数据接口组件
FBL	Fly – By – Light	光传操纵
FBW	Fly – By – Wire	电传操纵
FCS	Flight Control system	飞行控制系统
FDD	Fault Detection and Diagnosis	故障检测与诊断
FDI	Fault Detection and Isolation	故障检测与隔离
FDIE	Fault Detection, Isolation, and Estimation	故障检测、隔离与估计
FEPS	Flight Envelope Protection System	飞行包线保护系统
FFBD	Function Flow Block Diagrams	功能流方块图
FFCS	Federated Flight Control Systems	联邦式飞行控制系统
FPGA	Field Programmable Gate Array	可编程门阵列
FSEU	Flap Slat Electronics Unit	襟翼缝翼电子组件
FTCS	Fault Tolerance Control System	容错控制系统
FTD	Flight Training Device	飞行训练器
FTFCS/RFCS	Fault Tolerance Flight Control System/ Reconfigurate Flight Control System	容错和重构飞行控制系统
GDE	Graphical Design Environment	图形设计环境
GMDE	Graphical Modeling Design Environment	图形建模设计环境

GPS	Global Positioning System	全球定位系统
HA	Hydraulic Actuators	液压式作动器
HARV	High Alpha Research Vehicle	大攻角技术研究机
HATP	High – Alpha Technology Program	大攻角技术研究项目
HBR	Human Behavior Represantation	人的行为描述
HiMAT	Highly Maneuverable Aircraft Technology	高机动飞机技术
HLA	High Level Architecture	高层体系结构
HYDIM	Hydraulic Interface Module	液压接口组件
IFOR	Intelligent Forces	智能兵力
IMA	Integrated Modular Avionics	集成模块航空电子
IOS	Instructor Operation Station	教员台
ISM	Input Signal Management	输入信号管理
LPV	Linear Parameter Varying	线性变参数
LRU	Line Replaceable Unit	航线可更换部件
LTSS	Long Term Scientific Study	长期科学研究
MAFT	Multilane Architecture Failure Tolerant	多路径体系结构容错
MEL	Master Environmental Library	主环境库
MEMS	Micro – Electronic Mechanical Systems	微电子机械系统
MFD	Multiple Function Display	多功能显示
MOPS	Multi – Objective Parameter Synthesis	多目标参数综合
NCS	Networked Control System	联网控制系统
NVP	N – Version Programming	N 版软件编程
NATO	North Atlantic Treaty Organization	北大西洋公约组织
OC	Operation Control	运行控制器
OOram	Object – Oriented Role Analysis and Modeling	面向对象的角色分析与建模
PBW	Power – By – Wire	功传
PCAS	Pitch Command Augmentation System	俯仰命令增强系统
PCU	Power Control Units	电源控制组件

PFC	Primary Flight Computer	主飞行计算机
PIO	Pilot – Induced Oscillations	飞行员诱发振荡
PLC	Programmable Logic Controller	可编程逻辑控制器
PSA	Power Supply Assembly	电源供应器组件
PSEU	Proximity Switch Electronics Unit	进场转换电子组件
RA	Radio Altimeter	无线电高度表
RAE	Remote Actuator Electronics	远程作动器电子装置
SAARU	Secondary Attitude and Air Data Reference Unit	备份姿态和大气数据参考单元
SAF	Semi – Automated Forces	半自动兵力
SAS	Stability Augmentation Systems	增稳系统
SE	Synthetic Environment	综合环境
SEDRIS	Synthetic Environment Data Representation and Interchange Specification	综合自然环境数据表示和交换规范
SNE	Synthetic Natural Environment	综合自然环境
SRA	Systems Research Aircraft	系统研究飞机
SRFCS	Self – Repairing Flight Control System	自修复飞行控制系统
TMR	Triple Modular Redundancy	三重组件余度
TSM	Two Step Method	两步法
VIA	Visual Instruments Aid	视景仪表辅助
WES	Warning Electronics System	告警电子系统
WOW	Weight On Whee	着陆重量

目　录

Contents

XX

第1章 概　　述

1.1　飞行控制系统基本原理与组成

从飞机诞生之日起,飞机的运动控制就备受关注。飞机运动是一种在空中具有方向、速度、加速度的矢量运动,为某种任务建立飞行轨迹,飞机自然稳定性类似惯性将阻碍飞行轨迹的改变,而控制是使飞机运动矢量易于快速变化。

飞机有两种控制方式:①人工操纵,即飞行员控制;②自动控制。

飞行员通过驾驶杆、脚蹬和发动机油门操纵飞机,飞行员控制依靠人的创造性、协调能力、自适应能力、学习能力和智力、但人的动态能力有限,控制质量取决于主观,有时会错误操作。自动飞行控制系统比人工控制反应快,能更好更可靠地完成任务。飞行自动控制优点在于飞行控制计算机比飞行员人工驾驶的反应速度快,可进行复杂的计算。

自动飞行控制系统(Automatic Flight Control System,AFCS)是相对于飞行员人工操纵飞机的一种技术。自动驾驶仪(Autopilot)和飞行控制系统(Flight Control System,FCS)都属于自动飞行控制系统,但两者之间在体系结构、功能、复杂程度上有较大区别,自动驾驶仪主要是替代飞行员自动驾驶飞机,飞行控制系统有复杂的体系结构,能改善提高飞机的稳定性、操纵性、机动性,是飞机设计的重要组成部分。可以说飞行控制系统是自动驾驶仪的发展,飞行控制系统包括自动驾驶仪,自动驾驶仪是飞行控制系统的组成部分。

飞行控制系统的控制对象是飞机,飞机在空中具有俯仰、横滚、偏航 3 个角运动和前移、侧移、升降 3 个线运动。从控制动力学角度来看,飞机飞行动力学是多输入多输出系统,飞行控制系统也是多输入多输出系统。比较而言,飞机飞行动力学系统输入变量少输出变量多,而飞行控制系统输入变量多输出变量少,飞行动力学系统与飞行控制系统组合构成一个大的复杂的反馈闭环控制系统。新飞机设计必须考虑飞行控制系统,两者应协同进行设计。飞行控制系统能改善飞机原有的气动特性,提高飞机操纵品质和飞行性能。

飞行控制系统是一种反馈闭环控制系统,主要由传感器、控制计算机、作动器组成。闭环控制系统相对于开环控制系统有以下优点:①稳态输出与输入关系基本上不受回路增益变化影响;②改善系统带宽和减小相位延迟;③能快速阻尼动态响应,受回路增益变化影响小。

飞行控制系统基本原理如图 1.1 所示。

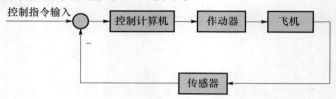

图 1.1　飞行控制系统基本原理

动态系统响应随时间变化,反馈形成两个或多个动态系统互连,相互影响,动态耦合。简单而言,反馈是动态系统输出信号返回来与输入控制指令进行比较,构成闭环回路,而控制是处理和实现动态系统响应变化调整的理论与技术。

飞行控制系统主要由以下几部分组成:

(1)增稳系统(Stability Augmentation System,SAS)。采用速率陀螺信号提供速率阻尼,改善飞行员操纵飞机的瞬态响应,包括阻尼比和自然频率。增稳系统常应用于 3 个轴以获得良好的阻尼,例如偏航阻尼器、横滚阻尼器、俯仰阻尼器。有些飞机若不采用阻尼器就将不稳定,经常采用的偏航阻尼器的结构如图 1.2所示。F-8C 飞机的横滚与偏航增稳系统结构如图 1.3 所示。

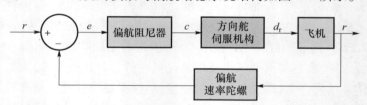

图 1.2　偏航阻尼器组成结构

(2)增控系统(Control Augmentation System,CAS)。CAS 给飞行员提供控制飞机的各种模式,是飞行员控制飞机的辅助系统。例如,如果飞行员通过操纵面输入进行控制,很难精确控制,而使用 CAS 保持航向,则不需要飞行员修正航向的变化。其他例子还有横滚速率、俯仰速率、法向加速度等控制。

(3)自动驾驶仪(Autopilot)。主要是姿态稳定和控制,自动完成某些飞行任务,如俯仰姿态保持、飞行高度保持、飞行速度/马赫数保持、航向保持、横滚角保持、协调转弯、自动着陆等。现代自动驾驶仪采用惯性制导系统、GPS、无线电导航系统测得飞行轨迹误差,可完成起飞、爬升、平飞、下降、进场、着陆等。

自动飞行系统(Auto Flight System)组成如图 1.4 所示。

2

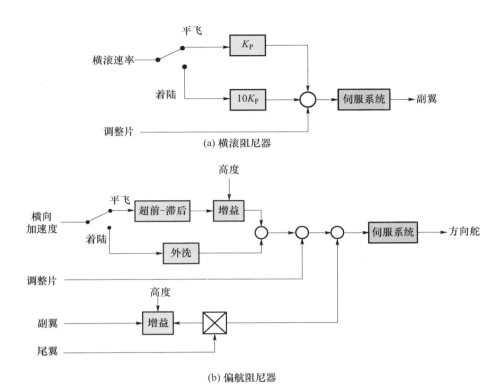

(a) 横滚阻尼器

(b) 偏航阻尼器

图 1.3　标准 F－8C 飞机的横滚与偏航增稳系统结构

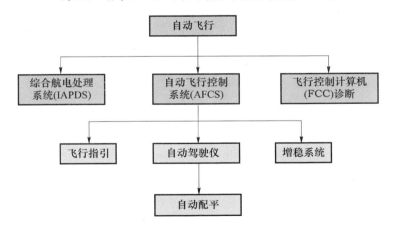

图 1.4　自动飞行系统组成

自动驾驶仪有以下优点：

（1）与飞行员相比有更快的响应速度；

（2）能与控制计算机相互通信；

（3）在同一时间可以执行多项任务；

（4）减轻飞行员的驾驶疲劳。

自动驾驶仪航向通道控制原理如图 1.5 所示。

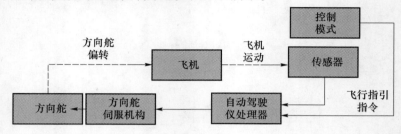

图 1.5　自动驾驶仪航向通道控制原理

自动驾驶仪俯仰姿态保持系统原理图如图 1.6 所示[1]。

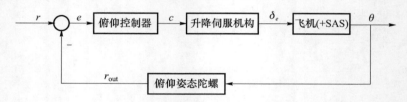

图 1.6　俯仰姿态保持系统原理图

自动驾驶仪的横滚速率控制系统原理图如图 1.7 所示。

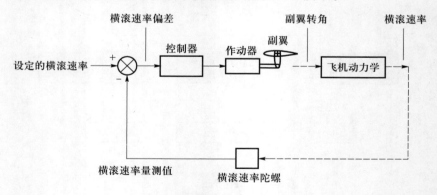

图 1.7　横滚速率控制系统原理图

自动驾驶仪是机械、电气、液压控制系统，可以减轻飞行员工作负担和疲劳，并且比飞行员操纵飞机反应更快更精确。

三通道自动驾驶仪包括传感器、控制计算机和作动器伺服系统，自动驾驶仪

4

的信息来自传感器,如陀螺仪、加速度表、空速指示器、自动导航器和各种无线电设备。将这些信号综合形成控制律指令,通过作动器驱动飞机操纵面。

飞行控制系统包括传感器、控制计算机、作动器、数据总线等所有设备集成,可以全权改变飞行轨迹,而自动驾驶仪是飞行控制系统的组成部分,它能减轻飞行员驾驶疲劳,保持飞行姿态、飞行高度、飞行速度或导航飞行。另一方面,断开自动驾驶仪也不会影响飞机飞行安全,断开自动驾驶仪后可转换为飞行员人工驾驶。

飞行控制系统原理框图如图1.8所示。

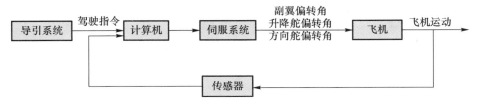

图1.8 飞行控制系统组成框图

典型飞行控制系统部件如图1.9所示[3]。

从结构上分析,一般认为SAS是内回路,CAS和自动驾驶仪是外回路。SAS是一直接通的,而CAS和自动驾驶仪在需要时接通工作。

现代飞行控制系统由多个分系统集成,包括作动器分系统、传感器分系统、飞行控制计算机、飞行控制软件、通信数据总线、余度(Redundancy)管理、容错与重构、分布管理等,飞行控制系统的任何一个分系统发生故障都会影响飞行安全。

飞行控制系统还可以包括发动机的推力控制系统,如图1.10所示的自动油门、全权限数字发动机控制等,推力控制与气动操纵面控制的集成与综合是飞行控制系统的重要发展方向之一。

飞行控制系统包含主系统和辅助系统,主系统提供飞机俯仰、横滚、偏航稳定与控制,辅助系统提供起飞着陆时附加升力、飞行时减小速度、辅助机动飞行。

飞行控制系统可分为纵向通道和侧向通道,而侧向通道又可分为航向通道和横向通道。飞行参数有的变化快,有的变化慢。飞机质心线运动慢于飞机角运动。另一种划分方法将飞机角运动控制称为内回路,飞机质心线运动控制称为外回路,见图1.11[3]。内回路控制飞机的姿态运动,增加系统稳定性,改善飞行性能,外回路控制飞机的轨迹运动,它的任务是控制飞行速度、飞行高度,保持飞行轨迹,如目标跟踪、编队飞行、自动着陆、地形跟踪。这种区别不是很严格的,相互之间有耦合关系。

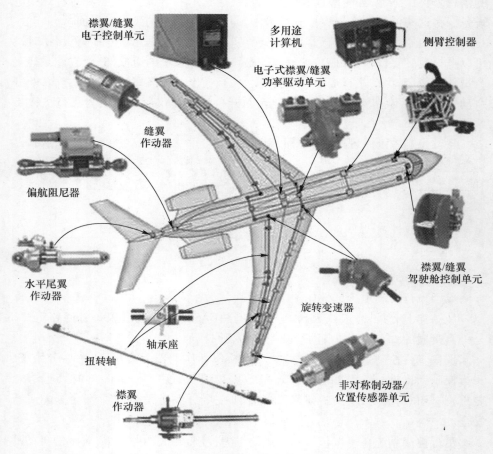

图 1.9　典型飞行控制系统部件

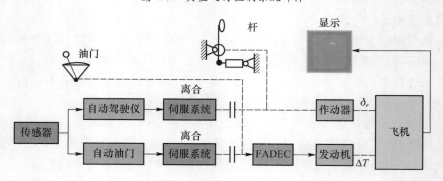

图 1.10　含有推力控制系统的飞行控制系统

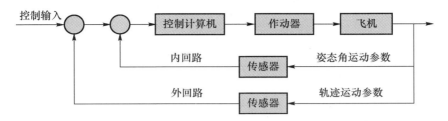

图 1.11 飞行控制系统的内回路与外回路

自动飞行控制系统有多种控制模式:早期自动驾驶仪有俯仰姿态保持、横滚姿态保持等简单模式;另有一种指令模式,如垂直速度控制、高度保持/高度选择、仪表着陆系统(ILS)下滑控制、垂直导航,航向跟踪、仪表着陆系统航向控制、侧向导航等。

控制模式通过控制面板选择,不同飞行阶段有不同的控制模式(图1.12),例如:

- 起飞(TAKE – OFF)阶段:保持飞机航向和机翼水平;
- 巡航(CRUISE)阶段:保持飞行高度;
- 进场(APPROACH)阶段:按方向台、下滑台指引轨迹飞行。

飞行控制系统的传感器即机载测量系统包含:

(1)姿态和航向参考系统——测量俯仰角、横滚角、航向角、俯仰角速率、横滚角速率、偏航角速率;

(2)惯性传感器——测量飞机重心的3个线加速度;

(3)大气数据系统——测量飞行高度、飞行速度、垂直速度、攻角、侧滑角;

(4)导航系统——包括 GPS、VOR/DME、ILS,提供飞机经纬度位置、相对某参考坐标系的空间位置 x,y,z;

(5)其他测量信号——如发动机参数、起落架位置。飞行控制系统的作动器即操纵机构,飞机的操纵机构有升降舵、副翼、方向舵、襟翼、缝翼、减速板、发动机推力、前轮、主轮刹车等。

飞行控制计算机主要功能包括:

(1)控制律计算,计算操纵面偏角;

(2)飞行控制工作模式操作;

(3)故障检测与隔离;

(4)余度管理;

(5)系统重构,即重新布局;

(6)系统监控;

(7)自测试。

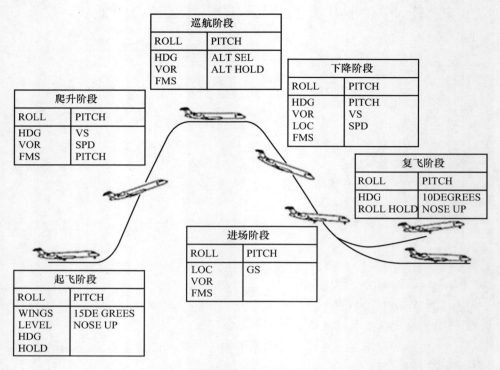

巡航阶段

ROLL	PITCH
HDG	ALT SEL
VOR	ALT HOLD
FMS	

下降阶段

ROLL	PITCH
HDG	PITCH
VOR	VS
LOC	SPD
FMS	

爬升阶段

ROLL	PITCH
HDG	VS
VOR	SPD
FMS	PITCH

复飞阶段

ROLL	PITCH
HDG	10DEGREES
ROLL HOLD	NOSE UP

进场阶段

ROLL	PITCH
LOC	GS
VOR	
FMS	

起飞阶段

ROLL	PITCH
WINGS	15DE GREES
LEVEL	NOSE UP
HDG	
HOLD	

图 1.12　自动飞行控制系统模式

1.2　飞行控制系统功能

飞行控制系统能改变和改善飞机稳定性、操纵性和机动性,提高操纵品质和飞行性能。

随着技术的发展,飞行控制系统的功能不断扩大,主要功能如下:

1. 改善飞机稳定性

从某种意义上讲,飞机的稳定性和操纵性是矛盾的。稳定性好的飞机,一般操纵性、机动性差,在飞机设计时要求飞机气动中心在重心之后,保证飞机自然稳定性。现代飞机设计为了有良好的操纵性、机动性,飞机可以自然不稳定。飞机垂直尾翼面积小,航向运动的自然阻尼小,为了增加航向稳定性,可采用 SAS。

2. 提高飞机操纵性和机动性

飞行控制系统有多种工作模态,不同飞行阶段有不同的飞行控制律,在整个

8

飞行包线范围内,改善飞机操纵性和机动性,提高飞行品质。有时称为增控系统,可对自然不稳定飞机进行稳定和可控。

3. 参与飞机设计

飞行控制系统与气动、结构、发动机成为飞机设计的主要组成部分,以前是飞机设计定型后再进行飞行控制系统设计。现代飞机设计时,飞行控制系统参与同时设计,与飞机气动设计和布局密切相关,可以补偿基本气动布局的不足,提高飞机的飞行性能,飞行动力学与飞行控制系统构成大的、复杂的动力学系统,计算机辅助设计的虚拟样机技术正在发展和应用。

4. 提高飞行安全性

飞行控制系统采用在线检测与监控、故障识别与隔离、余度技术、容错与重构技术等,提高了系统可靠性,提高了飞行安全性。

5. 扩大飞行包线范围和提高飞行品质

飞行控制系统采用复杂控制律、极限控制和保护技术,可以扩大飞行包线范围和提高飞行品质,自动防止失速和尾旋,在有推力矢量时实现大攻角飞行。

6. 提高飞机对地、对空作战能力

由于提高了飞机操纵性和机动性,控制响应速度快,能及时快速跟踪和攻击目标。

7. 增强抗外干扰能力

飞行控制系统能抑制外干扰,例如大气扰动和缓和阵风以及油箱、武器弹药载荷变化给飞机带来的干扰和重心变化。

8. 减轻飞行员工作负担和疲劳

由飞行控制系统中的自动驾驶仪替代飞行员自动驾驶飞机,使飞机自动按给定的姿态、航向、高度和马赫数飞行,可大大减轻飞行员直接驾驶飞机的负担。

每种飞机根据需求设计飞行控制系统,可采用不同的功能。例如,F104 的自动飞行控制系统包括自动驾驶、三轴增稳和自动俯仰控制。

F104 的自动飞行控制系统由控制计算机、横滚速率陀螺、俯仰/偏航速率陀螺、副翼和稳定面并行伺服系统组成。该系统给飞行员多种控制模式,从有限的操纵到完全自动飞行控制。其操纵杆有一大特点,即允许飞行员在机动飞行时可以不断开自动飞行控制系统,在发生故障时自动驾驶仪将自动断开,飞行员对操纵杆可以进行超控。

F104 的自动飞行控制系统设计提供横滚和俯仰姿态稳定、高度保持、马赫数保持、航向保持、标准转弯、自动俯仰配平等功能。

F - 16 飞机放宽静稳定性可以减小操纵面的尺寸,减轻飞机重量。F - 16 是一种放宽静稳定性飞机,它的重心可以从稳定位置移动到不稳定位置,这种动态特性可以提高飞行性能和机动性，以满足空战和对地攻击的需要。飞机不稳定时采用飞行控制系统，称为控制增稳系统（Control and Stability Augmentation System，CSAS），飞机稳定时采用自动驾驶仪。

1.3 飞行控制系统发展过程

飞机(有人驾驶飞机或无人机)具有六自由度运动，即纵向、横向、升降3个线运动和俯仰、横滚、航向3个角运动。飞行员通过操纵系统操纵舵面控制飞机在空中的飞行。初期飞机飞行速度低、体型小，飞行员通过拉杆、钢索直接操纵飞机舵面，即机械式操纵系统。随着飞行速度增大以及大型飞机的出现，舵面铰链力矩增大，靠飞行员体力已不能直接拉动舵面，这时采用了舵面调整片减小铰链力矩，即减小飞行员的操纵负荷力矩。

1969年开始采用电–液伺服控制作动器和人感载荷系统，电–液伺服控制作动器替代了机械操纵系统，同时，发展和应用了自动驾驶仪。早期AFCS是自动驾驶仪和飞行指引仪（Flight Director System）的组合。飞行控制计算机接收飞行控制面板的模式选择信号和大气数据系统、导航系统、姿态/航向参考系统、无线电高度表、操纵面位置等传感器信号。飞行控制计算机向作动器伺服系统发出指令信号，控制副翼、升降舵或平尾调整片，飞行指引仪向飞行员提供操纵指令信号和工作模式选择。

随着电子技术的发展，采用了导线传输信号控制舵面的伺服系统，替代了拉杆和钢索，这就是电传操纵（Fly – By – Wire，FBW）系统，舵面伺服系统有液压式和电动式。飞机电传操纵系统最先是在军机上使用，F – 16A／B战斗机是世界上第一架采用FBW系统的飞机，当时采用的是模拟式电传操纵系统，采用了四余度结构，无机械备份系统。民机上使用电传操纵系统是从1988年空客公司设计的A320开始的，为首台带有机械备份的全电传操纵系统[4]。

随着电磁环境日益恶劣，从提高操纵系统的抗电磁干扰能力出发，未来飞机操纵系统将由光纤数据线替换传输电线，称为光传操纵（Fly – By – Light，FBL）系统。1975年，美国空军飞行试验中心在A – 7D飞机上开始进行数字战术飞行控制系统计划，利用光纤作为多功能飞控系统的数据传输线，机上设有多路传输双通道光纤数据传输线及双通道的同轴电缆传输线。1979年，美国洛克希德–乔治亚公司在一架卡普罗尼喷气滑翔机上试验了光传操纵系统，把光纤信号传输用于俯仰通道的控制。美国对光传操纵系统的研究经历了初期光传操纵计划、光传/电传混合计划、信号光传/能量电传计划、先进光传硬件计划，将光传操纵系统由技术试验转向系统应用，未来将应用于新一代飞机中[5]。

10

飞行控制系统相关技术发展可概括如表1.1所列。

表 1.1　飞行控制系统发展简表

首飞时间	1955	1969	1972	1978—1983	1983	1988	至今
伺服控制,人感系统	x	x	x	x	x	x	− − >x
电-液作动器		x	x	x	x	x	− − >x
指令与监视计算机		x	x	x	x	x	− − >x
数字计算机				x	x	x	− − >x
调整片,偏航阻尼器,防护装置	x	x	x	x	x	x	− − >x
电动飞行控制		x		x	x	x	− − >x
光传飞行控制				x	x	x	− − >x
侧杆,控制律				x	x	x	− − >x
伺服控制的飞机（自动飞行）	x	x	x	x	x	x	− − >x
系统安全评价		x	x	x	x	x	− − >x
系统集成测试	x	x	x	x	x	x	− − >x
典型飞机	快帆	协和号	A300	协和号	A310	A320	F − 18
				A − 7D	A300 − 600	MD − 87	F − 22

在20世纪六七十年代,F−16装上增稳系统和自动驾驶仪。那时又提出主动控制技术(Active Control Technology,ACT)和随控布局飞机(Control Configured Vehicles,CCV)。ACT是使用FCS主动补偿飞机气动的不足,而CCV是飞机与FCS同时协调设计,以提高飞行的下列性能:自然不稳定飞机的增稳增控、高机动性和大攻角飞行、自动防止失速和尾旋、自动结构保护和阵风缓和,所有这些将提高飞行安全和减轻飞行员负担。ACT和CCV基本元素是有飞机响应反馈的全权限FCS,它必须全时间工作有效,使FBW成为基本配置。

20世纪50年代电子技术的发展,模拟式电子自动飞行控制系统替代了液压机械式系统,而液压机械式系统作为备份,后来是全时间电传操纵系统控制,取消了液压机械式系统备份。数字式电传操纵(Digital Fly − By − Wire,DFBW)飞行控制系统是飞行控制系统发展的重要一步,1972年首先在F−8飞机上试飞,1988年首次在A320民机主飞行控制系统上应用。随后1992年A340飞机和1995年波音777飞机都采用了DFBW飞行控制系统。DFBW飞行控制系统能够减轻飞机重量、燃油消耗、可控布局,还具有增稳、增控、飞行包线保护、飞行控制律重构等重要功能。主控制系统控制升降舵、副翼、方向舵,辅助控制系统控制缝翼、襟翼、扰流片。

小型飞机采用 DFBW 飞行控制系统的优点不如大飞机,欧洲专门列项研究小飞机采用 DFBW 飞行控制系统的挑战问题:

（1）采用新设计方法。传统设计采用单回路迭代,耗时工作量大,新设计方法采用自动设计技术,例如飞行控制律设计。

（2）采用综合仿真环境进行论证设计。

（3）有效制定操纵品质要求。

（4）系统集成技术。例如,采用多种传感器信息源。

（5）采用混合作动器系统。

由于 20 世纪 70 年代电子技术的发展,在航空领域许多电子设备替代了电气机械、气动、液压装置,每一种新型飞机都会出现更多的通信、导航以及其他功能的电子设备。例如,座舱仪表由电气机械式仪表发展为电子飞行仪表系统（Electronic Flight Instruments System,EFIS）和发动机指示和机组系统（Engine Indicating and Crew Alerting System,EICAS）,数字电子、数字计算机以及软件技术更使航空技术进入发展新时期,体积更小、重量更轻、能耗更少。

现代机载数字计算机及机载软件不仅用于通信、导航、EFIS、EICAS,还用于惯性导航系统、自动飞行控制系统、电子发动机控制系统、飞机集成控制系统、飞机集成监控系统、交通告警和防撞系统、接地告警系统、数据通信网络系统。

20 世纪 80 年代末飞机依靠全球定位系统（Global Positioning System,GPS）可以获得非常精确的全球导航信息。

飞行控制系统实现了飞机的操纵自动化,开始采用模拟式电路或模拟计算机处理控制信号。随着计算机技术的发展,数字计算机替代了模拟计算机,构成了数字式飞行控制系统（Digital Flight Control System,DFCS）。

飞机飞行高度和飞行速度变化大,为了适应飞行环境的变化,发展了多种原理的 AFCS。

飞行控制系统对于飞行安全至关重要,为提高飞行安全性采用了余度技术、容错技术和重构技术,构成了容错和重构飞行控制系统（Fault Tolerance Flight Control System/Reconfigurate Flight Control System,FTFCS/RFCS）。

信息技术和网络技术的发展,促使控制系统由集中控制向分散化、智能化[5]发展,近年来分布式飞行控制系统获得研发和应用。

1.3.1　军机飞行控制系统发展

现代军用飞机（简称军机）飞行控制系统采用高宽带数字式电传操纵系统,增强了飞行能力和抗外干扰能力,扩大了飞行包线,飞行控制系统包括复杂的反馈成形回路和前馈成形回路,现代战斗机采用直接力控制和推力矢量控制,可以独立完成俯仰指向控制和航迹控制,而不仅仅靠升降舵,提高了空－空作战能力。它的特点如下:

（1）控制功能的集成——如俯仰/推力控制;横滚/偏航控制;航向阻尼/协调转弯;推力不对称补偿;

（2）改善故障检测、识别、隔离能力;

（3）包线保护——包括飞行速度、法向过载、攻角、横滚角;

（4）采用多输入多输出(MIMO)多变量控制策略。

现代数字式电传操纵飞行控制系统产生许多新问题,其中之一是时间延迟,如数字化带来的时间延迟,飞行控制系统滤波器、舵面伺服系统的速率限制引起的时间延迟等,现代飞行控制系统累积的较大时间延迟应很好处理。

英国最初是在"美洲虎"项目中采用了 FBW,飞机在 1981 年进行了首飞,1983 年起又在实验飞机项目 EAP 中采用了四余度 FBW,在后续的飞机研制中将 FBW 逐渐发展为全时间全权限数字式电传操纵系统。德国 MBB 公司在 F－104G 飞机上研了四余度全权限数字式 FCS,它改造了 F－104G 飞机作为 CCV 验证机(1977—1984),后来 X－31 试验机采用数字电传,利用了推力矢量,两架飞机都达到 70°攻角。

其他采用 FBW 的飞机有:麦克唐纳飞机公司/美国空军可生存飞行控制系统 F－4(1972 年首飞),通用动力 AFTI/F－16 (1982),麦道 S/MTD F－15 (1988),格鲁曼 X－29(1984)。近期有:波音/麦道 X－36,洛克希德·马丁 F－22"猛禽",波音/麦道 F－18 霍尼特和军用运输机 C－17,诺斯罗普 B－2,SAAB JAS－39"鹰狮"。

要获得高性能的 FBW,必须有更快速度更大内存的数字计算机、高带宽执行结构和改进的传感器(飞机运动传感器和大气数据传感器)。同时继续提高设备可靠性,可以使余度水平降低(如四余度降为三余度)。

军机为了飞行安全,FBW 采用三余度结构,采用多计算路径和监控,多个动静压传感器测量速度向量,包括速度大小和方向,以及攻角和侧滑角。大气数据系统(Air Data System)用于座舱显示、增益调整、稳定反馈、飞行包线限制。

军机有许多外挂,会改变飞机重量、重心、转动惯量。大多数军机大攻角时由于气流分离,产生非线性气动特性,使机翼、尾翼效能降低。为了在飞行前验证飞行品质,常采用理论分析、离线仿真、地面人在回路仿真等手段进行分析与试验。FCS 运动传感器测量飞机刚体运动,同时也测量到飞机弹性模态的高频结构振荡,惯性传感器输出信号应进行衰减,避免驱动飞机操纵面高频振荡,引起 airframe/FCS 结构耦合,衰减采用模拟或数字滤波器,例如凹陷滤波器,滤波器的设计既要满足飞机弹性模态稳定，又要减小刚体飞机控制在该频率的相位延迟。由于数字采样会引起混淆信号，必须采用滤波器限制输入信号的带宽，移去高频分量，避免由于数字采样影响系统的低频性能。

1.3.2　民机飞行控制系统发展

20 世纪 60 年代到 70 年代初期，第二代民用飞机（简称民机）空中客车A300，波音 727、737、747，麦道 DC9、DC10，洛克希德 L1011 等，都采用了液压助力器和液压舵机，航向阻尼器，具有全天候自动着陆模式。

苏制图－144（1968）和英法协和式飞机（1969）是当时仅有的超声速民航机，协和式飞机装有三轴全权限模拟式 FCS，并有机械备份。

第三代民机有 A300－600、A310、波音 747－400、757、767、麦道 MD80、90、11，其特点是玻璃座舱和数字系统，增加了飞行管理系统，可事先制定飞行计划并自动执行，飞行员的输入到执行机构的传递采用机械式。

第四代民机有 A319/A320/A321、A330/A340，波音 777 采用全时间全权限电传 FCS。A320 是第一架安装有 FBW 飞行控制系统的民用飞机，采用电气信号控制液压舵机，具备非相似余度。

截至 1998 年，FBW 飞行控制系统技术在航线上服务超过 10 年，已有 1000多架 FBW 飞行控制系统民机。

1988 年，A320 是首架采用电传操纵飞行控制系统的飞机，1992 年 A340 采用第二代 FBW 飞行控制系统，所有空客飞机都采用电子控制器和液压伺服系统控制操纵面。

综上所述，飞行控制系统发展过程中有以下技术突破点：一是电－液伺服系统作动器替代全机械式操纵系统；二是自动驾驶仪、增稳系统、增控系统的发展和应用；三是基于电信号传输的电传操纵系统；四是数字计算机替代模拟计算机，从而产生数字式飞行控制系统的发展和应用；五是容错与重构飞行控制系统的发展和应用，提高了飞行可靠性和安全性；六是分布式飞行控制系统研究发展应用，今后将进一步研究发展与其他航电系统综合的集成式飞行控制系统[6]。

1.4　飞行仿真系统与技术

系统仿真是对已有的或设想的客观事物建立动态数学模型和逻辑关系模型，在计算机上计算、运行、分析和设计。系统仿真的特点是系统性、动态性、时间性（实时与非实时）和逻辑性（同步与非同步，并行和串行）。

飞行仿真是飞机及其系统研制过程中不可缺少的重要步骤和手段，在飞机研制过程中,系统仿真试验已与飞机试飞、风洞试验同等重要,如图 1.13 所示。

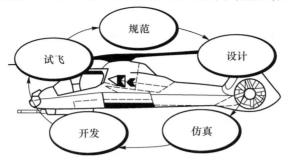

图 1.13　电传飞行控制系统开发与系统集成路线图

现代飞机采用数字式机载系统,有大量软件需要试飞验证,需投入大量人力、物力和时间,研发成本高。而地面飞行仿真系统可以进行大量的详细的机载软件试验验证。飞行仿真系统是在地面的试验装置,要生成空中飞行环境,对飞行控制系统和其他机载系统进行试验验证。

在计算机和网络技术发展基础上,发展了分布交互仿真系统。

飞行控制系统仿真有多种类型,常用有以下几种:

(1) 模型在回路仿真,即数学仿真。建立飞行动力学数学模型,建立气动系数数学模型和数据库,建立传感器、作动器、控制律数学模型,形成闭环进行仿真,一般为非实时仿真。

(2) 硬件在回路仿真。建立飞行动力学数学模型,建立气动系数数学模型和数据库,将传感器、作动器或飞行控制计算机接入闭环回路进行仿真,由于硬件实物接入,需要专门的物理量转换设备,要求实时仿真。

(3) 软件在回路仿真。建立飞行动力学数学模型,建立气动系数数学模型和数据库,建立传感器和作动器数学模型,接入飞行控制计算机软件,形成闭环进行仿真,一般为实时仿真。

(4) 人在回路仿真,即飞行模拟器。建立飞行动力学数学模型,建立气动系数数学模型和数据库,建立传感器、作动器、控制律数学模型,形成闭环进行仿真,在地面建立虚拟飞行环境,包括模拟座舱、运动系统、视景系统、仪表显示系统、操纵负荷系统,要求为实时仿真。

(5) 铁鸟仿真("Iron bird" simulation)系统。1:1 飞机操纵系统,有飞行员模拟座舱,可以接入机载系统实物,如飞行控制系统硬件实物,特别是控制律软件。

(6) 联网分布交互仿真系统。可以是一个飞行控制系统的分布交互仿真,也可以是多架飞机的联网分布交互仿真。

此外,飞机飞行要考虑自然环境的影响,如大气环境、地形条件,可以在地面进行综合自然环境作用下的飞行仿真;飞机的飞行性能和操纵品质应在作战环境下考核验证,可以在地面建立虚拟战场仿真系统,进行空战、对地面目标攻击、威胁回避、路线规划等试验,形成对抗作战环境下的飞行仿真。

飞行仿真系统除数学模型外,在回路中要接入硬件实物、应用软件、操作人员,必须设计物理转换设备和接口,保证实时和同步。

在飞行仿真系统基础上,可建立飞行控制系统设计支撑环境,包含数学仿真,传感器、飞行控制计算机、作动器等硬件在回路仿真,飞行软件在回路仿真,模拟座舱人在回路仿真,以及多机(包括有人驾驶飞行模拟器和计算机生成航空兵力)联网仿真,在支撑环境中采用虚拟样机技术进行各种飞行控制系统研究、设计和验证。

系统仿真的关键技术如下:

(1) 被仿真对象(包括飞机和机载系统)数学模型的建立,即建模;

(2) 仿真系统体系结构,分布交互仿真和联网仿真可解决复杂系统仿真;

(3) 模型的校核、验证与确认;

(4) 仿真系统及仿真结果的校核、验证与确认;

(5) 仿真算法与仿真语言;

(6) 仿真环境的建立。

参 考 文 献

[1] RMIT University. master/automaticFlightControl. php. http://aerostudents. com/master/automaticFlightControl. php.

[2] Goyal S. Study of a Longitudinal Autopilot For Different Aircrafts[D]. Punjab Engineering College, 2006.

[3] Ananda C M. Civil Aircraft Advanced Avionics Architecutres – An Insight Into Saras Avionics, Present and Future Perspective. Symposium on Aircraft Design, 14th June 2007, Bangalore, India.

[4] 庄绪岩, 徐亚军. 民机电传操纵系统发展现状及趋势[J]. 科技创新导报, 2014 (5): 81 – 81.

[5] 李昆, 王少萍. 光传操纵系统的发展趋势[J]. 北京航空航天大学学报, 2005, 29(12): 1068 – 1072.

[6] 范彦铭. 飞行控制技术与发展[J]. 飞机设计, 2012 (6): 33 – 37.

第 2 章　飞行动力学数学模型

2.1　飞机运动坐标系

坐标系是飞行器在空中运动的参考基准,右手直角坐标系中一般有苏联坐标系和英美坐标系两种,本书采用国际上常用的英美坐标系。

其中,右手坐标系定义:若右手大拇指指向 x 正方向,食指指向 y 正方向,中指指向 z 正方向,则构成右手坐标系。

在研究飞行器运动特性时,由运动学关系可知,飞行器对地速度为飞机空速和风速矢量和,即飞行器的对地速度矢量 V_K、对空速度矢量 V_A 与当时当地的风速矢量 V_W 构成速度三角形,如图 2.1 所示。

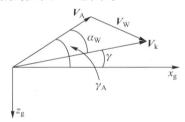

图 2.1　飞机速度三角形示意图

研究飞行器运动一般常用的坐标系有 4 种[1]:

(1)地球坐标系($X_E Y_E Z_E$),简称地轴系,为右手坐标系。以地球上某一点为坐标原点,X_E 轴指向北,Y_E 轴指向东,Z_E 轴指向地球中心。许多飞行器动力学问题中,忽略地球自转和地心曲线运动,所以可以看成惯性坐标系,飞机姿态角速度、加速度均相对此坐标系衡量。

(2)机体坐标系($X_B Y_B Z_B$),简称体轴系,为右手坐标系。与机体固连,坐标系原点相对飞机几何中心是固定的,X_B 沿飞机纵轴,指向机头方向,Z_B 指向下,Y_B 与 X_B 及 Z_B 构成右手坐标系,平行于横轴,指向右。气动力矩的 3 个分量(横滚力矩 L、俯仰力矩 M、偏航力矩 N)均是对体轴系轴线给出的。

(3)风轴坐标系($X_W Y_W Z_W$)。简称风轴系,也称气流坐标系,为右手坐标系。X_W 轴指向飞机飞行速度矢量方向,Y_W 轴指向右侧,Z_W 轴在飞机对称平面内。升力 L,阻力 D,侧力 C 均在风轴系中定义。

（4）航迹坐标系 $(X_K Y_K Z_K)$,又称弹道固连坐标系,为右手坐标系。原点位于飞行器质心, X_K 方向指向飞机地速方向, Z_K 轴位于包含 X_K 轴在内的铅垂平面内,指向下, Y_K 与 X_K、Z_K 构成右手坐标系,指向右。

由上述可知,当风速不为 0 时, X_K 轴与 X_W 轴是不同的,只有当风速为 0 时两者才一致。

（5）稳定坐标系 $(X_S Y_S Z_S)$。右手坐标系,坐标系原点相对飞机几何中心是固定的, X_S 与飞行速度在飞机对称平面上的投影平行, Y_S 与 Y_B 一致, Z_S 按右手规则向下。

各个坐标系之间的关系如图 2.2 所示。

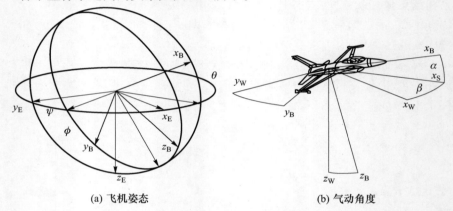

(a) 飞机姿态　　　　　　　　　(b) 气动角度

图 2.2　各个坐标系之间的关系

根据飞行速度矢量与机体轴的关系,定义攻角和侧滑角如下[2]:

攻角(Angle of Attack,AOA)也称为迎角,是飞行速度向量(气流方向)在纵向对称面上的投影与机体纵轴的夹角。

侧滑角(Sideslip Angle)是指飞行速度向量与飞机对称平面之间的夹角。

$$\alpha = \arctan \frac{w}{u} \tag{2.1}$$

$$\beta = \arcsin\theta \frac{v}{\sqrt{u^2 + v^2 + w^2}} \tag{2.2}$$

建立飞机运动方程可以根据不同的需要采用各种坐标系,各坐标系之间可以转换,如风轴坐标系转换为机体坐标系的转换矩阵为[3]

$$T_{ab} = T_z(\beta) T_y(-\alpha) \begin{bmatrix} \cos\alpha\cos\beta & \sin\beta & \sin\alpha\cos\beta \\ -\cos\alpha\sin\beta & \cos\beta & -\sin\alpha\sin\beta \\ -\sin\alpha & 0 & \cos\alpha \end{bmatrix} \tag{2.3}$$

18

地球坐标系与机体坐标系的关系如图2.3所示。

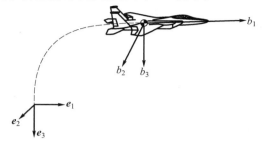

图2.3 地球坐标系和机体坐标系转换示意图

机体坐标系和地面坐标系关系用姿态角(横滚角 φ、俯仰角 θ、偏航角 ψ)来确定,其中:

横滚角 ϕ:飞机对称面和铅垂面的夹角,绕 X_B 轴顺时针转动为正。

俯仰角 θ:X_B 方向与水平面的夹角,抬头为正。

偏航角 ψ:X_B 在水平面内的投影与 X_E 正方向的夹角,左偏为正。

姿态角的关系如图2.4所示。

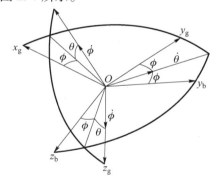

图2.4 姿态角关系示意图

由地轴坐标系转换为机体坐标系的转换矩阵为[2]

$$\boldsymbol{L}_{bg} = \begin{bmatrix} \cos\theta\cos\psi & \cos\theta\sin\psi & -\sin\theta \\ \sin\theta\sin\phi\cos\psi - \cos\phi\sin\psi & \sin\theta\sin\phi\sin\psi + \cos\phi\cos\psi & \sin\phi\cos\theta \\ \sin\theta\cos\phi\cos\psi + \sin\phi\sin\psi & \sin\theta\cos\phi\sin\psi - \sin\phi\cos\psi & \cos\phi\cos\theta \end{bmatrix}$$

$$(2.4)$$

2.2 飞行动力学方程和运动学方程

建立飞行器动力学及动力学方程一般采用如下基本假设:

（1）飞行器是刚体；

（2）在规定时间间隔内，忽略油量消耗，飞行器质量可以近似为常数；

（3）飞行器质量分布相对飞行器纵向平面对称，可以将交叉惯量积视为零；

（4）平面大地假设，不考虑地球表面曲率；

（5）发动机推力处于飞机机体轴水平面内；

（6）不考虑地球自转。

飞机飞行时受力和力矩的作用，描述飞机运动的基本方程如下：

运动方程：

力：
$$F = \left[\frac{\mathrm{d}}{\mathrm{d}t}(mV) \right]_{\mathrm{B}} + \omega \times mV \tag{2.5}$$

力矩：
$$M = \left[\frac{\mathrm{d}H}{\mathrm{d}t} \right]_{\mathrm{B}} + \omega \times H \tag{2.6}$$

飞机是具有质量 m 和转动惯量 J 的刚性运动体，受力 F 和力矩 M 控制，力包括升力、阻力、推力和重力，力矩有俯仰力矩、横滚力矩和偏航力矩[4]。

飞机运动具有 6 个自由度，即 3 个角运动方程和 3 个线运动方程，建立飞机运动方程首先要研究作用在飞机上的力和力矩，有气动力和力矩、发动机推力和力矩、重力、起飞着陆滑行时起落架与地面的摩擦力和力矩等。

一般来说，空气动力的力和力矩标准表达式为
$$F = \bar{q}SC_{\mathrm{F}}(\alpha, \beta, \omega, \delta, M, \cdots)$$
$$M = \bar{q}SlC_{\mathrm{M}}(\alpha, \beta, \omega, \delta, M, \cdots) \tag{2.7}$$

式中：$\bar{q} = \frac{1}{2}\rho V_{\mathrm{T}}^2$ 为动压；S 为机翼面积；l 为相对长度，通常选择作为计算俯仰力矩的翼弦弦长和计算横侧向力矩的翼展；C_{F}，C_{M} 为气动系数。

这些气动参数难以用解析法得出，通常用风洞试验和实际飞行测试得到。

$\boldsymbol{F}_{\mathrm{A}}$ 的气动力和气动力矩的表达式为
$$\boldsymbol{F}_{\mathrm{A}} = \begin{bmatrix} \bar{X}_{\mathrm{A}} \\ \bar{Y}_{\mathrm{A}} \\ \bar{Z}_{\mathrm{A}} \end{bmatrix} = \bar{q}S \begin{bmatrix} C_{\mathrm{X}} \\ C_{\mathrm{Y}} \\ C_{\mathrm{Z}} \end{bmatrix} \tag{2.8}$$

由于飞机升力垂直于飞行速度，飞机阻力与飞行速度方向一致，因此一般采用风轴系建立飞机运动方程更直接简单，没有投影关系。

飞机机体轴六自由度方程为

（1）力方程：
$$\dot{U} = rV - qW - g\sin\theta + (\bar{X}_{\mathrm{A}} + X_{\mathrm{T}})/m$$

$$\dot{V} = -rU + pW + g\sin\phi\cos\theta + (\bar{Y}_A + Y_T)/m$$

$$\dot{W} = qU - pV + g\cos\phi\cos\theta + (\bar{Z}_A + Z_T)/m \qquad (2.9)$$

（2）力矩方程：

$$J_x\dot{p} - J_{xz}(\dot{r} + pq) + (J_z - J_y)qr = \bar{L}$$

$$J_y\dot{q} + (J_x + J_z)pr + J_{xz}(p^2 - r^2) = M$$

$$J_z\dot{r} - J_{xz}(\dot{p} - qr) + (J_y + J_x)pq = N \qquad (2.10)$$

（3）质心运动学方程：

$$\dot{x} = V\cos\theta\cos\psi$$

$$\dot{y} = V\cos\theta\sin\psi$$

$$\dot{z} = -V\sin\theta \qquad (2.11)$$

（4）转动运动学方程：

$$\dot{\phi} = p + q\sin\phi\tan\theta + r\cos\phi\tan\theta$$

$$\dot{\theta} = q\cos\phi - r\sin\phi$$

$$\dot{\psi} = q\sin\phi\sec\theta + r\cos\phi\sec\theta \qquad (2.12)$$

这其中,空气动力和力矩由给定飞行条件下的气动系数确定：

$$\bar{X}_A = \bar{q}SC_X \qquad \bar{Y}_A = \bar{q}SC_Y \qquad \bar{Z}_A = \bar{q}SC_Z$$

$$\bar{L} = \bar{q}SbC_l \qquad M = \bar{q}ScC_m \qquad N = \bar{q}SbC_n \qquad (2.13)$$

2.3　飞行器运动方程的线性化

由上面所推导的力方程组和力矩方程组均存在着非线性关系,一般求取解析解非常困难,而线性化的飞机运动方程更适合于以成熟的线性系统控制理论为基础的飞行控制系统设计[5],因此,飞行器运动方程可采用线性化的处理方法：

（1）在飞行平衡点的小扰动线性化;

（2）纵向运动和侧向运动分开处理;

（3）按飞行参数动态变化的快慢划分为姿态运动和轨迹运动,或短周期运动和长周期运动;

（4）根据某些特定飞行参数建立简化方程;

（5）飞机的稳定性和操纵性,在飞行包线中心,气动特性常是线性的。

小扰动线性化方程和全量方程可根据不同的研究需要使用,两者的优缺点比较如表 2.1 所列。

表 2.1　全量方程组和小扰动线化方程组优缺点对比

全量方程组	小扰动线化方程组
精度高	精度低
一般只能求得数值积分解	能够获得解析解,便于分析和系统设计
非线性(含有状态变量的二次项及 $\sin,\cos$ 项)	线性
纵横向耦合,高阶	在一定条件下可以将方程式分成两组较低阶的纵横向相互独立的方程

关于飞行器运动方程线性化的几个基本概念如下:

（1）基准运动:即未扰动时的运动,是一种理想的参考运动状态,一般基准运动取对称定常直线飞行状态。

（2）扰动运动:有干扰情况下的飞行器运动,实际情况即此类运动。

（3）小扰动运动:与基准运动状态量的差值（如 $\Delta u,\Delta v,\Delta w$）很小,且二阶小量可以忽略。

（4）小扰动线化假设条件。

飞机:假设飞机是具有对称面的刚体,且忽略飞机活动部件相对飞机的运动,如舵面偏转、发动机转动、人员走动、飞机弹性变形等。忽略二阶小量,基准运动为对称定直飞行。

地球:忽略地球曲率、地球自转。一般当飞行速度小于 800m/s,高度小于 30km 时可忽略。

1. 飞行器运动方程线性化

任意运动方程可写为

$$f(x_{1.0},x_{2.0},x_{3.0},\cdots,x_{n.0})=0 \tag{2.14}$$

令 $x_i=x_{i.0}+\Delta x_i$,代入上式,得

$$f(x_{1.0}+\Delta x_1,x_{2.0}+\Delta x_2,x_{3.0}+\Delta x_3,\cdots,x_{n.0}+\Delta x_n)=0$$

然后在基准点按泰勒公式展开,得

$$f(x_{1.0},x_{2.0},\cdots,x_{n.0})+\left(\frac{\partial f}{\partial x_1}\right)_0\Delta x_1+\left(\frac{\partial f}{\partial x_2}\right)_0\Delta x_2+\cdots+\left(\frac{\partial f}{\partial x_n}\right)_0\Delta x_n=0$$

$$\tag{2.15}$$

将式(2.15)减式(2.14),得

$$\left(\frac{\partial f}{\partial x_1}\right)_0\Delta x_1+\left(\frac{\partial f}{\partial x_2}\right)_0\Delta x_2+\cdots+\left(\frac{\partial f}{\partial x_n}\right)_0\Delta x_n=0 \tag{2.16}$$

式(2.16)即为线化的小扰动方程。如果基准运动是定常运动,则上述线化

小扰动方程是常系数的,但是如果基准运动是非定常运动,则上述方程是变系数的。

对于力和力矩的线性化主要分为不可控力与力矩的线性化和可控力与力矩的线性化,其中不可控力主要为重力,可控力主要为气动力和推力。研究过程中,由于作用时间很短,不可控力可视为不变,俯仰角 θ 和横滚角 ϕ 影响重力在体轴系中的投影,已在线化过程中处理过。可控力,如气动力和推力,是状态变量和控制变量的函数,在小扰动下,视为线性变化。

由于在基础运动状态中为对称定直飞行,左右扰动产生的纵向气动力对称,所以纵向力对横测向参数导数为零,纵向操纵不会引起横侧向力的变化,不会引起非对称气动力。线化后的动力学方程和运动学方程纵横向互不耦合。

2. 线化过程举例

X 方向的力方程:

$$X - mg\sin\theta = m(\dot{u} + qw - rv) \quad (\text{非线性方程}) \qquad (2.17)$$

实际运动状态满足

$$X_0 + \Delta X - mg\sin(\theta_0 + \Delta\theta) = m\Delta\dot{u} \qquad (2.18)$$

$$\sin(\theta_0 + \Delta\theta) = \sin\theta_0\cos\Delta\theta + \cos\theta_0\sin\Delta\theta$$

$$= \sin\theta_0 + \Delta\theta\cos\theta_0 \qquad (2.19)$$

$$\Rightarrow X_0 + \Delta X - mg(\sin\theta_0 + \Delta\theta\cos\theta_0) = m\Delta\dot{u} \qquad (2.20)$$

X 方向上的基准方程 $\qquad X_0 - mg\sin\theta_0 = 0 \qquad (2.21)$

$$\begin{cases} X_0 + \Delta X - mg(\sin\theta_0 + \Delta\theta\cos\theta_0) = m\Delta\dot{u} \\ X_0 - mg\sin\theta_0 = 0 \end{cases} \qquad (2.22)$$

由式(2.22),有

$$\Delta X - mg\Delta\theta\cos\theta_0 = m\Delta\dot{u} \qquad (2.23)$$

X 方向力的小扰动线化方程为

$$\Delta\dot{u} = \frac{\Delta X}{m} - g\Delta\theta\cos\theta_0 \qquad (2.24)$$

同理,得

$$\dot{v} = \frac{\Delta Y}{m} + g\phi\cos\theta_0 - u_0 r \qquad (2.25)$$

$$\dot{w} = \frac{\Delta Z}{m} - g\Delta\theta\sin\theta_0 + u_0 q \qquad (2.26)$$

绕 x 轴的横滚力矩方程如下：

非线性方程

$$L = I_x \dot{p} - I_{zx}(\dot{r} + pq) - (I_y - I_z)qr \qquad (2.27)$$

实际运动状态满足

$$L_0 + \Delta L = I_x \dot{p} - I_{zx}\dot{r} - (I_y - I_z) \qquad (2.28)$$

根据小扰动假设，忽略二阶小量，有

$$L_0 + \Delta L = I_x \dot{p} - I_{zx}\dot{r} \qquad (2.29)$$

基准运动：

$$L_0 = 0 \qquad (2.30)$$

式（2.28）减式（2.29），得到小扰动线化方程为

$$\Delta L = I_x \dot{p} - I_{zx}\dot{r} \qquad (2.31)$$

同理，得

$$\Delta M = I_y \dot{q} \qquad (2.32)$$

$$\Delta N = -I_{zx}\dot{p} + I_z \dot{r} \qquad (2.33)$$

3. 各类力和力矩的导数的线化过程[1]（其中带"$*$"下标的参数均为初始状态参数）

（1）对速度的导数。

$$T_V = \left(\frac{\partial T}{\partial V}\right)_* = \left[\frac{\partial\left(\frac{1}{2}\rho V^2 S C_T\right)}{\partial V}\right]_*$$

$$= \frac{\partial C_T}{\partial Ma}\left(\frac{\mathrm{d}Ma}{\mathrm{d}V}\right)_* \frac{1}{2}\rho_* V_*^2 S + C_{T*}\rho_* V_* S$$

$$= \rho_* V_* S\left(\frac{1}{2}C_{TMa}Ma_* + C_{T*}\right)$$

类似地，可得

$$D_V = \left(\frac{\partial D}{\partial V}\right)_* = \rho_* V_* S\left(\frac{1}{2}C_{DMa}Ma_* + C_{D*}\right)$$

$$L_V = \left(\frac{\partial L}{\partial V}\right)_* = \rho_* V_* S\left(\frac{1}{2}C_{LMa}Ma_* + C_{L*}\right)$$

$$M_V = \left(\frac{\partial M}{\partial V}\right)_* = \rho_* V_* S_c\left(\frac{1}{2}C_{mMa}Ma_* + C_{m*}\right)$$

24

式中：$C_{TMa} = \dfrac{\partial C_T}{\partial Ma}$，$C_{DMa} = \dfrac{\partial C_D}{\partial Ma}$，$C_{LMa} = \dfrac{\partial C_L}{\partial Ma}$，$C_{mMa} = \dfrac{\partial C_m}{\partial Ma}$ 分别由可用推力特性曲线和纵向气动特性曲线用数值微分法求得。

（2）对高度的导数。

$$T_H = \left(\frac{\partial T}{\partial H} \right)_* = \left[\frac{\partial \left(\frac{1}{2} \rho V^2 S C_T \right)}{\partial H} \right]_*$$

$$= \frac{\partial C_T}{\partial H} \frac{1}{2} \rho_* V_*^2 S + C_{T*} \frac{1}{2} V_*^2 S \left(\frac{\partial \rho}{\partial H} \right)_*$$

$$= \frac{1}{2} \rho_* V_*^2 S \left(C_{TH} + C_{T*} \cdot \frac{\rho^H}{\rho_*} \right)$$

而

$$D_H = \left(\frac{\partial D}{\partial H} \right)_* = \left[\frac{\partial \left(\frac{1}{2} \rho V^2 S C_D \right)}{\partial H} \right]_*$$

$$= \frac{\partial C_D}{\partial Ma} \left(\frac{\partial Ma}{\partial c} \right)_* \left(\frac{\partial c}{\partial H} \right)_* \cdot \frac{1}{2} \rho_* V_*^2 S + C_{D*} \frac{1}{2} V_*^2 S \left(\frac{\partial \rho}{\partial H} \right)_*$$

$$= \frac{1}{2} \rho_* V_*^2 S \left(-C_{DMa} Ma_* \frac{c^H}{c_*} + C_{D*} \cdot \frac{\rho^H}{\rho_*} \right)$$

类似地，得

$$L_H = \frac{1}{2} \rho_* V_*^2 S \left(-C_{LMa} Ma_* \frac{c^H}{c_*} + C_{L*} \frac{\rho^H}{\rho_*} \right)$$

$$M_H = \frac{1}{2} \rho_* V_*^2 S c \left(-C_{mMa} Ma_* \frac{c^H}{c_*} + C_{m*} \frac{\rho^H}{\rho_*} \right)$$

式中：$c_H = \dfrac{\partial c}{\partial H}$ 和 $\rho_H = \dfrac{\partial \rho}{\partial H}$ 可按标准大气表数据数值微分求得；$C_{TH} = \dfrac{\partial C_T}{\partial H}$ 则有可用推力特性曲线数值微分得出。

（3）对角度的导数。

纵向部分，有

$$D_\alpha = \left(\frac{\partial D}{\partial \alpha} \right)_* = C_{D_\alpha} \frac{1}{2} \rho_* V_*^2 S$$

$$L_\alpha = \left(\frac{\partial L}{\partial \alpha} \right)_* = C_{L_\alpha} \frac{1}{2} \rho_* V_*^2 S$$

$$M_\alpha = \left(\frac{\partial M}{\partial \alpha}\right)_* = C_{m_\alpha}\frac{1}{2}\rho_* V_*^2 Sc$$

$$D_{\delta_e} = \left(\frac{\partial D}{\partial \delta_e}\right)_* = C_{D_{\delta_e}}\frac{1}{2}\rho_* V_*^2 S$$

$$L_{\delta_e} = \left(\frac{\partial L}{\partial \delta_e}\right)_* = C_{L_{\delta_e}}\frac{1}{2}\rho_* V_*^2 S$$

$$M_{\delta_e} = \left(\frac{\partial M}{\partial \delta_e}\right)_* = C_{m_{\delta_e}}\frac{1}{2}\rho_* V_*^2 Sc$$

横侧向部分,有

$$C_\beta = \left(\frac{\partial C}{\partial \beta}\right)_* = C_{c\beta}\frac{1}{2}\rho_* V_*^2 S$$

$$L_\beta = \left(\frac{\partial L}{\partial \beta}\right)_* = C_{l\beta}\frac{1}{2}\rho_* V_*^2 Sb$$

$$N_\beta = \left(\frac{\partial N}{\partial \beta}\right)_* = C_{n\beta}\frac{1}{2}\rho_* V_*^2 Sb$$

$$C_{\delta_r} = \left(\frac{\partial C}{\partial \delta_r}\right)_* = C_{c\delta_r}\frac{1}{2}\rho_* V_*^2 S$$

$$L_{\delta_r} = \left(\frac{\partial L}{\partial \delta_r}\right)_* = C_{l\delta_r}\frac{1}{2}\rho_* V_*^2 Sb$$

$$N_{\delta_r} = \left(\frac{\partial N}{\partial \delta_r}\right)_* = C_{n\delta_r}\frac{1}{2}\rho_* V_*^2 Sb$$

$$L_{\delta_a} = \left(\frac{\partial L}{\partial \delta_a}\right)_* = C_{l\delta_a}\frac{1}{2}\rho_* V_*^2 Sb$$

$$N_{\delta_a} = \left(\frac{\partial N}{\partial \delta_a}\right)_* = C_{n\delta_a}\frac{1}{2}\rho_* V_*^2 Sb$$

式中的这些气动导数,称为静导数,如 $C_{D_\alpha} = \dfrac{\partial C_D}{\partial \alpha}$,$\cdots$,$C_{c\beta} = \dfrac{\partial C_c}{\partial \beta}$,$\cdots$均可由理论估算或由风洞试验吹风得出。

（4）对角速度的导数。

纵向部分包括：

$$L_{\dot\alpha} = \left(\frac{\partial L}{\partial \dot\alpha}\right)_* = C_{L_{\dot\alpha}}\frac{1}{2}\rho_* V_* Sc$$

$$M_{\dot\alpha} = \left(\frac{\partial M}{\partial \dot\alpha}\right)_* = C_{m_{\dot\alpha}}\frac{1}{2}\rho_* V_* Sc^2$$

$$L_q = \left(\frac{\partial L}{\partial q}\right)_* = C_{L_q}\frac{1}{2}\rho_* V_* Sc$$

$$M_q = \left(\frac{\partial M}{\partial q}\right)_* = C_{m_q}\frac{1}{2}\rho_* V_* Sc^2$$

式中：$C_{L_{\dot\alpha}} = \dfrac{\partial C_L}{\partial \bar{\dot\alpha}}$，$C_{L_q} = \dfrac{\partial C_L}{\partial \bar q}$，$C_{m_{\dot\alpha}} = \dfrac{\partial C_m}{\partial \bar{\dot\alpha}}$，$C_{m_q} = \dfrac{\partial C_m}{\partial \bar q}$。而 $\bar{\dot\alpha}$ 和 $\bar q$ 是引入的无因次角速度，可表示为 $\bar{\dot\alpha} = \dot\alpha\dfrac{c}{V_*}$，$\bar q = q\dfrac{c}{V_*}$。

横侧向部分包括：

$$C_p = \left(\frac{\partial C}{\partial p}\right)_* = C_{cp}\frac{1}{4}\rho_* V_* Sb$$

$$L_p = \left(\frac{\partial L}{\partial p}\right)_* = C_{lp}\frac{1}{4}\rho_* V_* Sb^2$$

$$N_p = \left(\frac{\partial N}{\partial p}\right)_* = C_{np}\frac{1}{4}\rho_* V_* Sb^2$$

$$C_r = \left(\frac{\partial C}{\partial r}\right)_* = C_{cr}\frac{1}{4}\rho_* V_* Sb$$

$$L_r = \left(\frac{\partial L}{\partial r}\right)_* = C_{lr}\frac{1}{4}\rho_* V_* Sb^2$$

$$N_r = \left(\frac{\partial N}{\partial r}\right)_* = C_{nr}\frac{1}{4}\rho_* V_* Sb^2$$

式中：$C_{cp} = \dfrac{\partial C_c}{\partial \bar p}$，$\cdots$；$C_{cr} = \dfrac{\partial C_c}{\partial \bar r}$，$\cdots$。而 $\bar p$ 和 $\bar r$ 为引入的无因次角速度，表示为

$$\bar p = \frac{pb}{2V_*}, \quad \bar r = \frac{rb}{2V_*}$$

上述式中的这些气动导数，称为动导数。如 $C_{mq} = \dfrac{\partial C_m}{\partial \bar q}$，$\cdots$；$C_{lp} = \dfrac{\partial C_l}{\partial \bar p}$，$\cdots$；

$C_{nr} = \dfrac{\partial C_n}{\partial \bar r}$，$\cdots$；也可通过估算或风洞吹风得出。

为了使线化方程组表达简洁，引入动力学导数，简称动力系数。

纵向[1]：

$$X_V = [T_V\cos(\alpha_* + \varphi_p) - D_V]/m$$

$$X_\alpha = [-T_*\sin(\alpha_* + \varphi_p) - D_\alpha]/m$$

$$X_{\mathrm{H}} = \left[T_{\mathrm{H}} \cos(\alpha_* + \varphi_p) - D_{\mathrm{H}} \right] / m$$

$$X_{\delta_e} = -D_{\delta_e} / m$$

$$X_{\delta_p} = T_{\delta_p} \cos(\alpha_* + \varphi_p) / m$$

$$Z_{\mathrm{V}} = \left[T_{\mathrm{V}} \sin(\alpha_* + \varphi_p) + L_{\mathrm{V}} \right] / m V_*$$

$$Z_{\alpha} = \left[L_{\alpha} + T_* \cos(\alpha_* + \varphi_p) \right] / m V_*$$

$$Z_{\dot{\alpha}} = L_{\dot{\alpha}} / m V_*$$

$$Z_q = L_q / m V_*$$

$$Z_{\mathrm{H}} = \left[T_{\mathrm{H}} \sin(\alpha_* + \varphi_p) + L_{\mathrm{H}} \right] / m V_*$$

$$Z_{\delta_e} = L_{\delta_e} / m V_*$$

$$Z_{\delta_p} = T_{\delta_p} \sin(\alpha_* + \varphi_p) / m V_*$$

$$\overline{M}_{\mathrm{V}} = M_{\mathrm{V}} / I_y$$

$$\overline{M}_{\alpha} = M_{\alpha} / I_y$$

$$\overline{M}_{\dot{\alpha}} = M_{\dot{\alpha}} / I_y$$

$$\overline{M}_q = M_q / I_y$$

$$\overline{M}_{\mathrm{H}} = M_{\mathrm{H}} / I_y$$

$$\overline{M}_{\delta_e} = M_{\delta_e} / I_y$$

式中：φ_p 为发动机推力与翼弦线的夹角。

横侧向：

$$\overline{Y}_{\beta} = \left[C_{\beta} - T_* \cos(\alpha_* + \varphi_{p*}) \right] / m V_*$$

$$\overline{Y}_{\delta_r} = C_{\delta_r} / m V_*$$

$$\overline{L}_i = L_i / I_x$$

$$\overline{N}_i = N_i / I_z \qquad (i = \beta, p, \gamma, \delta_a, \delta_r)$$

方程组的形式为

$$\frac{\mathrm{d}\boldsymbol{x}}{\mathrm{d}t} = \boldsymbol{A}\boldsymbol{x} + \boldsymbol{B}\boldsymbol{u} \tag{2.34}$$

式中：$\boldsymbol{A}$ 为系统矩阵；$\boldsymbol{B}$ 为输入矩阵；$\boldsymbol{x}$ 为状态向量；$\boldsymbol{u}$ 为输入向量。有

纵向：

$$\boldsymbol{x} = \left[\Delta V \quad \Delta \alpha \quad \Delta q \quad \Delta \theta \quad \Delta H \right]^{\mathrm{T}}$$

$$\boldsymbol{u} = \left[\Delta \delta_e \quad \Delta \delta_p \right]^{\mathrm{T}}$$

横向：

$$\boldsymbol{x} = \begin{bmatrix} \beta & p & r & \phi \end{bmatrix}^{\mathrm{T}}$$
$$\boldsymbol{u} = \begin{bmatrix} \Delta\delta_a & \Delta\delta_r \end{bmatrix}^{\mathrm{T}}$$

通过推导,得到纵向小扰动运动矩阵方程组为

$$\frac{\mathrm{d}}{\mathrm{d}t}\begin{bmatrix} \Delta V \\ \Delta\alpha \\ \Delta q \\ \Delta\theta \\ \Delta H \end{bmatrix} =$$

$$\begin{bmatrix} X_V & X_\alpha + g\cos\gamma_* & 0 & -g\cos\gamma_* & X_H \\ -\dfrac{Z_V}{1+Z_{\dot\alpha}} & -\dfrac{Z_\alpha - g\sin\gamma_*/V_*}{1+Z_{\dot\alpha}} & \dfrac{1-Z_q}{1+Z_{\dot\alpha}} & \dfrac{-g\sin\gamma_*/V_*}{1+Z_{\dot\alpha}} & -\dfrac{Z_H}{1+Z_{\dot\alpha}} \\ \overline{M}_V - \dfrac{\overline{M}_{\dot\alpha}Z_V}{1+Z_{\dot\alpha}} & \overline{M}_\alpha - \dfrac{\overline{M}_{\dot\alpha}(Z_\alpha - g\sin\gamma_*/V_*)}{1+Z_{\dot\alpha}} & \overline{M}_q + \dfrac{\overline{M}_{\dot\alpha}(1-Z_q)}{1+Z_{\dot\alpha}} & \dfrac{-\overline{M}_{\dot\alpha}g\sin\gamma_*/V_*}{1+Z_{\dot\alpha}} & \overline{M}_H - \dfrac{\overline{M}_{\dot\alpha}Z_H}{1+Z_{\dot\alpha}} \\ 0 & 0 & 1 & 0 & 0 \\ -\sin\gamma_* & V_*\cos\gamma_* & 0 & -V_*\cos\gamma_* & 0 \end{bmatrix}\begin{bmatrix} \Delta V \\ \Delta\alpha \\ \Delta q \\ \Delta\theta \\ \Delta H \end{bmatrix}$$

$$+\begin{bmatrix} X_{\delta_e} & X_{\delta_p} \\ -\dfrac{Z_{\delta_e}}{1+Z_{\dot\alpha}} & -\dfrac{Z_{\delta_p}}{1+Z_{\dot\alpha}} \\ \overline{M}_{\delta_e} - \dfrac{\overline{M}_{\dot\alpha}Z_{\delta_e}}{1+Z_{\dot\alpha}} & \overline{M}_{\delta_p} - \dfrac{\overline{M}_{\dot\alpha}Z_{\delta_p}}{1+Z_{\dot\alpha}} \\ 0 & 0 \\ 0 & 0 \end{bmatrix}\begin{bmatrix} \Delta\delta_e \\ \Delta\delta_p \end{bmatrix} \tag{2.35}$$

横侧向小扰动线化矩阵方程组为

$$\frac{\mathrm{d}}{\mathrm{d}t}\begin{bmatrix} \beta \\ p \\ r \\ \phi \end{bmatrix} = \begin{bmatrix} \overline{Y}_\beta & \alpha_* + \overline{Y}_p & \overline{Y}_r - 1 & g\cos\theta_*/V_* \\ \overline{L}_\beta & \overline{L}_p & \overline{L}_r & 0 \\ \overline{N}_\beta & \overline{N}_p & \overline{N}_r & 0 \\ 0 & 1 & \tan\theta_* & 0 \end{bmatrix}\begin{bmatrix} \beta \\ p \\ r \\ \phi \end{bmatrix} + \begin{bmatrix} 0 & \overline{Y}_{\delta_r} \\ \overline{L}_{\delta_a} & \overline{L}_{\delta_r} \\ \overline{N}_{\delta_a} & \overline{N}_{\delta_r} \\ 0 & 0 \end{bmatrix}\begin{bmatrix} \delta_a \\ \delta_r \end{bmatrix}$$

$$\tag{2.36}$$

飞机纵向运动的特征根由两对复根组成,故对应存在两种典型的震荡运动模态。对应大复根的是周期短、衰减快的运动,称为短周期模态;对应小复根的是周期长、衰减慢或者发散慢的运动,称为长周期模态。当长周期模态是慢发散的,则飞机在该状态下飞行是不稳定的。短周期运动描述飞机的攻角、俯仰角速度的快速响应,速度幅值变化基本可以忽略;长周期运动描述飞行速度、飞行高度和俯仰角的缓慢变化。

纵向长周期运动往往是欠阻尼的,主要影响攻角、俯仰速率、过载,而对飞行速度实际没有影响。对短周期运动有较严格的要求,阻尼比要为 0.35 ~ 1.30。一般来说,飞机自然频率、阻尼比、半振幅时间等参数的典型参考值如表 2.2 所列。

表 2.2　短周期模态参数对比

飞机类型	ω_n	ζ	$t_{1/2}$
通用航空飞机	3.6	0.694	0.277
歼击机	1.46	0.3	1.58
喷气式客机	1.54	0.42	1.07
大型客机	5.16	0.976	0.137

2.4　飞机操纵面

飞行控制系统作动器直接驱动操纵面偏转,所以设计飞行控制系统必须了解掌握飞机操纵面的作用和布局。

飞机操纵面控制着飞机的运动,它的类型和数量随不同类型的飞机而不同,一般可分为主操纵面和辅助操纵面。其中,主操纵面(舵面)有:升降舵、副翼、方向舵、鸭翼(有时可组合,例如升降副翼),分别控制飞机的俯仰、横滚和偏航运动。主操纵面都是连续偏转控制。主操纵面出现故障时要处理,可采用余度技术,保证飞行安全性。辅助操纵面有:襟翼(前缘襟翼和后缘襟翼(增加升力))、减速板(增加阻力)、扰流板、调整片等,大多为阶跃性控制,如襟翼放15°、放25°,放减速板或收减速板。出现故障时可以不启用该操纵面。

飞机各个操纵面有多种操纵作用,除了主要操纵作用外,还有其他作用,如升降舵除了产生俯仰力矩外还产生垂直力,方向舵除了产生航向力矩外,还产生侧力。扰流片会破坏升力,产生横滚力矩。发动机油门控制根据发动机在飞机上的安装位置将产生纵向力、升力和俯仰力矩。襟翼主要产生升力,也产生俯仰力矩。水平鸭翼可产生俯仰力矩、横滚力矩和升力,垂直鸭翼可产生偏航力矩和侧力。减速板和分离的方向舵能产生阻力。推力矢量可控制俯仰力矩、偏航力矩、升力、侧力、纵向力。

现代歼击机操纵面典型布局如图 2.5 所示。

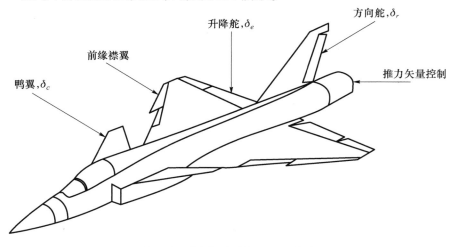

图 2.5　歼击机典型操纵面示意图

以波音 777 飞机为例,民机操纵面的典型布局举例如下:波音 777 飞机共有31 个作动器控制以下操纵面:每边机翼 7 片扰流片,每边机翼 1 片副翼,每边机翼 2 片襟副翼,1 个方向舵,1 个稳定平尾,1 个升降舵等。

波音 777 飞机操纵面布局如图 2.6 所示。

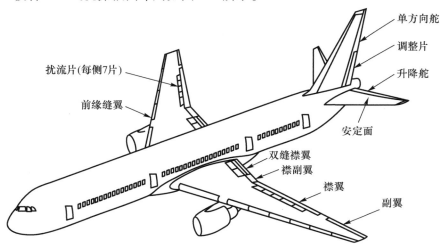

图 2.6　现代客机典型操纵面布置示意图

31

飞机的稳定性

飞机的自然稳定性和自然不稳定性,取决于飞机重心和空气动力中心的相对位置关系,重心位置在空气动力中心之前为静稳定飞机(图2.7(a)),重心位置在空气动力中心之后为静不稳定飞机(图2.7(b))。

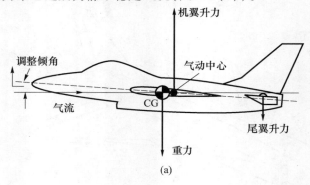

(a)

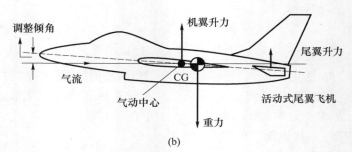

(b)

图2.7　飞机稳定性示意图

从舵面权限来划分,飞机舵面可分为有限权限舵面和全权限舵面:有限权限(limited authority)是指舵面的偏转是有限制的;全权限(full authority)是指在性能和操纵可控性之间折中达到一定程度。

以 F/A－18 飞机为例,飞机各个操纵面如图2.8所示。

F－18 飞机操纵面受作动器驱动时的典型极限参数如表2.3所列。

表2.3　F－18 飞机操纵面极限参数

操纵表面(图中标号)	偏角范围/(°)	速率范围/((°)/s)	带宽/(rad/s)
前缘襟翼(1,2)	[－3,33]	±15	50
副翼(3,4)	[－25,45]	±100	50
后缘襟翼(5,6)	[－8,45]	±18	50
全动式水平尾翼(7,8)	[－24,10.5]	±40	50
方向舵(9,10)	[－30,30]	±82	50

32

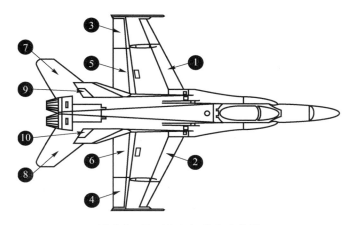

图 2.8　F-18 飞机舵面示意图

飞行控制系统的主操纵系统提供横滚、俯仰、偏航控制;次操纵系统提供起飞着陆时的附加升力或降低飞行速度的控制。控制飞机纵向运动的操纵面有:平尾、升降舵、前缘襟翼和后缘襟翼。控制飞机侧向运动的操纵面有:差动平尾、差动前缘襟翼、差动后缘襟翼、副翼、方向舵。

方向舵控制飞机航向运动,前缘襟翼用于减小阻力。大攻角飞行可采用推力矢量控制(TVC),发动机喷口安装可偏转叶片可使发动机推力指向所需方向。就发动机和升降舵而言,升降舵仅影响飞行速度和高度之间的能量分配,即速度升高度降,而发动机推力是增减能量,即速度升,高度可能升,也可能降。

飞机发动机综合控制对军机、民机都重要,是未来飞机系统的重要目标,可以满足飞机性能和飞行安全日益增加的需求,其中推力矢量控制是焦点。飞行发动机综合控制和推力矢量控制的好处有:故障状态应急控制,减小配平阻力,减小燃油消耗,减轻飞机重量,缩短起飞着陆过程,减小机场附近噪声,改善在恶劣气象和飞行条件下的操纵能力。它的缺点是可能增加发动机的重量和复杂性。

一般来说,发动机控制方式有两种:①推力矢量控制(TVC);②多发动机协调,也称为推力控制飞机(Propulsion Controlled Aircraft,PCA)。TVC 和 PCA 在军机、民机上已经采用。波音 747 是多发动机飞机,它可用 PCA,但若同时采用 TVC 可改善飞行品质。PCA 仅需简单改变 FCS 软件,而 TVC 需改变发动机硬件。

2.5　飞行动力学模型输入参数和输出参数

简单而言,飞行动力学可理解为飞机运动对操纵或外干扰的响应。飞行动力学包含非线性、时变、不确定性等特点。飞行动力学数学模型是对飞机运动动态特性的数学描述。

飞机动力学数学模型有输入、输出变量和外干扰,输入变量和输出变量较多,输入变量有副翼、升降舵、方向舵和发动机推力,输出变量有线位移、速度、加速度和角位移、速度、加速度,外干扰包括大气扰动、飞行条件等。飞机一个输入控制变量将影响多个输出变量,而一个输出变量可能受多个输入变量的影响,表明飞行动力学内部动态关系的复杂性,如图2.9所示。

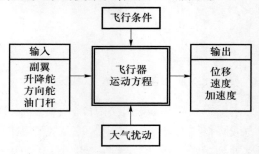

图 2.9　飞机动力学模型示意图

更具体说,飞机数学模型的主要输入量为飞机操纵面,如副翼、升降舵、方向舵,其次还有襟翼、扰流片、减速板、襟缝翼等。

飞机数学模型的输出量为飞行速度、飞行高度、攻角、侧滑角、俯仰角、横滚角、偏航角、俯仰角速度、横滚角速度、偏航角速度、航迹角、飞机地理位置 X、Y、Z 等。

飞机飞行动力学主要输出参数:

$P = (p_E \quad p_N \quad h)^T$,地面坐标系中表示的飞机位置;

$V = (u \quad v \quad w)^T$,机体坐标系中表示的速度矢量;

$\Phi = (\phi \quad \theta \quad \psi)^T$,描述飞机相对于地面坐标系的方向的欧拉角;

$\omega = (p \quad q \quad r)^T$,机体坐标系中表示的飞机角速度。

完整的飞机模型需要使用下列坐标:

$$X = [u \quad v \quad w \quad \alpha \quad \theta \quad Q \quad x_o \quad z_o \quad \beta \quad \psi \quad \phi \quad R \quad P \quad y_o]^T$$
$$U = [\delta_x \quad \delta_m \quad \delta_l \quad \delta_n]^T$$

式中:u,v,w 为速度;α 为攻角;β 为侧滑角;P,Q,R 为飞机关于机体坐标系的角速度;ϕ,θ,ψ 为欧拉角;x_o,y_o,z_o 为飞机相对于地面的坐标,δ_x 为油门动作;$\delta_m,\delta_l,\delta_n$ 分别为横滚、俯仰和偏航操纵面的偏转角。

飞行动力学模型输入输出参数的特点可归纳如下:

(1)飞机是多输入多输出系统,输入参数数量较少,输出参数数量较多,同

时满足所有输出参数动态响应要求是困难的;

（2）一个输入参数将控制多个输出参数的动态变化;

（3）输入参数有连续变化的,也有阶段变化的,而输出参数都是连续变化的;

（4）输入参数有极限值,如操纵面偏转角,输出参数有的有极限值,如过载、攻角,有的没有极限值,如航向角、横滚角;

（5）输出参数之间有互相影响;

（6）输出参数动态响应过程决定飞行品质和操纵品质。

2.6 飞行包线与操纵品质

1. 飞行包线

飞机的飞行高度、马赫数、法向过载的工作边界称为飞行包线,也可以定义为飞机飞行受限制的飞行高度、飞行速度范围,用于描述飞机执行某项飞行任务或某个飞行阶段绝对不能超过的极限。飞行包线边界还受飞机性能的各种限制,例如发动机可用功率、失速和颤振、结构因素和减噪声要求等。

飞行包线是飞机设计的飞行速度、飞行高度的能力极限,超过这个范围飞行是危险的,在飞行控制系统设计时还应考虑攻角以及飞机质量、重心、转动惯量的变化。

安全飞行包线可分为 3 种:

（1）动态包线——由飞机的动力学和运动学动态特性决定。

（2）结构和舒适性包线——由飞机结构、飞行员和乘客舒适性、货物安全性决定,主要限制最大加速度和过载。

（3）环境包线——受飞行环境的限制。

飞行包线受极限条件的限制包括下列因素:

（1）失速（Stall Limit）:飞行速度太低,升力支持不了飞机重量;低速度,在整个高度范围（如 0 ~ 50000 英尺[①]）内都可能发生失速状况。

（2）性能限制（Performance Limit）:由于大气稀薄妨碍喷气发动机的持续工作;高高度,整个速度范围（$0.1 \sim 2.0Ma$）。

（3）温度限制（Temperature Limit）:由于空气黏性摩擦机体产生的运动热;高速度,较高高度范围。

（4）载荷极限（Loading Limit）:由于作用在机体上的气动载荷产生很大动

----

① 1 英尺 = 0.3048 米。

压。高速度,较低高度范围。

典型的飞行包线如图 2.10 所示。

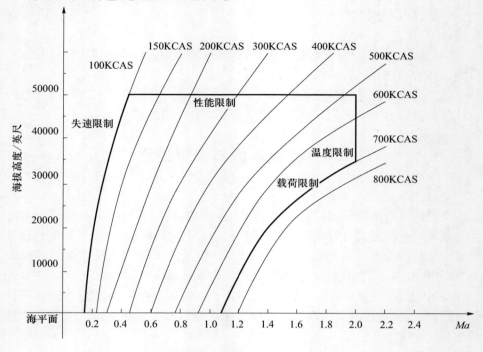

图 2.10　典型飞机飞行包线图

在飞行包线范围内,控制作用在飞机上的力和力矩就可控制飞机的线加速度和角加速度,从而控制线速度和角速度、姿态和位置。飞行控制系统就是通过操纵面和发动机来达到上述的控制目的,一般控制发动机的推力大小,现代军机控制发动机的推力方向。

2. 飞行品质

飞行品质(Flying Qualities)与飞行任务有关,是完成指令任务的定性描述,而操纵品质(Handling Qualities)与飞行动态响应有关,是执行飞行任务时飞机对操纵的动态响应的定性描述。飞行品质与操纵品质的区别如图 2.11 所示。

飞机飞行品质规范的内容通常包括:飞机作为线性系统的静、动态动力学特性;作为非线性系统处理的大攻角,大机动动力学特性;飞机在大气紊流中的响应等。飞机飞行品质与操纵品质由飞行员定性评定,飞行控制系统直接影响飞机的操纵性和稳定性,也直接影响飞机飞行品质与操纵品质,于是飞行控制系统的动态响应与飞行动力学的耦合可由稳定性和操纵性参数定量描述。

36

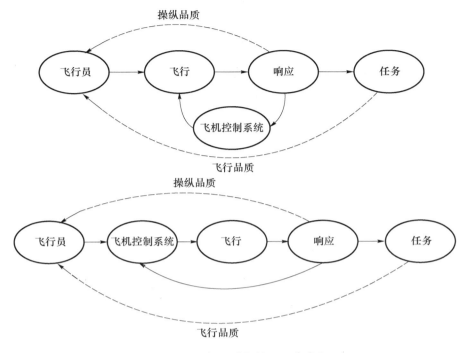

图 2.11　飞行品质与操纵品质对比

3. 操纵品质

短周期运动的阻尼比和自然频率能定量描述操纵品质,而大型客机、小飞机、歼击机之间对操纵品质的要求有较大差异。

美国飞行控制技术包括:

(1)多变量控制——多个传感器、多种外干扰、多个控制目标、多个互相耦合的操纵面;

(2)军机规范着重在单输入单输出(SISO)系统分析;

(3)采用特征值配置、动态逆方法。

美国 MIL-8785C 技术规范将有人飞机分为 4 类:

第一类——小型、轻型、中等机动性的飞机;

第二类——中等重量、低于中等机动性的飞机;

第三类——大型、重型、低机动性的飞机;

第四类——高机动性的飞机。

美国 MIL-8785C 技术规范将有人飞机飞行阶段分为 3 类,各个阶段有不同的任务要求和类似的飞行品质:

A类——非终端飞行阶段,要求快速机动、精确跟踪或精确飞行轨迹控制;

B类——非终端飞行阶段,要求完成缓慢机动,例如爬升、下降、巡航;

C类——终端飞行阶段,要求完成缓慢机动和精确飞行轨迹控制,例如起飞、着陆。

现代飞机一般带有自动器。飞行实践表明,驾驶员依然可以按照无自动器飞机的特性来评价飞机的纵向短周期模态特性。在获得低阶等效系统参数后,可以依据 ξ_{n1} 及操纵期望参数(Control Anticipation Parameter,CAP)进行评价。

CAP参数定义为[6]

$$CAP = \frac{\ddot{\theta}_0}{\Delta n_{yss}}\left(\frac{1/s^2}{g}\right) \tag{2.37}$$

由式(2.37)可知,CAP是与飞机的初始俯仰姿态变化和稳定飞行轨迹变化(法向过载)的比值密切相关的。在不考虑升降舵产生升力的情况下,根据相应的传递函数,利用中值定理,有

$$CAP = \frac{\omega_{n1}^2}{(n_y/\alpha)} \tag{2.38}$$

由式(2.38)可知,如果规定了 CAP 值,ω_{n1}^2 与 n_y/α 的关系,在对数坐标系中是一条直线,如图 2.12 所示。

为了说明 CAP 的物理意义,可以将式(2.38)改写为

$$CAP = M_{FS} \cdot F_z^{n_y} \tag{2.39}$$

这种度量关系表明,操纵期望参数 CAP 等于单位杆力所产生的初始俯仰角加速度 M_{FS}(杆力灵敏度)与稳态机动飞行时,产生单位过载所需杆力 $F_z^{n_y}$ 之积。可见,操纵期望参数与驾驶员操纵感觉最直接的两个概念密切相关。CAP 值过大或者过小都直接影响操纵性能的好坏。例如,CAP 值过小,则必须增大单位过载杆力以保持适中的杆力灵敏度;或增大杆力灵敏度,以保持满意的单位过载力。必须将 CAP 值控制在一定范围内,最好是一级飞行品质范围内,如图 2.12 所示[7]。

由于 $n_y/\alpha = \dfrac{V}{g}n_{2\alpha} = \dfrac{V}{g} \cdot \dfrac{1}{T_{\theta 2}}$,所以 CAP 又可以表示为

$$CAP = \frac{\omega_{n1}^2}{\dfrac{V}{g} \cdot \dfrac{1}{T_{\theta 2}}} \tag{2.40}$$

从式(2.40)可见,CAP 又表示了飞机俯仰姿态响应自然频率(ω_{n1})与飞行

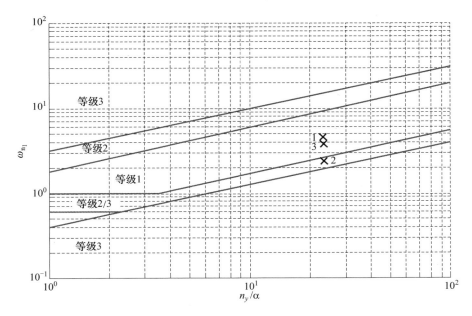

图 2.12 自然频率准则

轨迹响应频率 $\dfrac{1}{T_{\theta 2}}$ 应满足的关系,即轨迹与姿态的协调性关系。从该式可见,CAP 不仅反映了短周期自然频率的影响,同时也反映了俯仰角速度传递函数零点的影响。

对高增稳飞机或具有时延的飞机,操纵期望参数 CAP 应重新定义,因为,初始俯仰角加速度等于零,无法求得 CAP 值。在单位阶跃杆力输入作用下,更一般的操纵期望参数 CAP 定义为

$$\mathrm{CAP}_0 = \frac{\ddot{\theta}_{\mathrm{maxHOS}}}{n_{\mathrm{yss}}} \tag{2.41}$$

式中,最大俯仰角加速度出现在杆力输入后的某个时刻。当把 CAP_0 参数推广应用到短周期低阶等效系统时,CAP_e 可用下式计算:

$$\mathrm{CAP}_e = \left(\frac{\omega_{\mathrm{n1}}^2}{n/\alpha} \right) \cdot \frac{\ddot{\theta}_{\mathrm{maxHOS}}}{(\ddot{\theta}_{\mathrm{LOES}})_{t=\tau_e}} \tag{2.42}$$

式中:下标 e 为等效系统参数。

由于短周期等效系统模型在高频段是不精确的,而该频段的特性很大程度上决定了阶跃输入时初始俯仰角加速度的响应特性,所以,不能单纯用

$(\omega_{nl}^2/(n/\alpha))_e$ 来确定 CAP_0 值,而必须依靠高阶系统事件响应的最大俯仰角加速度值加以修正。在求得 CAP 参数后,飞行品质等级可以依据图 2.13 进行评定。

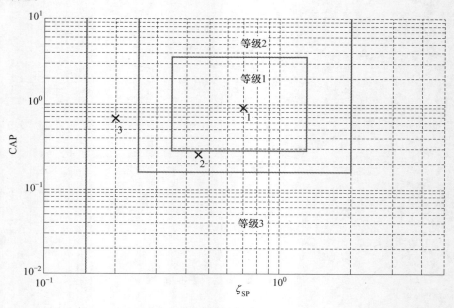

图 2.13　阻尼比准则

例 2 −1　在某飞行条件下,俯仰角对升降舵的传递函数。

首先考虑纵向稳定性及控制特性。升降舵传递函数响应中的俯仰姿态,提供了飞机基本构架的充足的稳定特性信息。对于选定的飞行条件,升降舵传递函数为

$$\frac{\theta(s)}{\eta(s)} \equiv \frac{N_\eta^\theta(s)}{\Delta(s)} = \frac{-20.6(s+0.0131)(s+0.618)}{(s^2+0.0171s+0.00203)(s^2+1.759s+29.49)} \quad (2.43)$$

纵向稳定性与控制的关键参数,通过如下方式核对传递函数式(2.43)即可获得:

长周期振动阻尼比 $\zeta_p = 0.19$;

长周期振动无阻尼固有角频率 $\omega_p = 0.045 \text{rad/s}$;

短周期振动阻尼比 $\zeta_s = 0.162$;

短周期振动无阻尼固有角频率 $\omega_s = 5.43 \text{rad/s}$;

分子时间常数 $T_{\theta_1} = 1/0.0131 = 76.34\text{s}$;

分子时间常数 $T_{\theta_2} = 1/0.618 = 1.62\text{s}$。

例 2 - 2 在某飞行条件下,横滚速率对副翼的传递函数。

现在考虑横侧向稳定性及控制特性。关于飞机基本机架的稳定特性充分信息,已由诸如副翼传递函数的横滚速率响应给出。对于给定飞行条件,传递函数为

$$\frac{p(s)}{\xi(s)} \equiv \frac{N_{\xi}^p(s)}{\Delta(s)} = \frac{-10.9s(s^2 + 0.572s + 13.177)}{(s + 0.00187)(s + 1.4)(s^2 + 0.519s + 12.745)} \quad (2.44)$$

横侧向稳定性与控制的关键参数,通过如下方式核对传递函数式(2.44)即可获得:

横滚模态时间常数 $T_r = 1/1.4 = 0.714s$;

螺旋模态时间常数 $T_s = 1/0.00187 = 535s$;

荷兰滚阻尼比 $\zeta_d = 0.0727$;

荷兰滚无阻尼固有角频率 $\omega_d = 3.57 \text{rad/s}$;

荷兰滚阻尼比 – 频率乘积 $\zeta_d \omega_d = 0.26 \text{rad/s}$。

4. 技术规范对飞行控制系统功能的要求

实际上,飞行控制系统设计是航空电子系统的组成部分,飞行品质是气动的子集。ACT 飞行控制系统会导致飞行员诱发人机耦合振荡的严重问题,使飞行品质下降。

现在美国固定翼飞机的飞行品质技术规范是 MIL - STD - 1797A,它的前身是 MIL - F - 8785 系列(A—C)。相比于作为军用规范的 MIL - F - 8785C,MIL - STD - 1797A 的特点如下:

(1) MIL - STD - 1797A 是军用标准格式,其附录 A 是一系列标准,用户可以选择具体数据。

(2) MIL - STD - 1797A 是针对 ATC 控制系统的,其数据库的数据包括高增稳飞机,更适合于现代飞机高机动性、高增益和飞行控制技术的发展。

MIL - STD - 1797A 在 1980—1982 年期间完成,到 1982—1987 年期间成为正式军标,其后研发更多的面向飞行任务的飞行品质技术规范,如为陆军直升机制定的 Aeronautical Design Standard ADS - 33C,已经用于波音 RAH - 66 ACT 旋翼机飞行品质要求中。后来又有 MIL - H - 8501A 军用旋翼机飞行品质规范。计划在 1997 年将 MIL - STD - 1797A 修改为 MIL - STD - 1797B[8]。

飞行控制设计师应参考 MIL - STD - 1797A 的功能要求。按时域准则和频域响应准则划分,MIL - STD - 1797A 中包含的飞行品质准则如表 2.4 所列。

表 2.4　飞行品质准则

	时域准则	频域响应准则
MIL – STD 中包含	有效延迟时间 瞬态峰值比 有效上升时间 俯仰姿态衰减比 俯仰率超调量 俯仰率峰值时间 俯仰加速度峰值时间	低阶等价系统 纵向:短周期阻尼,角频率,加速度灵敏度,延迟 横向:横滚模态,螺旋模态,荷兰滚模态,延迟 带宽 俯仰姿态带宽 航迹带宽 相位延迟 俯仰姿态频率响应包线(Gibson) 对应于不同俯仰姿态相位的航迹 Neal – Smith 准则 闭环带宽 飞行员补偿角 闭环共振 Smith – Geddes 准则 频率域准则 频率域准则中的姿态相位角 飞行员位置正常加速度的相位参数 Gibson 准则 相位速度 180°相位延迟频率 0.3Hz 的增益
其他	俯仰率时间包线 C^* 时间包线 时域控制预期参数 正常载荷因数包线 边界追踪 Onstott 准则 时域 Neal – Smith 准则(Calspan) 正常载荷因数包线 (Dornier/EADS. 同样 McAIR) C^* 点(McAIR)	高阶方程选择主导极点 莫斯科航空协会修订的 Neal – Smith 准则 Nelson 准则(Northrop)

5. ACT 飞机的飞行品质技术规范

ACT 已成为许多民机和军机 FCS 的基础。ACT 技术是好的操纵(大尾翼、重心靠前)和好的性能(小尾翼、重心靠后)的折中,飞行操纵品质可通过高增益使飞机有良好响应,与布局无关。但有以下 3 个因素影响这种理想状况:①自然响应的因素;②针对扰性模态、噪声、控制器特性、数字处理所采用滤波器;③高增益所需控制功率。

面向任务的飞行品质技术规范（Mission – oriented flying qualities specification）与飞行环境有关：风速、高度、视觉效应（光、雾、湿度），影响前向红外仪、夜视设备。对于飞行等级评价标准和操纵品质等级分类如表2.5和表2.6所列。

表 2.5　飞行等级评价标准

	等级形容词	数字等级	描述	主要任务是否完成	能否着陆
正常操作	满足要求	1	可接受，但有不良特性	是	是
		2	良好，适于飞行	是	是
		3	满足条件，但有些轻微不良特性	是	是
紧急操作	不满足要求	4	可接受，但有不良特性	是	是
		5	为正常操作所不能接收	不定	是
		6	只能在紧急条件所接受	不定	是
无操作	无法接受	7	甚至紧急条件也不能接受	否	是
		8	不能接受——危险	否	是
		9	不能接受——危险	否	是
	极度恶劣	10	动作过于猛烈以至于妨碍飞行员逃生		

表 2.6　操纵品质等级表

分类	分类等级描述	数字等级
可接受并且满足条件	优秀	1
	良好	2
	正当	3
可接受但不够满意	正当	4
	不够好	5
	差	6
无法接受	差＊	7
	很差＊＊	8
	危险值＊＊＊	9
无法飞行	无法飞行	10

参 考 文 献

［1］方振平，陈万春，张曙光．航空器飞行动力学［M］．北京：北京航空航天大学出版社，2005.

［2］GB/T14410.1 – 93.飞行力学概念、量和符号、坐标轴系和运动状态变量［S］.

［3］肖业伦，金长江．大气扰动中的飞行原理［M］．北京：国防工业出版社，1993.

［4］王行仁，等．飞行实时仿真系统及技术［M］．北京：北京航空航天大学出版社，1998.

［5］徐明友，丁松滨．飞行动力学［M］．北京：科学出版社，2003.

［6］高金源，李陆豫，冯亚昌．飞机飞行品质［M］．北京：国防工业出版社，2003.

［7］军用规范－有人驾驶飞机的飞行品质（MIL－F－8785C）的背景资料和使用指南［M］．西安：飞行力学杂志社，1985.

［8］董彦非,荣康,高杰．飞机飞行品质规范发展综述［J］．飞行力学,2010(05):1－4.

第3章　电传操纵系统

3.1　飞机操纵系统的变革

飞机操纵系统是飞机的重要功能系统,是飞机上用来传递操纵指令,驱动舵面运动的所有部件和装置的总和。

有人驾驶飞机的飞行操纵系统,根据操纵信号的来源不同可分为人工飞行操纵系统与自动飞行控制系统。人工飞行操纵系统的操纵指令由飞行员给出,自动飞行控制系统的操纵信号由自动驾驶仪等设备产生。

人工飞行操纵系统按照功能可分为主操纵系统和辅助操纵系统。主操纵系统主要用于控制飞机升降舵、副翼和方向舵,改变飞机的俯仰、横滚和偏航等姿态;辅助操纵系统用于控制襟翼、缝翼、扰流板、安定面,改变飞机的升力、阻力以及操纵品质。

飞机操纵系统经历了由简单初级到复杂完善的发展过程。目前,飞机操纵系统主要有3种,即机械传动操纵系统、电传操纵系统和光传操纵系统。[1]

早期的飞机重量轻,速度低,控制飞行姿态的舵面受力较小,相应的飞行操纵系统是由简单的钢索、滑轮、连杆和曲柄等机械部件组成,飞行员通过操纵机械传动系统直接控制飞机舵面。随着飞机设计的发展和飞机速度的不断提高,飞机操纵舵面上的气动力越来越大,飞行员难以对操纵舵面进行直接控制。此时出现了各种液压助力系统,为飞行员提供辅助助力或者不可逆的助力操纵。伴随着飞机飞行包线的进一步扩大,飞机的稳定性与可操纵性之间的矛盾更加突出,相继出现了增稳操纵系统和控制增稳操纵系统。为实现最佳气动布局的飞机设计,产生了电传操纵系统。由于光纤作为信号传导材料与电传操纵系统相比,在抗电磁干扰、减轻重量、提高可靠性等方面有明显的优势,因此光传操纵系统近来成为操纵系统研究的一个热点。

3.1.1　机械传动操纵系统

简单机械式操纵系统广泛用在亚声速飞机上。机械传动操纵系统,就是用钢索、滑轮、传动杆等机械机构传送操纵信号,使驾驶员通过机械传动装置直接偏转舵面,舵面上的气动铰链力矩通过机械联系使驾驶员获得力和位移的感觉的操纵系统。机械传动操纵系统具有构造简单、工作可靠等优点,现仍广泛应用于低速飞机和一些运输机上,但它存在自身重量大,反应不够灵敏和传动滞后等缺点,当机构的某一局部被破坏后就不能再继续工作[1]。早期飞机采用机械式操纵系统,如图 3.1 所示,常见于空气动力不是很强的早期飞机或现代的小型飞机。飞行员使用座舱驾驶杆、脚蹬,通过连杆、钢索、滑轮直接驱动飞机操纵面偏转,操纵飞机运动。

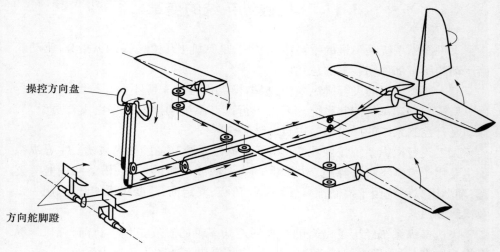

操控方向盘

方向舵脚蹬

图 3.1　飞机机械式操纵系统

驾驶员通过机械传动装置直接偏转舵面。舵面上的气动铰链力矩通过机械联系使驾驶员获得力和位移的感觉。这种系统由两部分组成:

(1) 位于驾驶舱内的中央操纵机构;

(2) 构成中央操纵机构和舵面之间机械联系的传动装置。

中央操纵机构由驾驶杆(或驾驶盘)和脚蹬组成。驾驶员前推或后拉驾驶杆可带动升降舵下偏或上偏,使飞机下俯或上仰。向左或向右压驾驶杆(或转动驾驶盘)则带动副翼偏转,使飞机向左侧或向右侧横滚。脚蹬连接着方向舵,驾驶员蹬左脚时,方向舵向左偏转,机头向左偏;反之,机头向右偏。对于各类飞机,中央操纵机构的尺寸、操纵行程和操纵力均有标准规定。通常在被操纵舵面(升降舵、副翼和方向舵)上,用气动补偿措施减少气动铰链力矩,把操纵力控制在规定范围内。机械传动装置直接带动舵面,有软式和硬式两种基本形式。软式传动装置由钢索和滑轮组成,特点是重量轻,容易绕过障碍,但是弹性变形和摩擦力较大。硬式传动装置由传动拉杆和摇臂组成,优点是刚度大,操纵灵活。

软式和硬式可以混合使用。

3.1.2 液压助力机械式操纵系统

大型高速飞机的操纵面面积增大,铰链力矩增大,飞行员操作力有限,必须采用液压助力器进行操纵,产生了机械－液压式操纵系统(图 3.2),飞行员从座舱操纵飞机仍需要通过连杆、钢索、滑轮机械系统,经液压助力器控制操纵面。液压助力器安装有两种形式:

(1)功率辅助式:飞行员通过操纵系统操纵舵面,液压助力器同时操纵舵面,两者联动。

(2)功率操作式:飞行员操纵力不直接带动舵面,完全由液压助力器操纵舵面。

功率辅助式属于可逆助力操纵系统,舵面由液压助力器驱动,驾驶员通过中央操纵机构、机械传动装置控制助力器的伺服活门,间接地使舵面偏转。它同时通过杠杆系统把舵面一部分气动载荷传给中央操纵机构,使驾驶员获得操纵力的感觉,构成"机械反馈",如图 3.2 所示[2]。

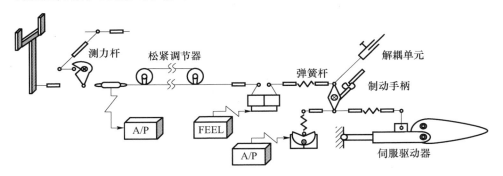

图 3.2　A300、A310 机械－液压式操纵系统

可逆助力操纵系统虽可解决杆力过大的问题,但在超声速飞机上还会出现杆力反向变化的问题。由于杆力反向变化,会使驾驶员产生错觉而无法正确驾驶飞机。为此,须把可逆助力操纵系统中的机械反馈取消,即舵面气动载荷全部由液压助力器承受,此即为功率操作式操纵系统。为了使驾驶员获得操纵力感觉,在系统中增加了人工载荷机构(通常是弹簧的)以及其他改善操纵特性的装置,形成不可逆助力操纵系统。飞机操纵系统在高空超声速飞行时,由于空气密度减小,飞机容易发生频率很高的俯仰和横侧振荡,驾驶员来不及作出反应。为了克服振荡,在超声速飞机上普遍安装自动增稳装置,如俯仰阻尼器和方向阻尼器等。

液压助力机械式操纵系统由两部分组成：

（1）机械回路：机械回路连接着驾驶舱和液压回路，如同机械式系统，机械回路也基本由各种杆、绞索、滑轮甚至铰链组成。

（2）液压回路：液压回路包含液压泵、液压管、液压阀门以及执行装置等，执行装置通过液压泵产生的流体压力驱动飞机的各控制面。而伺服阀则控制着执行装置的动作。飞行员的操纵动作通过机械回路传递到液压回路中相应的伺服阀，然后液压泵驱动执行机构操纵飞机的各控制面。

3.1.3 电传操纵系统

20 世纪 60 年代，飞机的发展遇到了一些重大难题。例如：大型飞机挠性机体气动弹性模态问题，进一步提高战斗机机动性和战斗生存性问题等。这些问题仅靠气动力、结构和动力装置协调设计技术已经不能解决，机械传动系统已远不能满足飞行需要。此时研制设计者将注意力转向采用闭环反馈原理的自动控制技术，通过对一系列单项技术和组合技术的研究、开发和验证，产生了两个具有划时代意义的新飞行控制理念：ACT 和 FBW 系统。FBW 技术首先用于 20 世纪 60 年代的美国"阿波罗"登月计划，1969 年"阿波罗"11 成功后，提出在研究的飞机上使用 FBW，70 年代开始研发电传操纵系统。先在军机上使用，后在民机上使用。由于数字计算机技术的发展，数字计算机替代了模拟计算机，发展为数字式电传飞行控制系统，这又是飞行控制系统技术上的重大进步。

1972 年，美国 NASA F－8C 飞机首次采用数字式单通道电传操纵系统，1976 年开始数字式多通道电传操纵系统试飞。1988 年 A320 飞机是首家采用数字式电传操纵系统的民机，1995 年第一架波音 777 采用数字式电传操纵系统。

电传操纵系统把驾驶员的操纵指令转变为电信号来进行操纵，并且把主操纵系统和自动控制系统结合起来，极大地改善了飞机的性能。如采用主动控制技术的电传操纵系统，放宽静稳定性（RSS）控制技术使 B－52 轰炸机平尾面积减少 45%，结构总重量减少 6.4%，使战斗机升阻比提高了 8%～15%。机动载荷控制（NILC）技术使 C－5A 运输机翼根弯曲力矩减少 30%～50%；使 F4E 战斗机盘旋角速度增加 33%。主动涡流控制（AVC）技术与方向舵协调使用时，使 X29 在低速大攻角飞行时的偏航速率增加 50%。采用任务适应性机翼（MAW）比采用常规机翼可使飞机航程增加 30%，机翼承载能力提高 50%。目前，电传操纵系统已开始在固定翼飞机和旋翼飞机中普遍采用，如 NH90、V－22"鱼鹰"、"虎"式直升机，F－16，F/A－18，Saab/BAe Gripen 等[3]。

数字式电传操纵飞行控制系统的优点如下[4,5]：

（1）取消了机械系统,减轻了重量;

（2）可采取放宽静稳定性,减小阻力、优化空气动力性能;

（3）易于集成自动驾驶仪功能,向 FBW 系统提供俯仰速率、横滚速率指令,FBW 内回路有较高带宽,指令响应速率快;

（4）可以设计飞行员控制输入限制器,阻止进入攻角极限和不可接受的姿态角;

（5）除控制主操纵面外,同时可控制襟翼、缝翼等辅助操纵面以及推力控制,可将联邦式的分系统集成为单一系统;

（6）可重新布局,继续完成任务或恢复安全;飞行控制律嵌入软件,易于改变飞行控制系统的体系结构,达到重构的目的,在信号丢失或操纵面损毁情况下,整个飞行控制系统仍可工作;

（7）飞行控制计算机可以实现复杂控制律,在全包线范围内能获得良好的飞行品质,自动限制法向过载和横滚速率,防止结构强度承载过限,巡航飞行时平稳保持飞行高度和飞行速度,节省燃油消耗;在飞行包线范围内能获得相近的飞行品质,在包线范围内有良好一致的操纵品质,具有飞行包线保护能力,防止飞行员指令超过允许过载;

（8）对于军机,能快速改变机身或速度矢量的指向,以提高捕获目标和逃逸的机动性;得到攻角和侧滑角控制,自动防止失速,自动限制法向加速度和横滚速率;提高飞机敏捷性,可以快速改变机身指向和速度向量,对于歼击机可以提高目标捕获和逃逸机动;

（9）对于民机,改善飞机自然动态性能和操纵品质,抗干扰和舒适性;可以平稳转换工作模式,如起飞、平飞、着陆,飞行员操纵同一类飞机（如 A320、A330\A340）感觉具有相同的飞行品质。

3.2　电传操纵飞行控制系统

对于军用航空器,采用数字式电传操纵飞行控制系统的主要好处是能够得到更好的飞行性能。数字飞行操纵系统使本身并不稳定的航空器能够正常飞行。数字式电传操纵飞行控制系统原理如图 3.3 所示,飞行控制计算机是 DF-BW 飞行控制系统的核心,控制计算机接收传感器（大气数据传感器、飞机运动传感器）信息、飞行员指令信息,按控制律进行计算,并输出控制信号给作动器液压伺服系统,驱动飞机操纵面,操纵飞机运动,作动器位置反馈信号反馈给液压伺服系统。

FBW 飞机体系结构基于计算机信号处理,飞行员通过驾驶舱内驾驶杆或侧

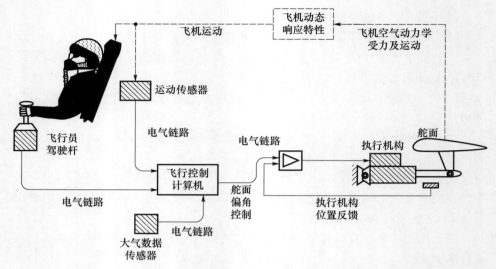

图 3.3　数字式电传操纵飞行控制系统原理图

杆将控制指令电信号传送到计算机,同时有关飞行数据、伺服阀位置、作动器位置等信号数据输入计算机。

飞行数据包括:俯仰、横滚、偏航角速度;线加速度;攻角、侧滑角;空速/马赫数、飞行高度等,由飞机运动传感器和大气数据传感器提供。

一般情况下,数字式飞行控制系统飞行控制计算机之间采用数字通信,而传感器、作动器与飞行控制计算机之间是模拟信号通信,随着数字技术和网络技术的发展,飞行控制系统的传感器、作动器、飞行控制计算机之间都采用数字通信。

电传操纵飞行控制系统部件布局如图 3.4 所示。

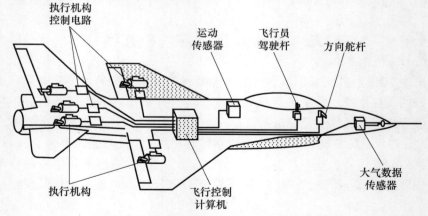

图 3.4　FBW 飞行控制系统基本组成部件

电传操纵飞行控制系统比常规飞行控制系统有更好的动态响应,如图 3.5 所示。

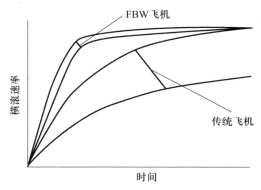

图 3.5　横滚速率响应

闭环 FBW 控制系统具有高带宽,能使飞行员操纵指令经模型滤波器,达到接近模型滤波器的理想飞机响应。例如,军机满意的纵向响应可以用二阶系统响应表示,其无阻尼自然频率为 0.5 Hz,阻尼比为 0.7,其传递函数为

$$\frac{\theta_o}{\theta_i} = \frac{10}{s^2 + 4.4s + 10} \tag{3.1}$$

电传飞行控制系统可以在飞机设计时重新布局气动设计,提高升力减小阻力,减小自然稳定性。隐身飞机设计在为减小雷达发现截面积时将会减小飞机自然稳定性,因此必须通过 FBW 系统提高飞机稳定性。飞机采用电传操纵系统,可以在飞行包线内每一点剪裁系统特性,根据飞行条件调整飞行控制律。与军机不同,民机 FBW 飞机在几乎所有飞行条件下仍具有自然稳定性。但随着 FBW 技术的进步,自然不稳定的民机也可采用 FBW,这时它必须全时间增稳增控。

数字式电传飞行控制系统可以实现增稳、增控、飞行包线保护、控制律重构等。为了提高可靠性和安全性,采用有余度的传感器、飞行控制计算机、作动器和电源液压源,现在安装 DFBW 飞行控制系统的飞机不再采用机械操纵系统作备份。

3.3　电传操纵系统示例

3.3.1　F –8C 电传操纵系统

1972 年 5 月 25 日,德莱顿中心的一架 F –8C 飞机完成改装并被用作数字电传操纵系统的飞行试验。参与 DFBW 计划还有一架备用"铁鸟"F-8,该机主要用作数字电传飞行控制系统的地面测试平台。F-8C飞机电传操纵系统有主控和监控两个通道,输出比较后控制初级作动器,然后驱动功率作动器,此外有备份的模拟电子装置可控制初级作动器。计算机有指令通道和监控通道,指令通道传输控制信号,监控通道保证控制正确。同一计算机内指令通道和监控通道同时工作,或同时处在备份状态。

F-8C 的 FBW 系统软件实现控制律计算、数字滤波器、控制模式等,采样-保持器采样频率一般为 $25\sim50$ 次/s,数字 SAS 采用多速率采样,大多数为 30ms,少数 90ms。数字滤波器有各种不同的用途和性能,对飞行员输入成形可采用一阶滤波器、死区非线性特性等。

图 3.6 所示为 F-8 数字式电传操纵系统。

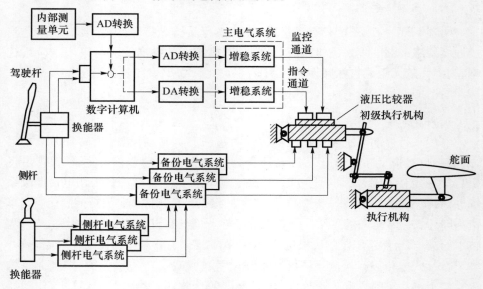

图 3.6　F-8 数字式电传操纵系统

3.3.2　X-29 电传操纵系统

美国 NASA 研制的 X-29 是前掠翼战斗机,设计成自然不稳定,提高了机动性,采用三余度 FBW 飞行控制系统[6],具有故障-工作、故障-安全能力。除三余度主传感器外,还有三余度备份传感器,特别是 3 个角速度传感器 p、q、r 信号显得更重要。

52

图 3.7 所示为 X–29A 飞行控制系统。

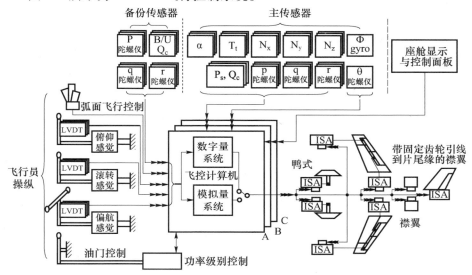

图 3.7　X–29A 飞行控制系统

（注：箭头的数量代表了冗余度）

3.3.3　空中客车电传操纵系统

空中客车民航客机，A300/A310 采用机械–液压式操纵系统，A320/A321（1988）、A330/A 340（1992）采用了电传飞行控制系统（图 3.8）。[7] 空中客车飞机的电传操纵系统将飞行员的操纵限制在软件容许范围内飞行，即飞行控制计算机有最终控制权。

空中客车的 FBW 系统有 5 个计算机同时工作，A320/A321 有 2 个升降舵和副翼计算机，3 个扰流片和升降舵计算机。A330/A340 有 3 个飞行控制主计算机，2 个飞行控制辅助计算机。每个计算机内有 2 个独立运算路径，即指令路径和监控路径。指令路径传输控制信号，监控路径保证控制正确。同一计算机内指令路径和监控路径同时工作，或同时处在备份状态，2 个路径输出比较有差异时表明存在故障。

图 3.9 所示为电传操纵系统侧向操纵杆。

A340 飞机电传飞行控制系统有 3 组计算机：①3 个主控计算机；②2 个辅助控制计算机；③2 个高升力装置（襟翼和缝翼）控制计算机。其中，主控计算机和辅助控制计算机采用不同的硬件，同一组计算机中软件采用不同的编程。

采集的数据如下：①俯仰、横滚、偏航角速度；②沿三轴线加速度；③飞行速

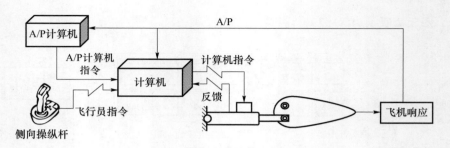

图 3.8　A320(1988)、A340(1992)电传飞行控制系统

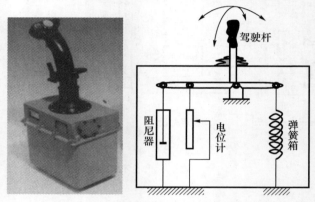

图 3.9　电传操纵系统侧向操纵杆

度/马赫数;④气压高度、无线电高度;⑤攻角、侧滑角;⑥驾驶杆指令。

图 3.10 所示为计算机指令和监控路径结构,图 3.11 所示为空中客车 FBW 系统。

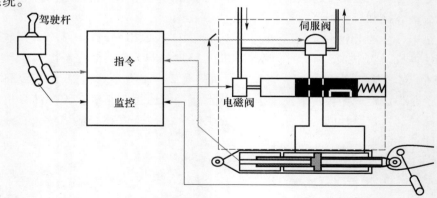

图 3.10　计算机指令和监控路径结构

相对钢索、拉杆、弹簧机械式操纵系统,DFBW 是飞行控制系统革命性变化。

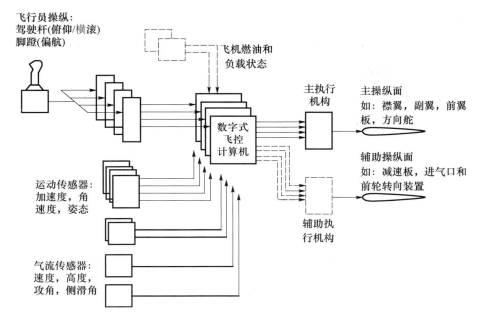

图 3.11 空中客车 FBW 系统

它具有设计余度大,易于装配和维护,系统受温度变化小,对飞行员指令的响应快等优点。飞行员操纵同一系列飞机(如 A320、A330、A340)具有相同的飞行品质和操纵感觉。

3.3.4 波音 777 电传操纵系统

波音 777 客机采用了数字式电传操纵系统,但仍保留了飞行员的驾驶杆、方向舵脚蹬、油门杆的机械操作。波音飞机设计的电传操纵系统使得飞行员有最终控制权,即飞行员可以超控 FBW 和飞行控制系统。

1. 工作模式

波音 777 电传飞行控制系统有 3 种工作模式:

(1)正常(Normal)模式:飞行控制主计算机提供操纵面位置指令给作动器控制电子装置,转换为伺服控制模拟信号。这种模式提供全部功能,包括全面提高性能、包线保护和操纵品质。

(2)辅助(Secondary)模式:与正常模式一样,飞行控制主计算机提供操纵面位置指令给作动器控制电子装置,转换为伺服控制模拟信号,但系统功能降低,如不提供包线保护功能。

(3)直接(Direct)模式:当 3 个飞行控制主计算机全都发生故障时,作动器控制电子装置不处理飞行控制主计算机来的指令,而直接接受飞行员操纵器传感器来的指令信号,构成作动器闭环伺服控制回路,其操纵品质与辅助模式相近。

2. 电气设备

主飞行控制计算机(Primary Flight Computer,PFC):接收从大气惯性参考系统(Air Data Inertial Reference System,ADIRS)、备份姿态和大气数据参考单元(Secondary Attitude and Air Data Reference Unit,SAARU)、作动器控制电子装置等部件来的信号;计算控制操纵面位置的指令;通过 ARINC 629 总线传送操纵面位置指令。

作动器控制电子装置(Actuator Control Electronics unit,ACE):接收主飞行控制计算机的数字指令信号;进行数字信号到模拟信号(D/A)的转换;控制操纵面电 – 液作动器;给驾驶杆提供可变的操纵负荷感觉;通过余度 ARINC 629 总线传输信号给主飞行控制计算机。

图 3.12 所示为波音 777 FBW 系统的主飞行控制计算机(PFC)布局。

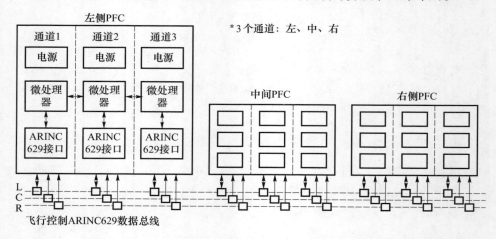

图 3.12　波音 777 FBW 系统的主飞行控制计算机(PFC)布局

波音 777 电传飞行控制系统设计需考虑:①部件共态故障隔离;②FBW 功能分离;③FBW 部件、模块分离;④非相似性设计;⑤主飞行控制计算机的处理器和接口硬件采用非相似三余度。

3. 数据通信总线[4]

不同飞机的飞行控制系统采用了不同的技术,体系结构上有较大差别,通信采用不同的数据总线。波音 757/767 采用 ARINC429 数据总线,波音 777 采用先进的 ARINC629 数据总线作为信息交互的主要形式,而空中客车飞机采用简

56

单的点对点通信的 ARINC429 数据总线。1553B 数据总线现在较广泛地应用于军机,而不适合民机。

波音 777 飞行控制系统主飞行控制计算机和数据总线 ARINC629 联系各部件情况如图 3.13 所示。[1]

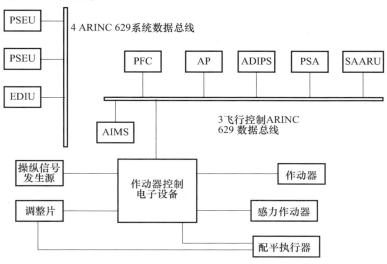

图 3.13　波音 777 部件连接图

AP—自动驾驶仪;PFC—主飞行控制计算机;ADIRS—大气数据和惯性参考系统;
AIMS—飞机信息管理系统;SAARU—备份姿态和大气数据参考单元;
EDIU—发动机数据接口单元;FSEU—襟翼/缝翼电子装置;
PSEU—进场转换电子装置;PSA—电源组件。

4. 余度技术

波音 777 飞行控制系统采用三余度硬件,包括飞行控制计算机、通信线路、电源源。主飞行控制计算机是 FBW 系统的核心,3 个计算机构成 3 个通道,采用 ARINC629 数据总线通信。主飞行控制计算机接收所有 3 根 ARINC629 数据总线的数据,每个主飞行控制计算机内有 3 条计算路径,每条计算路径接收所有 3 根数据总线的数据,每个计算路径有不同的处理器。软件采用 Ada 语言编写,采用不同的 Ada 编译系统。

5. 控制律及系统功能

波音 777 控制功能:①控制电气和电 - 液作动器;②提供俯仰、横滚、偏航三轴人工操纵和自动控制;③俯仰控制—2 个升降舵、1 个水平尾翼;④横滚控制—2 个副翼、2 个襟副翼、14 个扰流片;⑤偏航控制—方向舵。

能够提供以下功能:横滚角保护、转弯补偿、失速和过速保护、俯仰增控和增稳、不对称推力补偿等。

3.4 余度技术

飞机安全性由发生致命故障的概率来计算。飞行安全标准要求民机事故率为小于 10^{-9} 每飞行小时,军机事故率要求小于 10^{-7} 每飞行小时。对于因飞行控制系统故障引起的飞机事故,军机故障率要求为 2×10^{-6} 每飞行小时,民机故障率要求为 10^{-9} 每飞行小时。

电传飞行控制系统采用电信号传输控制,而机械式操纵系统靠力传输操纵飞机舵面。机械式操纵系统故障一般由于机械疲劳磨损而渐渐引起,维修时可检验发现,但电传飞行控制系统故障是由于电路或软件突然发生,无法事先检查出来。电传飞行控制系统受到可靠性的限制,必须采用多余度技术。

民机大多采用四余度结构,而军机多采用三余度结构。飞行控制系统的传感器、飞行控制计算机、作动器、数据总线、接口、电源、液压源等硬件都应采用余度技术,软件包括控制律计算、工作模式选择、监控程序、余度表决程序、应用程序等软件也都应采用余度技术。

3.4.1 实现方法

为了保证数字式电传操纵飞行控制系统的整体性,硬件余度部件需要并行安装,并有故障检测和隔离系统。飞行控制系统一般采用三余度、四余度或多个双余度体系结构。三余度可以采用多数比较表决方法,其中一个发生故障后就不能采用三中取二的表决方法。从实现方法上,余度技术又分为静态余度和动态余度。静态余度有 3 个或更多组件工作,接收同样的输入信号,对其输出信号三取二表决;动态余度采用主、备份方案实现。

（1）静态余度:多个冗余组件,进行多数表决和故障隔离,所有组件都处于工作状态;

（2）动态余度（热备份）:备用的组件一直处于工作状态;

（3）动态余度（冷备份）:备用的组件平时不工作。

基本的余度结构有:①静态结构——采用多余度部件,所有部件都处于工作状态,其输出经表决选出正确值（图 3.14（a））;②热备份动态余度（图 3.14（b））;③冷备份动态余度（图 3.14（c））。

热备份的部件一直处于工作状态但不接入,某部件发生故障时由其热备份替换,冷备份不处于工作状态,当某部件发生故障时,其冷备份接通工作并替换。

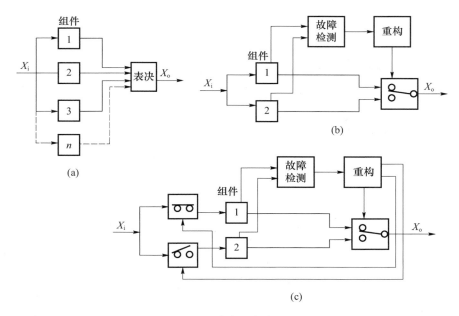

图 3.14　基本的余度结构

3.4.2　分类和特性

余度包括硬件余度、软件余度、信息数据余度、时间余度多种形式。其中软件余度(Software Redundancy)包括程序余度、模块余度或功能余度(program, modular, or functional redundancy)。

硬件余度又称为直接余度,是通过硬件重复实现的。有的电传操纵系统的飞机运动参数传感器,如俯仰、横滚、航向速率陀螺采用四余度。飞行控制计算机要保证信息处理可靠,应有故障检测、隔离和系统重构、监控和自测试的能力,传输信号的数据总线应有三余度或四余度,作动器采用双伺服阀驱动。

为了减轻硬件重复带来的重量,也可以采用解析余度的方法,在计算机内采用数学模型或算法或观测器对信号进行估计的方法,替代多个硬件的重复。

为避免共性故障,可以采用非相似余度的硬件和软件。非相似余度是指不同传感器和不同计算机控制不同的操纵面,计算机采用不同厂家生产的,飞行控制软件有多个不同软件小组编写。

图 3.15 所示为余度技术分类与特性。

混合容错系统采用混合余度,即包括静态余度和动态余度,具体包括屏蔽、检测、恢复等方法。一个采用混合余度的系统有 N 个运行的余度模块,还有备份模块。当任何一个运行模块输出与表决结果输出不一致时,开关电路将以备

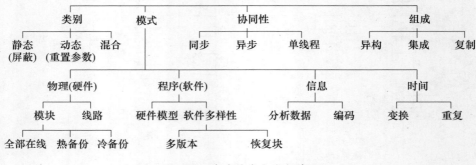

图 3.15　余度技术分类与特性

份模块更换故障模块。一个混合容错系统在同一时间不能多于$(N-1)/2$个故障模块,例如三余度系统同时不能有二个故障模块。

波音 777 飞机采用了电传飞行控制系统和 ARINC 629 数据总线,所有硬件资源都是三余度的,包括主飞行控制计算机、作动器控制电子装置 ACE、ARING 数据总线、电源系统、液压系统。

多功能飞机 JAS – 39 的分布式飞行控制系统具有 7 个主操纵面和 3 个次操纵面,其分布结构中关键传感器节点和总线是双余度的,7 个主操纵面分别由单一的一个作动器操作。飞机主操纵面有两种工作模式,即正常模式(无故障时)和随流模式(永久性故障时)。正常模式下由飞行控制系统控制操纵面,随流模式下飞机操纵面随气流自由飘动,不产生气动升力,对飞机运动影响很小,即使一个主操纵面处于随流模式,飞机仍能可控和安全着陆。

3.4.3　余度技术示例

1. 三余度技术

电传飞行控制系统三余度结构如图 3.16 所示,3 个独立的余度传感器输出经表决后选出一个正确值,分别传送给三余度飞行控制计算机,同样 3 个计算机输出又经表决后选出一个正确值,将正确信号输入余度作动器的操纵面伺服系统。

比较表决方法,其中一个发生故障后就不能采用三中取二的表决方法。为避免共性故障,采用非相似余度的硬件和软件。

2. 四余度技术

电传飞行控制系统四余度结构如图 3.17 所示,飞机运动传感器是四余度的,飞行控制计算机也是四余度的,其输出信号分别传输给主作动器和辅助作动

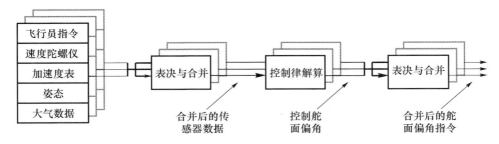

图 3.16 三余度飞行控制系统数据处理

器,主作动器控制升降舵、副翼、方向舵等主操纵面,辅助作动器控制缝翼、扰流片、减速板等。

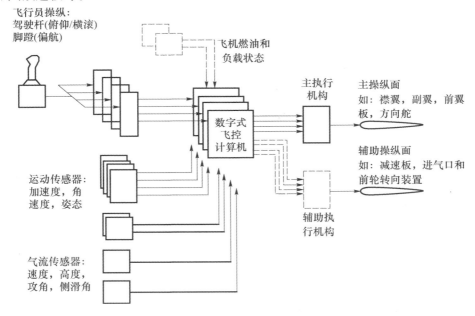

图 3.17 电传飞行控制系统四余度结构图

四余度飞行控制计算机相互间可以设计为有信息交互(图 3.18),也可以设计为没有信息交互(图 3.19)。

3. N 个双余度技术

N 个双余度结构有多个双余度飞行控制计算机,图 3.20 中表示一个通道(如升降舵通道)有二个执行机构。

图 3.21 给出的是一种基于两个液压系统和四条电子路径的双体系结构,两个电子路径连接一个液压系统,两个并行安装的液压作动器同步驱动操纵面。

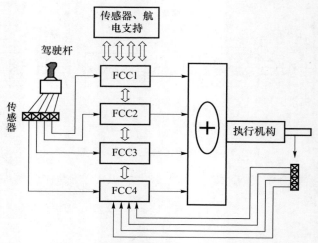

图 3.18　飞行控制计算机之间有信息交互

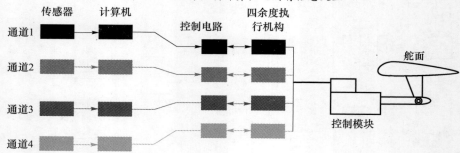

图 3.19　飞行控制计算机之间无信息交互

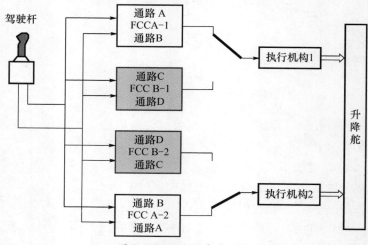

图 3.20　N 个双余度结构

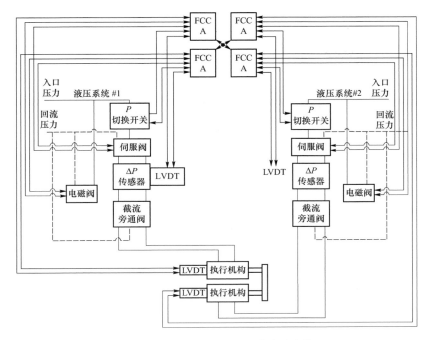

图 3.21　双液压四电气通道体系结构

3.4.4　表决技术

电传飞行控制系统传感器、计算机、作动器之间的余度信息耦合关系可以设计为各种形式,如图3.22所示的分布式大气数据系统与飞行控制计算机之间的链接设计,传感器信号输入计算机后在计算机内进行表决运算。

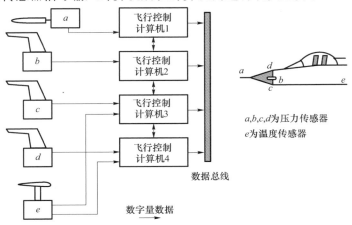

图 3.22　分布式大气数据系统

在余度管理技术中表决屏蔽与选择分配的实现方法略有不同,表决屏蔽方法是按表决规则选出合适的值,而选择分配方法由选择器选出其中一个值,如图3.23所示。

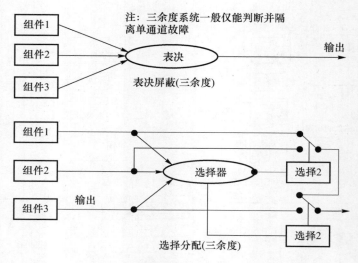

图 3.23 表决屏蔽与选择分配技术对比

三余度系统表决比较实现方法之一如图 3.24 所示,有 3 个输入信号,经取中值后,作为输出信号外,还分别与 3 个输入信号比较,再经幅值门限检测器和时间持续门限检测器,检查信号比较的差值是否持续超过门限值,哪个通道比较的差值持续超过门限值,则该通道发生错误。

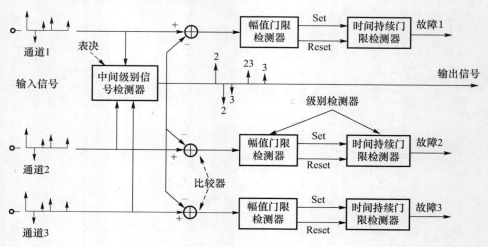

图 3.24 三余度表决比较器

如何在多个余度部件中选择有效的部件和值,表决选择机制是余度技术的关键。表决选择有多种方法:①取中间值;②取相近数量多的值;③在合理范围内取平均值;④多数表决制,n 中取 m 方法,例如三余度系统的三中取二。

取中间值方法举例如图 3.25 所示,有 4 个余度传感器,测量参数上限值为5.2,下限值为4.8,可见 4 个传感器值都在规定范围内,都是有效的,取合适的中间值为4.98。

图 3.25　表决取中间值算例

参 考 文 献

[1] 张沛帆,傅嘉伟. 飞机操纵系统沿革和展望[J]. 硅谷,2011 (12):23 – 23.

[2] Yeh Y C. Design considerations in Boeing 777 fly – by – wire computers[C]//High – Assurance Systems Engineering Symposium, 1998. Proceedings. Third IEEE International. IEEE, 1998:64 – 72.

[3] 沈永奎. 飞机操纵系统建模与仿真研究[D]. 西北工业大学,2005.

[4] Bartley G F. Boeing B – 777: Fly – by – wire flight controls[J]. Spitzer [190], chapitre, 2001:11.

[5] Niedermeier, Dominik, Anthony A Lambregts. Fly – by – wire augmented manual control – basic design considerations. SSJ 100 (2012):7.

[6] Clarke R, Burken J J, Bosworth J T, et al. X – 29 flight control system: lessons learned[J]. International Journal of Control, 1994, 59(1):199 – 219.

[7] Briere D, Traverse P. AIRBUS A320/A330/A340 electrical flight controls – a family of fault – tolerant systems[C]//Fault – Tolerant Computing, 1993. FTCS – 23. Digest of Papers. , The Twenty – Third International Symposium on. IEEE, 1993:616 – 623.

第4章 数字式飞行控制系统

4.1 数字式飞行控制系统的设计考虑

4.1.1 数字式飞行控制系统结构

数字式飞行控制系统取代了模拟式、机械式飞行控制系统,是复杂的计算机控制系统。数字式飞行控制系统由传感器,飞行控制计算机,数据总线,操纵面伺服系统,A/D、D/A 信号转换器,控制软件等组成。它包含一个或多个计算部件,处理的数据来自飞行员操纵、座舱内的控制面板和开关、惯性传感器、大气数据传感器、操纵面位置信号等,通过软件对飞行控制律进行计算,计算结果输出给操纵面伺服控制系统,控制操纵面偏转。由于飞机稳定性减小、降低故障率和保障安全性、采用空气动力与发动机综合控制技术等因素,必须采用数字式多通道多变量电传操纵系统。飞机的飞行环境和飞机发生故障同样对飞机的静态平衡点和动态特性产生影响。图 4.1 所示为数字式飞行控制系统结构。

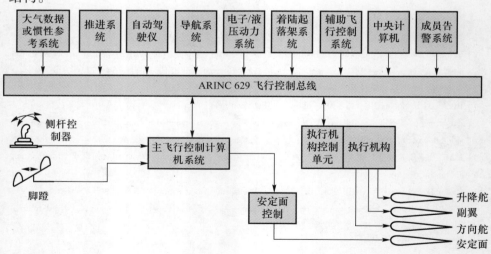

图 4.1 数字式飞行控制系统结构

其中,主飞行控制计算机(FCC)是 DFCS 的核心。其主要功能包括:

(1)飞行控制律(Flight Control Law)计算。包括增稳增控(Stability and Control Augmentation),采用反馈闭环控制,增强飞机的稳定性和操纵性。

(2)传感器管理(Sensor Management)。通过余度传感器输出的交叉信号,进行比较校核,输出有效的传感器信号。

(3)飞行包线保护(Flight Envelope Protection)。飞行包线保护包括操作极限和结构极限,例如:最大攻角、最大横滚角、最大空速、最大马赫数、最大过载等的限制和保护。

(4)余度管理和信号表决选择。

(5)故障发生时系统重构。

(6)机内测试与监控。

现代飞机要求高机动性、超声速巡航,将使飞机稳定性降低,从而要求高增益闭环系统,但又会引起系统非线性和结构弹性交互的增强。

从功能观点,DFCS 具有以下优点:

(1)增稳增控系统能改变飞机动态特性,原飞机可以是不稳定的。

(2)飞行包线保护系统(Flight Envelope Protection System,FEPS)提高了飞行安全性。

(3)飞行控制律嵌入软件,易于改变飞行控制系统的体系结构,达到重构目的,在信号丢失或操纵面损毁情况下,系统仍可工作。

(4)系统可靠性增加。

(5)硬件减少,模拟式飞行控制系统每个通道(俯仰、横滚、偏航)有一个计算机,而数字式飞行控制系统 3 个通道只需 1 个计算机,重量和体积减小,模拟式与数字式相比约为 5:1。

4.1.2 数字式飞行控制系统的设计考虑

设计数字式控制系统时应考虑以下因素:

1. 时间延迟和混淆信号

数字式控制系统和模拟式控制系统的区别在于信号的数字化引起的时间延迟和混淆信号,从而影响系统稳定性和控制品质,控制计算机的输入输出通过网线传输到其他系统(如作动器伺服系统、其他计算机系统)也会产生时间延迟。数字式控制系统比模拟式控制系统可以实现更复杂的控制律,并包含非线性动力学。

D/A 的采样 - 保持器将产生信号的时间延迟,如图 4.2 所示。

控制系统采用数字数据要考虑模拟信号采样离散化带来的问题。若输入信

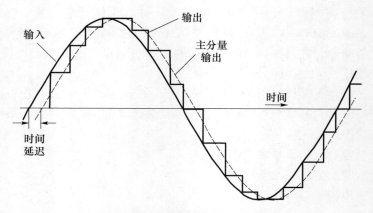

图 4.2　采样－保持器引起的时间延迟

号带有高频率的噪声,而采样频率设计选择过低,则经过低采样频率采样后,在输出时会产生低频混淆信号,不是真实的所需信号,如图 4.3 所示。

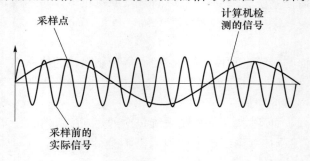

图 4.3　滤波引起的信号混淆

为此应将带高频噪声的输入信号经过滤波器滤波,但滤波器又会带来相位延迟,若采样频率高则能降低相位延迟,如图 4.4 所示。

2. 实时性

数字控制系统将信号离散化,必然带来时间延迟,如何保证实时性是数字控制系统的重要问题[1]。

实时系统应满足逻辑关系正确性和暂态响应正确性要求,即在正确的时间产生正确的输出。实时系统有时限(Deadline)要求,在时限内必须完成规定的计算和操作,时限可以是时间点(时间驱动系统),也可以是时间间隔(事件驱动系统)。实时系统分为硬实时和软实时(图 4.5),硬实时系统有严格的时限要求,在要求的时间期限内完成规定的任务和响应,若在时限内没有完成规定的计

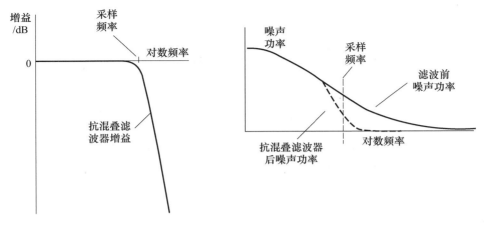

图 4.4　混淆信号滤波

算和操作将产生错误或故障。软实时系统时间期限是重要的,但时间期限偶尔错过,系统功能仍正确,偶尔超出时限不致产生故障。

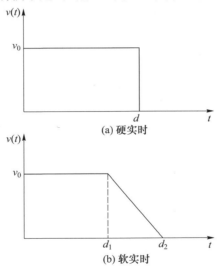

图 4.5　硬实时与软实时

实时控制系统包含信息处理,在规定的有限时间周期内对外界输入激励做出响应,不仅逻辑上而且时间上结果正确。计算机在该系统中是一个部件,即嵌入式计算机系统(Embedded Computer System)。实时系统或嵌入式计算机系统有如下特点:

(1)划分系统功能,部件采用并行控制;

（2）实时控制；

（3）通过硬件界面（接口）交互；

（4）系统较大、较复杂；

（5）系统可靠安全。

多处理器飞行控制计算机为达到实时性，有时采用共享内存的方法。典型飞行控制系统计算机硬件结构如图4.6所示。[2]

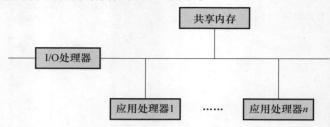

图4.6　典型飞行控制系统计算机硬件结构

3. 采样周期与迭代速率

一般而言，采样周期是指 A/D、D/A 变换器定期采集信号的时间间隔，迭代速率是指计算机内部软件重复运算的频率，设计时应考虑两者协调一致和同步。软件计算可以有多种迭代速率，如全速率、1/2 速率、1/4 速率、1/8 速率、1/16 速率等，取决于软件计算对象参数变量的变化快慢，在计算机速度允许的情况下，可以采用一种迭代速率。有的控制系统包括多个传感器和作动器，构成多个回路，每个回路可以有不同速率，即多速率控制系统（Multi‑rate Control System）。采样速率的选择取决于采样信号的变化速度和频率，一般情况下，飞行控制系统俯仰外回路、横滚外回路、偏航外回路的采样频率为 30 ~ 50Hz，其内回路为 80 ~ 90Hz。

4. 同步问题

正常情况下，每个采样周期或迭代周期内应按采样信号输入、程序计算、计算结果输出顺序进行，如图4.7所示，但这样会使计算机在等待信号输入输出时空转，浪费 CPU 时间。另一种设计方案是在每个采样周期或迭代周期内同时进行信号的输入输出和程序计算，如图4.8所示，这样会产生不同步，使计算产生误差。

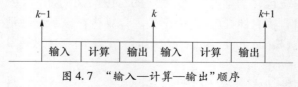

图4.7　"输入—计算—输出"顺序

图 4.8　计算与输入/输出同时并行

　　数字飞行控制系统另一个问题是并行余度多通道输出在一个采样周期内可能不同步不同值,例如三余度系统,其中一个通道输出延迟了一个迭代周期,则在输入信号变化时,3 个通道输出值不一致,但又没有发生故障,给表决选择带来错误。解决方法可采用迭代周期的时间同步,迭代周期的时间同步可由软件实现;另一种解决方法是加大迭代周期,但会给输出带来时间延迟,使系统相位延迟和趋于不稳定。

　　5. 控制软件算法

　　数字控制计算机按离散信号算法计算,以变量的当前值和前若干迭代周期的值为基础进行计算。以数字滤波器为例,实现的数值计算方法如图 4.9 所示。[3]

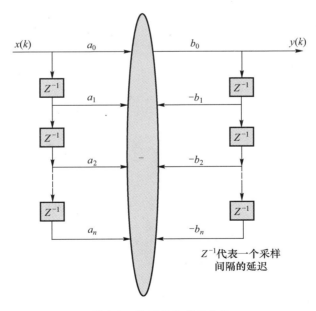

Z^{-1}代表一个采样间隔的延迟

图 4.9　控制软件实现方法

数字控制器可用式(4.1)所示的数字滤波器实现。

$$y(k) = \sum_{i=0}^{n} a_i x(k-i) - \sum_{i=1}^{n} b_i y(k-i) \tag{4.1}$$

滤波器的作用是让某些信号频率通过,而阻止其他信号频率通过,在数学上可以用传递函数描述滤波器。在模拟系统中,连续信号的滤波器设计容易,而在数字系统中,连续滤波器必须转换为离散信号形式。当 $n = 2$ 时,实现二阶控制器。

$$y(k) = a_0 x(k) + a_1 x(k-1) + a_2 x(k-2) - b_1 y(k-1) - b_2 y(k-2) \tag{4.2}$$

传递函数的 Z 变换为

$$D(z) = \frac{Y(z)}{X(z)} = \frac{a_0 + a_1 z^{-1} + a_2 z^{-2}}{1 + b_1 z^{-1} + b_2 z^{-2}} \tag{4.3}$$

比例 – 积分 – 微分(PID)控制器可由二阶数字滤波器实现。连续系统的 PID 控制器由式(4.4)表示:

$$u(t) = K_P e(t) + \frac{1}{(K_I)} \int e(t) \, dt + K_D \frac{de(t)}{dt} \tag{4.4}$$

以离散时间系统的形式表达为(采样时间为 T)

$$u(t) = K_P e(t) + \frac{T}{(K_I)} S(k) + K_D \frac{e(k) - e(k-1)}{T}$$

$$S(k) = S(k-1) + \frac{T}{2} [e(k) + e(k-1)] \tag{4.5}$$

这个函数的 Z 变换为

$$D(z) = K_P + \frac{K_I T}{2} \left(\frac{z+1}{z-1} \right) + \frac{K_D}{T} \left(\frac{z-1}{z} \right) \tag{4.6}$$

相对于模拟式飞行控制系统,数字式飞行控制系统有以下特点:

(1)控制信号离散化。将数字计算机的控制信号离散化,将引起控制信号的时间延迟,信号经过数字计算机的输入/输出接口也会产生时间延迟,时间延迟将影响系统的稳定性和操纵品质。但现代数字计算机的速度提高,已减小了这种延迟的影响。

(2)控制律复杂。数字式飞行控制系统可以设计和实现更复杂的控制律,包含了许多非线性因素,加上飞机飞行动力学的非线性,整个闭环动力学系统的非线性将是复杂的,除了控制系统部件的死区、饱和、磁滞非线性外,飞机运动学方程和动力学方程存在多个变量相乘的非线性,以及气动系数的多变量函数非线性。设计系统时可以利用非线性特性,但目前没有统一的分析方法。

72

（3）高增益控制系统。为了提高飞机机动性，将减小飞机稳定性，飞行控制系统将采用高增益，这时容易引起飞行员诱发振荡（Pilot - Induced Oscillations，PIO）。

（4）多系统综合控制。数字式飞行控制系统必须综合考虑飞机质量特性、空气动力学、控制律、作动器系统、结构动力学、传感器、余度管理以及发动机动力特性等。

（5）控制系统复杂。数字式飞行控制系统是多输入、多输出、多变量、多通道、多速率（采样速率和迭代帧速率）控制系统。

4.2　飞行控制律设计

4.2.1　飞行控制律功能

飞行控制律描述控制器实现的功能，用数学表达式表示。控制律将改变飞机原有的飞行特性和性能。

控制律是飞行控制系统的核心，飞行控制律是一种控制策略，它由期望的飞行质量、飞机自然特性、传感器信息、作动器能力所确定。飞行控制律确定飞行控制计算机的输入输出关系，是传感器输入信号和控制操纵面的输出信号之间动态关系的数学描述，包含关键的测量参数、控制指令、反馈参数、增益结构、滤波器、成形器、补偿器及其算法等。

简单的单输入单输出（SISO）系统，如航向阻尼通道，控制律为

$$y = kx \text{ 或 } y = G(s)x \tag{4.7}$$

对飞行控制系统某个通道而言，常采用多回路反馈结构形式，即多输入单输出（MISO）系统，控制律可描述为

$$y = k_1 x_1 + k_2 x_2 + \cdots + k_n x_n$$
$$\text{或 } y(s) = G_1(s)x_1 + G_2(s)x_2 + \cdots + G_n(s)x_n \tag{4.8}$$

式中：$k_1, \cdots, k_n$ 为各信号比例系数；$G_1(s), \cdots, G_n(s)$ 为各信号的传递函数。

对于复杂的多输入多输出（MIMO）系统可表示为

$$Y_i = k_{1i} x_1 + k_{2i} x_2 + \cdots + k_{ni} x_n$$
$$\text{或 } y_i(s) = G_{1i}(s)x_1 + G_{2i}(s)x_2 + \cdots + G_{ni}(s)x_n \tag{4.9}$$

式中：$k_{1i}, \cdots, k_{ni}$ 为各信号比例系数；$G_{1i}(s), \cdots, G_{ni}(s)$ 为各信号的传递函数。

随着先进控制技术的发展，飞行控制系统控制律除了简单的输入输出关系描述，还根据技术要求和设计方案，增加了其他环节和算法，例如飞行包线保护、

极限参数限制、余度管理、故障检测与识别、系统识别与参数识别、系统重构等。
飞行控制系统控制律主要包括以下功能：

（1）横滚速率指令，横滚姿态保持，横滚角保护；

（2）航向保持或航向跟踪，转弯补偿，一般要求侧滑角为零，因为侧滑角的出现，特别在高速飞行时，将对发动机工作不利，增加飞行阻力，使飞行员、乘客感觉不舒适；

（3）俯仰增稳和增控，俯仰速率指令和俯仰姿态保持，攻角指令和垂直速度保持；

（4）飞行速度保持与控制，失速保护和过速保护；

（5）飞行高度保持与控制；

（6）航迹角保持与控制；

（7）推力不对称补偿；

（8）实现飞行包线保护，而不是飞行包线限制；

（9）保证系统稳定和满足基本动态特性（包括纵向的短周期运动和长周期运动、侧向的横滚运动和荷兰滚运动）的要求；

（10）对飞机的变化和外界干扰具有鲁棒性；

（11）对飞行参数有良好的指令跟随性；

（12）减小对传感器噪声的灵敏度，减小高阶飞机模型不确定性和结构模态的影响。

4.2.2 飞行控制律设计

设计飞行控制律时需考虑到过载限制、俯仰角限制、横滚角限制、大攻角保护、极限速度保护等因素。控制律包括：

（1）复杂的增益调整：随飞行速度、飞行高度或飞机布局调整增益，对军机特别重要，因为在作战时飞机可能要求在飞行包线边界操纵飞行。

（2）各种传感器信号的综合与调整。

（3）对飞行员输入指令进行限制：避免飞行员在机动飞行时过大输入引起飞机失速或超过飞机结构限制。

（4）在出现故障时改变控制律，保持控制性能。

（5）除对主操纵面升降舵、副翼、方向舵进行控制外，还对辅助操纵面进行控制，包括前缘襟翼、缝翼、后缘襟翼、扰流片。

（6）控制发动机推力或推力矢量控制。

飞行控制律使用以下飞行参数：

（1）大气数据、空速、飞行高度、动压；

（2）攻角、侧滑角；

（3）绕机体轴角速度；

（4）沿机体轴线加速度或过载；

（5）欧拉角，即俯仰角、横滚角、偏航角。

此外，飞行控制律还输入飞行员指令信号、飞机油箱和载荷布局变化数据。

飞行控制系统设计时根据需要常在控制回路中串入各种滤波器、限制器、超前－滞后环节和其他校正环节。飞行员操纵指令需经过惯性环节或超前－滞后环节，防止操纵过猛，超前是为了抵消后面环节的延迟。为了防止作动器速度过大可采用限幅器。角速度、线加速度等传感器测量信号中带有干扰噪声，常采用一阶、二阶、三阶滤波器滤去干扰噪声。采样产生的混淆信号也可经滤波器滤去。飞行控制系统滤波器系数和反馈增益随飞行条件调整，即随大气密度、动压、估计的飞机质量和重心位置等飞行条件调整。

飞行控制系统设计时要考虑飞机结构振动模态，在前馈回路中采用凹陷滤波器，在结构谐振频率处降低回路增益，使谐振模态不被激励，飞机纵向平面一次弯曲振型频率，对于歼击机典型的为 5～12Hz，对于大型运输机为 2～4Hz，此外还有二次振型频率和高次振型频率，如图 4.10 和图 4.11 所示。

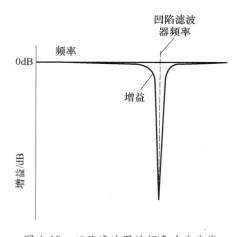

图 4.10　凹陷滤波器的频率响应曲线

控制律设计一般通过前向回路和反馈回路来实现，如图 4.12 所示。

控制律有两种形式：①响应式——根据飞机动态响应控制；②模型跟踪式——根据理想模型控制。控制律构成飞行控制系统的各个控制通道，不同飞行阶段要求有不同的控制律，控制律有多种控制模态。纵向控制包括俯仰速率指令，俯仰姿态保持，法向过载指令，垂直速度保持，飞行速度保持，飞行高度保

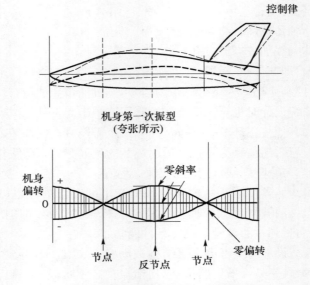

机身第一次振型
(夸张所示)

图 4.11　飞机机体的一次振型

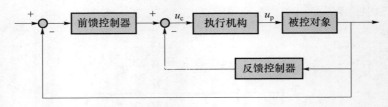

图 4.12　控制律回路

持,攻角控制,航迹角保持,下滑－进场－着陆;侧向控制包括横滚速率指令,横滚姿态保持,航向保持,协调转弯,侧滑角控制,航迹角保持,下滑－进场－着陆等。飞行控制系统纵、侧向飞行控制律方框图如图 4.13 所示。

4.2.3　典型飞行控制律

各种飞机典型飞行控制律叙述如下:

1. A320

空中客车飞机飞行控制律可以分为正常控制律、变换控制律、直接控制律等,每种控制律有地面模态、飞行模态、飘落模态、保护模态。

A320 是第一架采用数字电子飞行控制系统的飞机,1988 年初经验证投入使用,系统满足坚固性(dependability)要求,即安全性(safety)和可用性(availability),其基本部件是故障－安全控制和监控计算机,控制通道完成分配给计算

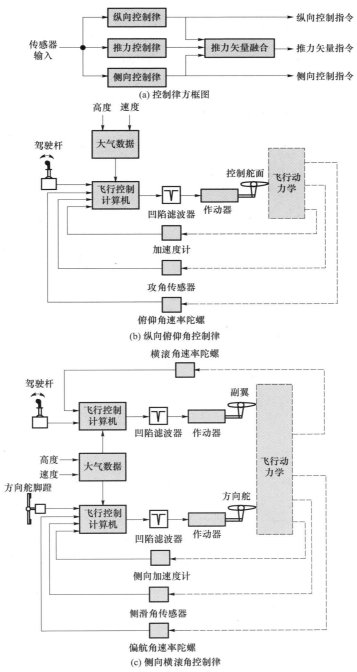

(a) 控制律方框图

(b) 纵向俯仰角控制律

(c) 侧向横滚角控制律

图 4.13 飞行控制系统纵、侧向飞行控制律方框图

机的计算任务,而监控通道保证控制通道正确运行,采用余度技术,实现硬件容错和软件容错,还控制缝翼、襟翼、扰流片。A320 飞行控制律改善了自然飞行质量,特别在稳定性、操纵性和飞行包线保护方面有很大改善,纵向采用比例加积分控制,侧向为了稳定性和横滚速率与侧滑解耦采用增益调整的比例加积分控制。A320 飞行控制系统控制律实现飞行包线保护,包括过载、飞行速度、大攻角防止失速。

2. 波音 777

波音 777 飞行控制系统控制律的设计强调结合飞行员的驾驶经验和操纵过程。其系统组成与结构如图 4.14 所示。

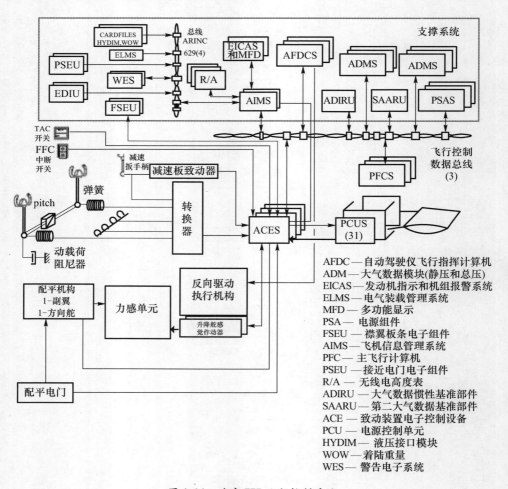

图 4.14　波音 777 飞行控制系统

AFDC — 自动驾驶仪飞行指挥计算机
ADM — 大气数据模块(静压和总压)
EICAS — 发动机指示和机组报警系统
ELMS — 电气装载管理系统
MFD — 多功能显示
PSA — 电源组件
FSEU — 襟翼板条电子组件
AIMS — 飞机信息管理系统
PFC — 主飞行计算机
PSEU — 接近电门电子组件
R/A — 无线电高度表
ADIRU — 大气数据惯性基准部件
SAARU — 第二大气数据基准部件
ACE — 致动装置电子控制设备
PCU — 电源控制单元
HYDIM — 液压接口模块
WOW — 着陆重量
WES — 警告电子系统

1）俯仰通道控制律

俯仰通道控制律采用"机动需求"（Maneuver Demand）控制律，即 C^*U 控制律。C^* 综合考虑了俯仰速率和过载的响应特性，在低飞行速度时，俯仰速率是主要控制因素，飞行员操纵驾驶杆时，快速达到预定俯仰速率，即飞行员推杆或拉杆操纵驾驶杆偏移大时飞机俯仰速率大；而在大飞行速度时，过载是主要控制因素，飞行员操纵驾驶杆时，将达到给定的过载。U 的作用是通过俯仰变化调整恢复空速参考值。俯仰控制律还具有着陆时平飘补偿、失速保护和过速保护等功能，使飞行速度不超过最小值和最大值。

2）偏航通道控制律

偏航通道控制律主要是偏航阻尼和比例调整，方向舵偏转大小随飞行速度调节，偏航控制律还具有阵风减缓、防止侧滑和发动机推力不对称补偿等功能。

3）横滚通道控制律

横滚通道控制律稳定飞机横滚运动、控制转弯、横滚角保护，形成副翼和扰流片控制指令。

波音 777 飞行控制系统每个升降舵、副翼、襟副翼操纵面由两个全时作动器驱动，方向舵操纵面由 3 个全时作动器驱动，可以减小作动器功率，并有余度。

波音 777 主飞行控制系统有两类电子计算机[4]：①作动器控制电子装置——模拟式，伺服回路；②主飞行计算机——数字式，主要功能计算控制律和系统监控。全系统有 4 个 ACE 和 3 个 PFC，ACE 和 PFC 之间通信采用三重双向数据总线 ARINC429。

3. SRA

美国 NASA 系统研究飞机（Systems Research Aircraft，SRA）同时用于研发民机和军机技术，SRA 的数字飞行控制系统结构如图 4.15 所示。

4. 其他飞机

美国波音 X - 36 采用重构飞行控制律，采用动态逆方法，显模型跟踪框架，神经网络在线自适应调整逆误差，包括不确定性、故障、损毁。神经网络/动态逆（NN/DI）控制器使发生故障时能改善操纵品质。

美国霍尼韦尔公司采用鲁棒控制和动态逆方法，外环控制器采用比例或比例 - 积分，内环控制器采用动态逆。

F/A - 22 采用经典控制和特征根配置方法，俯仰指令采用一阶前置滤波器。

JSF 飞机飞行控制系统采用非线性动态逆控制，飞行品质直接映射到控制律，所有变量采用同样一组控制律。

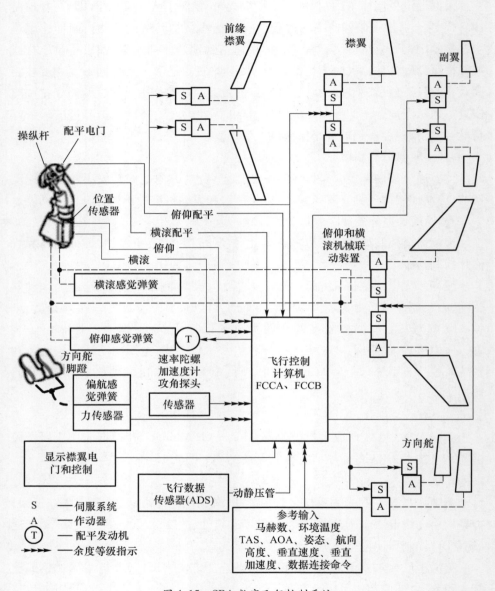

图 4.15　SRA 数字飞行控制系统

4.3　飞行控制律软件

4.3.1　飞行控制律软件功能

控制软件是实现飞行控制系统功能的关键,软件开发语言的选择非常重要。20 世纪 70 年代中期至 80 年代中期普遍采用汇编语言,运行速度快,易满足实时性要求,但缺乏灵活性,较难处理复杂问题。后来发展了高级语言,如 BASIC,FORTRAN,C,Ada 等。[4] F-22 飞机的计算机采用 Ada 语言,其飞行程序有一百万行编码。用高级语言编的程序执行时间长,不易满足实时性要求,随着高速计算机计算速度的增快,采用高级语言可以满足实时性要求,高级语言编程软件已用于军机和民机飞行控制系统。

飞行控制软件分为应用软件和管理软件,应用软件包含动态计算和逻辑关系计算,管理软件包括程序模块调度、I/O 管理、时间管理、余度管理等。飞行控制软件包括以下主要部分:

(1) 控制模式管理;

(2) 控制律计算;

(3) 余度管理(表决与监控);

(4) 机内测试。

此外还包括输入输出接口管理、大气数据计算、系统服务程序(硬件初始化、中断处理、时序与同步)等。

在许多情况下可采用标准软件模块用于控制软件,可以反复调用,节省编写程序的工作量。飞行控制律软件可以分为以下典型模块:

(1) 控制律输入数据模块;

(2) 控制律计算模块;

(3) 控制律输出数据模块;

(4) 控制律测试模块;

(5) 帧时或迭代速率(包括多速率)管理模块。

现代民机电传操纵系统的余度管理软件占整个飞行控制软件的 60% ~ 70%,控制律软件约占整个飞行控制软件的 25% ~ 30%。现代军机电传操纵系统的余度管理软件占整个飞行控制软件约 50%,控制律软件约占整个飞行控制软件的 40%。机内测试软件在飞行中运行时约占整个飞行控制软件的 10%,而在飞行前地面检测时机内测试软件约占整个飞行控制软件的 40%。

开发飞行控制软件的成本较高,以波音 777 飞机为例,机载系统成本占整个成本 47%，而软件研发和校核验证成本占机载系统成本的 70%，如图 4.16 所示。数字式电传飞行控制系统软件生成是具有挑战性任务，占整个 FBW 系统研发成本的 60%～70%。

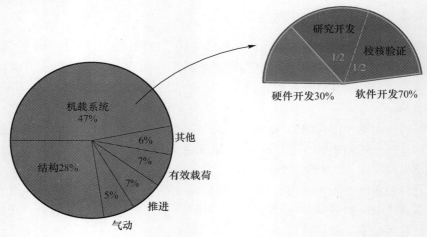

图 4.16　波音 777 飞行控制律软件开发成本

4.3.2　飞行控制律软件的设计、编码和测试

在进行飞行控制软件的设计、编码和测试中，应重视以下几个设计概念。

（1）功能划分模块化。

（2）独立于计算平台，即要适用于任何计算平台。飞行控制律软件应与运行平台无关，只需研发一种软件，可适用于不同运行平台，缩短研发周期，提高软件质量。独立于平台的控制律软件设计的优点有：研发工作量小，研发周期缩短，可以在不同计算机上运行，仅一种软件针对控制律要求进行校核；提高质量和可靠性，软件运行结果不仅在研发和仿真环境验证，也在飞行控制计算机内进行软件运行结果的验证。

（3）采用面向对象技术。软件顶层设计和详细设计采用面向对象设计方法，是一种迭代过程。

（4）采用可重用部件。飞行控制律软件设计的可重用模块包括滤波器、限制器、信号平滑、增益调整、数学函数等模块。

飞行控制律软件可重用模块的使用如图 4.17 所示。

（5）采用控制律软件设计模板。利用飞行控制律软件设计模板可提高控制律软件模块的重用，如图 4.18 所示。

（6）采用多处理设计。一般情况下，迭代速率为 80Hz，即 12.5ms。为了保

82

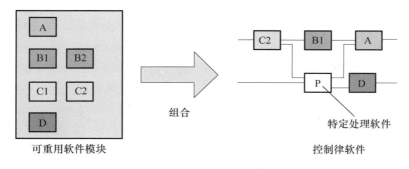

图 4.17　可重用软件模块

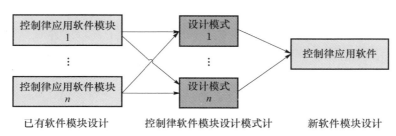

图 4.18　控制律软件设计模式

证实时性,常采用多处理机技术。

（7）迭代速率选择。

（8）采用余度技术。为保证飞行控制系统软件可靠性,采用非相似或多版软件(Dissimilar or multi – version software)方法,多个版本的运行结果在输出端进行检测表决。软件余度可采用 N – 版本编程,实现方法可以如下:

① 按多个技术说明书编程;

② 采用不同的编程语言;

③ 采用不同的编译器和开发环境;

④ 采用不同的编程团队开发。

飞行控制律软件设计过程主要有 3 步:①控制律设计;②软件设计与编码;③测试,详细过程如图 4. 19 所示。[5]

飞行控制律与软件的集成过程包含以下步骤,如图 4. 20 所示:

（1）可采用 MATLAB /Simulink 以及状态流程图设计控制律;

（2）根据控制律数学模型自动生成代码;

（3）采用软件在回路仿真,对控制律功能进行校核;

（4）根据控制律数学模型结构建立测试环境;

（5）在测试环境中根据测试项目和数据对软件进行集成测试;

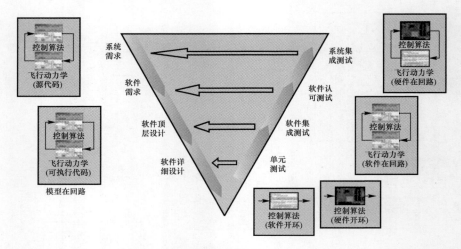

图 4.19　控制律软件开发的 V 模型图

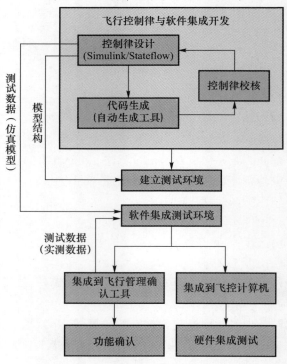

图 4.20　飞行控制律与软件的集成

　　(6) 将生成的控制律软件代码在飞行动力学验证环境(仿真系统、飞行模拟器)中进行验证；

（7）控制律软件代码的功能验证；

（8）将控制律软件装入飞行控制计算机，进行硬软件测试。

参 考 文 献

［1］ Alfred Rosskopf. Development of Flight Control Software in Ada：Architecture and Design Issues and Approaches，Ada – Europe'99，LNCS 1622，437 – 449，1999.

［2］ Alfons Crespo. Roadmap on Real – Time Techniques in Control System Implementation，Cluster：Control for Embedded Systems D21 – Control – Y3.

［3］ Bo Frisberg. Ada in the JAS 39 Gripen Flight Control System. Proc. of AdaEurope'98，LNCS – 1411.

［4］ David A Gwaltney，Kenneth D King，Keary J Smith. Implementation of Adaptive Digital Controllers on Programmable Logic Devices.

［5］ Wanie K M，Nier H，Schmid H，Integrated Flight Control Law Design，Onboard Code Generation And Testing For Safety Critical Applications［C］，European Conference For Aerospace Sciences（EUCASS），2005.

第5章　容错与重构飞行控制系统

5.1　容错飞行控制系统

  飞机飞行安全是至关重要的,飞行控制系统是飞机的重要组成部分,飞行控制系统的可靠性直接影响飞行安全。飞行控制系统本身应有可靠性,保证飞机飞行安全。对于民机飞行控制系统,丧失关键功能或发生严重故障概率必须小于 10^{-9} 每飞行小时,军机飞行控制系统事故率需小于 10^{-7} 每飞行小时。[1] 1959—2011 年全球民航飞机在不同飞行阶段事故率统计如图 5.1 所示。[2] 由图中可以看出,飞机在进场着陆阶段事故发生率最高,严重事故率达到 37%,机载死亡率达到 29%。而此阶段占整个飞行时间最短,只有 4%。因此飞行控制系统保障这一飞行阶段可靠性的要求更为突出。

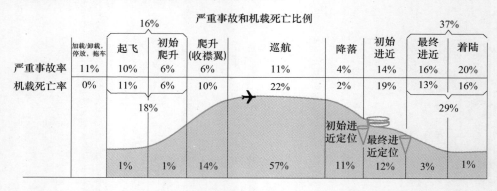

图 5.1　全球民航飞机在不同飞行阶段事故率统计(1959—2011 年)

  在发生错误或故障时,飞行控制系统应及时对错误或故障进行检测、识别、隔离和处理,使其继续正常工作。容错飞行控制系统具有这种能力,容错飞行控制系统是飞行控制技术的一个重要发展,容错和重构是提高飞行控制系统可靠性的关键技术。

5.1.1　容错相关概念及故障分类

  首先给出对以下基本概念的定义[3-6]:

故障(Failure)——完成某个要求功能的能力永久中断和缺失。

误差(Error)——一个信号或一个量的真实值与正确值之间的差值。

错误(Fault)——系统中至少一个特性或参数发生了不允许的偏移,是故障的起因,或故障的逻辑模型。

坚固度(Dependability)——坚固度是一种系统性、综合性指标,包括容错、可靠性、可用性、可维护性、可试性和可执行性。它的含义是避免错误、容错、故障去移、故障预报等。飞行控制系统验证过程的系统坚固度分析很重要,坚固度作为一种综合性指标,包含以下基本属性:可用性、可靠性、安全性、保密性、完整性和可维护性,如图5.2所示。错误、误差和故障都会降低坚固度,实现系统坚固度的方法包括在系统构建过程中采用避免错误和容错,以及在系统开发完成后的验证过程中采用故障去移和故障预报。

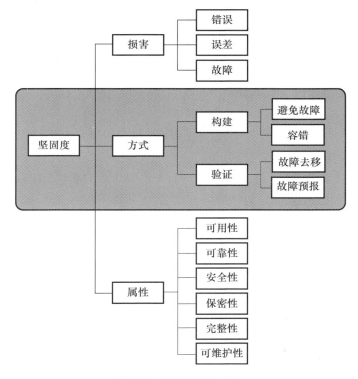

图 5.2　坚固度概念分类

容错(Fault Tolerance)——任何系统发生单个或多个故障时,不失去功能或失去已知功能或降低了余度水平,但仍能保障安全性要求。容错是改善提高系统可靠性的一种技术,当发生硬件故障或软件错误时系统仍能保持运行。

容错控制系统(Fault Tolerance Control System,FTCS)——在硬件出现故障、软件出现错误时仍能继续正确完成规定任务的系统称为容错控制系统。容错控制系统具有自动调整部件故障的能力,在有故障情况下能保证系统稳定和可接受的性能。[7]容错飞行控制系统是高性能飞机和空间飞行器保证安全的关键。容错控制方法有两类:一种方法是以故障检测与隔离(Fault Detection and Isolation,FDI)为基础,在线监控系统在故障发生时改变控制律,保持系统性能;另一种方法是以故障诊断(Fault Diagnosis)为基础,不管故障是否发生,设计的控制器是固定不变的,即具有鲁棒性。尽管采用容错控制,也难以应付所有故障,仅限于线性时不变系统可以考虑。[8]

控制系统正确性和鲁棒性的含义如下:

正确性(Correctness)——系统在整个时间内工作正确,不仅计算逻辑结果正确,而且在规定时间及时产生结果。

鲁棒性(Robustness)——系统不仅在正规环境中工作正确,并能在未预计的环境中,甚至在未知的故障出现时工作正确。

故障的起因很多,有物理故障和人为故障,有设计错误和操作错误,有超过系统极限值的故障等。故障范围可以是局部的或全局的,故障的持续时间可以是瞬时的、持续一段时间的,或永久的。

可以根据故障特点对故障进行以下分类:

随机故障(Random Failure)——时间、部件随机出现的故障;

共性故障(Common Mode Failure)——这种故障发生会影响到所有部件,如电源故障、软件算法错误,常常由于系统部件不准确的技术说明、设计、制造引起,这种故障直接影响系统安全;

瞬时故障(Transient Failure)——这种故障使系统资源很快受影响到不可接受的程度;

持久故障(Latent Failure)——时间持续出现的故障;

物理损坏(Physical Damage)——如操纵面损坏;

单点故障(Single Point Failure)——如表决算法错误将引起作动器指令值单点故障,使该作动器失效。

图5.3以树状图给出了不同的故障分类方法。[9]

容错控制系统在出现故障时仍能继续安全运行,容错飞行控制系统体系结构包括计算系统(硬件、软件)、传感器及其接口、作动器和数据通信等。容错飞行控制系统根据不同的故障类型采用不同的容错策略。有些故障是由于某些部件故障使得整个系统不能工作,例如,电子部件的电源故障,使电子部件不能继续工作,对于这一类故障通常采用余度技术。而有些故障是在某些部件发生故

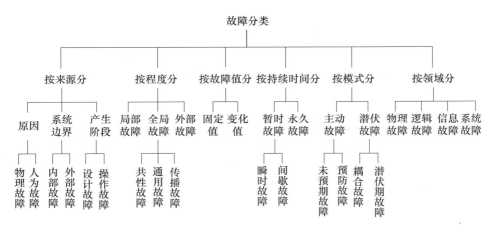

图 5.3　故障分类树形图

障时整个系统仍能工作,但结果不准确,例如某些传感器输出信号错误,对于这一类故障通常采用多种类型的部件,如采用各种测量传感器。

容错计算使得在出现故障时系统能继续运行,容错控制系统能允许一个或多个故障类型:①暂时的、过渡的、永久的硬件故障;②软件和硬件设计错误;③操作错误;④物理损坏或受外界影响损坏。永久故障和瞬时故障的区别在于采用的故障诊断技术,容错控制系统将余度系统第一次发生的错误认为是瞬时故障并继续运行,而在第二循环仍产生同样错误,则认为是永久故障,要加以替换并进行重构恢复运行。

飞行控制系统各分系统、各部件都可能发生故障,其故障现象及处理方法包括:

传感器故障——飞行控制系统失去信号反馈,重新布局稳定系统;

作动器故障——飞机失去操纵效应,可以重新分配操纵面功能;

飞行控制计算机故障——飞行控制系统失去核心作用,采用备份系统或余度设计方案;

软件故障——飞行控制系统失去控制功能,可采用多版本软件设计。

飞行控制系统有很高的可靠性和安全性要求,常采用余度体系结构。有两种工作模式:

故障-工作——故障检测并隔离后,系统继续工作运行。如 F-111 飞机采用三模块余度(Triple Modular Redundant,TMR)设计,3 个模拟通道按多数表决制实现故障-工作模式。L-1011 民机采用四余度飞行控制系统,飞行员仍可超控控制。20 世纪 70 年代数字式飞行控制系统替代模拟式后,使容错方案易于设计。

故障－安全——系统或子系统发生单个故障时,不影响继续飞行和着陆,但影响飞行性能和飞行品质。鲁棒系统能识别故障和校正故障,使系统继续运行,重复原来计算流程,恢复系统正确状态,达到"故障－安全"要求。

为达到要求的可靠性,有两种基本方法:①故障避免(Fault Avoidance)方法,即采取措施阻止故障发生;②余度容错方法。

避免故障可采用屏蔽辐射源、部件测试和仿真试验等方法,消除故障来源,但不可能消除系统所有故障[10]。因此避免故障不是完善的方法,必须考虑采用容错技术。容错必须提供余度,包括故障检测和故障修复,飞行控制系统常采用不同的硬件和软件的余度通道。

余度技术是容错控制系统的基础,提供余度有两种方法,即静态余度和动态余度。静态余度方法采用 3 个或更多组件同时运行,输入相同的信号,其输出经过表决器按多数表决法选取准确信号,并屏蔽故障组件。动态余度可采用较少组件,增加信号处理能力,例如采用两个组件,其中一个组件工作,一个组件作为备份,采用故障检测和诊断方法对工作组件进行监控,发现故障时,将备份组件接入运行[11]。

5.1.2　容错控制系统技术途径

实现容错控制系统的技术途径分两类,即被动式容错和主动式容错[7]。图 5.4 给出了容错控制的分类和不同的实现方法[6]。

被动式容错控制通常基于鲁棒控制思想,因此不需要从 FDI 获取信息就能处理错误或故障。主动式容错控制一般需要发生的错误或故障信息,因此需要进行故障检测和隔离。主动式容错控制可分为两组:离线识别容错控制和在线重配置/自适应。离线识别容错控制的控制器根据所有可能在系统中发生的错误或故障进行事先设计。基于离线识别的容错控制分为模型转换或混合、调整和预测三类。主动式容错控制基于重配置或在线自适应,包括两个子模块,即通过自适应控制的容错控制和通过控制信号重分布的容错控制(控制分配)。鲁棒控制属于被动式容错,而自适应控制和重构控制属于主动式容错。

(1)被动式:事先分析预知部件故障,并在设计阶段考虑了所有的这种故障,故障发生时系统性能仍可接受。被动式基本上是鲁棒控制技术,适合处理一些结构性故障,可以建立正常状态附近不确定性的模型,鲁棒控制器可保证系统稳定性和性能要求。采用固定的控制器,对预知的故障具有鲁棒性,这种系统不需要故障检测与诊断(Fault Detection and Diagnosis,FDD)和控制器重构,但只有有限的容错能力。在设计时未考虑的故障发生时,系统不能保证稳定和性能。被动式容错控制系统如图 5.5 所示,对角矩阵 M 表示作动器通道的状态。若第

90

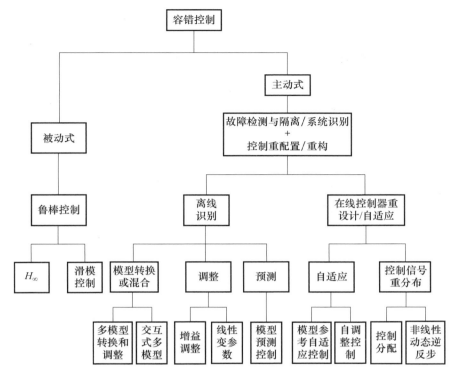

图 5.4　容错控制分类

i 个对角元素为空,则表示第 i 个作动器通道失效。被动式容错控制系统的设计问题转变为如何进行控制器综合设计使得对于具有任意组合元素的对角矩阵 M,闭合系统能够始终保持稳定。

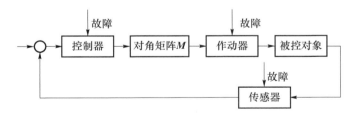

图 5.5　被动式容错控制系统

（2）主动式:系统对故障进行检测和诊断,发生故障后将重构控制器,使整个系统能保持稳定和可接受的性能,系统发生故障后有两种容错方法:一是选择事先设计的控制律;一是在线设计新的控制律,关键在于实现实时 FDD 和实时重构。另一类故障,如传感器故障、作动器故障,其不确定性很难建立合适的数学模型,将采用主动容错控制方法。部件发生故障时,系统将重构,满足稳定性和性能要求,为了重构需要在线检测诊断,实时决策,难度较大。主动容错控制系统又称为自修复控制系统或重构控制系统。容错控制系统的主要目的是设计一种合适结构的控制器,系统不仅在所有部件工作正常时,而且在传感器、作动器、控制计算机硬件和软件发生故障时具有稳定性和满意的性能。主动式或可重构式容错控制系统学术上有很多研究,但工程实现较少,飞机上还未应用。

主动式容错控制系统组成如图 5.6 所示,在原控制系统上增加了故障检测与诊断、控制器重构机构以及可重构控制器。在实时约束限制下,3 个子系统必须协同工作以构成一个有效的主动容错控制系统。故障检测与诊断可以基于模型或不基于模型,基于模型故障检测与诊断可以采用状态估计、参数估计和奇偶方程这 3 种方法。容错控制系统要求实时运行,但故障检测与诊断将引起时间延迟,对反馈控制系统的稳定和性能都有影响。传感器测量中有噪声干扰,会引起错误诊断。对于某个系统,部件故障可以用一系列故障模式表示。容错可采用多重模型,即发展为自适应控制系统。控制器重构的方法有两种:①离线设计控制器控制律库,由 FDD 检测诊断出故障后,在控制器控制律库中选择合适的控制律,以补偿故障引起的影响;②在线实时综合设计控制器,常采用基于模型的方法,进行状态估计或参数估计。

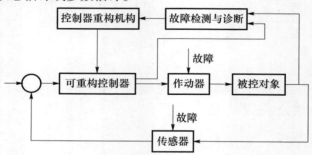

图 5.6　主动式容错控制系统

被动式容错的优点是系统较简单,重复硬件少,缺点是发生未预知故障时不能保证系统正常工作。主动式容错能在发生各种故障时保证系统稳定和性能,但实现实时故障检测诊断与隔离和系统重构的技术难度大。混合式容错同时由被动式和主动式组成,吸取两种方法的优点,由被动式保证系统稳定性,主动式保证系统性能优化。

被动式容错控制系统的一个关键问题在于潜在故障数目增加时,控制器的整体性能对单一故障处理的有效性越来越低。一个有效的方法是将相同的故障进行分组,应用分布式控制技术进行处理。被动式容错控制系统逐渐发展为多重控制器和作动器,将集中控制变为分散控制,即分布控制。

主动式容错控制系统在飞机飞行控制系统中得到发展,自修复飞行控制系统能使飞机在有故障情况下仍能安全着陆。20 世纪 70 年代有两次飞行事故,1977 年 4 月 12 日,美国 Delta 航线一架 L – 1011 飞机的一个升降舵卡在上偏 19°的位置,凭飞行员的经验,采用其他作动器,使飞机安全着陆。1979 年 5 月 25 日遭遇空难的美国航线 DC – 10 飞机,起飞时因左边引擎突然脱落而失速坠毁,其间只留给飞行员 15s 的时间处理故障,因此自动容错控制系统是非常必要的。

5.1.3 容错飞行控制系统设计

容错飞行控制系统是一种技术挑战,它能保证全飞行包线范围内飞行安全。容错飞行控制系统有多种实现方案,如典型的三重组件余度,如图 5.7 所示。

图 5.7　三重组件余度系统

可采用表决器屏蔽故障,如图 5.8 所示。TMR 方案的不足是只能屏蔽故障,系统不能实现调整和重构,而且只能屏蔽第一次故障,再发生第二次故障时已无法表决。

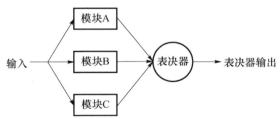

图 5.8　故障屏蔽 TMR 系统

目前已经有许多设计方法,但都限于线性系统模型。现代飞机飞行品质很大部分取决于飞行控制系统的飞行控制律,不同的容错原理将采用不同的余度方式。初期的容错飞行控制系统,首先由一组滤波器检测出飞机发生的故障和损坏,然后转换到预先设定的控制器增益,以补偿所发生的故障和损坏。经过一段时间,设计概念发生变革,采用连续重构和自适应控制方式,可以满足更大范围的变化,再进一步从离线设计增益调整发展到在线设计的体系结构。

容错控制系统的设计过程如图 5.9 所示[10]:根据系统设计要求进行系统设计和系统评估。系统设计方法包括故障避免和容错。故障避免的目的是为了消除故障源,可以采用部件选择、设计评审、质量控制、选择设计方法、制定设计规则、屏蔽、散热和文档管理等方法。由于不可能消除所有的故障源,容错设计通过增加余度来消除故障带来的影响,余度容错可采用硬件余度、信息余度、时间余度和软件余度技术。容错设计方法还包括故障检测、故障包容(限制故障影响)和重配置等。可采用马尔可夫模型、故障分析、容差分析、系统测试和故障数据分析等方法对容错控制系统进行系统评估。

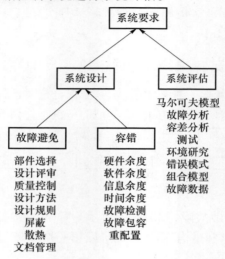

图 5.9　容错系统设计过程

　　一种容错控制器[11](图 5.10)采用多种模型方法,设有多个预先设计好的控制器存在系统内存中,故障检测与隔离装置识别并隔离故障,通过开关接到相应的预先设计的控制器。容错控制器包含调节器、观测器和稳定器 3 个组件,其中非线性调节器对故障飞行器的关键变量进行调整,同时消除由控制面故障带来的干扰;容错控制器不需要先验知识,由线性观测器估计作动器卡死位置,提供给调节器;基于 LQR(Linear Quadratic Regulator)设计的线性稳定器,对速度变化和转弯半径的变化具有较好的鲁棒性。文献[12]中采用这种容错器控制器结构,以 F‐16 飞机为例,分析了升降舵、副翼、方向舵故障的重构过程。

　　自适应反步法是一种非线性设计方法,利用参数修正控制律,处理系统中的参数不确定问题。反步法的核心思想是递归设计控制律,将某些状态变量考虑为虚拟控制输入,有不同的方法修正控制律,有整体设计法、模块法和复合法。其中整体设计基于李雅普诺夫法修正控制律;模块法采用递归最小平方识别法,控制律中的非线性阻尼项在控制器和识别器之间调整;复合法无需非线性阻尼项,而使用跟踪误差和估计误差,具有最好的收敛性[13]。

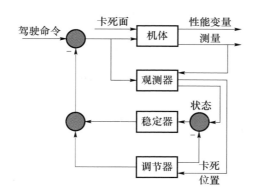

图 5.10　容错控制器结构

5.1.4　硬件容错与软件容错

1. 硬件容错

硬件容错(Hardware Fault - Tolerance)采用故障屏蔽、动态修复、备份和余度技术,动态修复采用备份方法,比余度表决方法硬件少、能耗小,其缺点是重新启动备份引起时间延迟。图 5.11 所示为一种基于余度技术的容错体系结构。硬件容错常采用两种方法,即故障屏蔽法和动态修复法。

(1) 故障屏蔽(Fault Masking):是一种结构余度技术,在一组余度模块中屏蔽其中发生故障的模块,采用输出信号表决的方法,三余度系统当屏蔽一个故障模块后已无法采用表决制,必须有一个备份模块加入。

(2) 动态修复(Dynamic Recovery):只有一个模块在工作,系统有自检测功能,当检测到故障时将备份替换故障模块,此时备份模块中的软件要及时重新启动、初始化。动态修复比余度表决更有效,对低能源或能源受限系统更是如此。动态修复法的缺点是软件重新启动、初始化会带来时间延迟。

实现容错控制涉及故障检测、故障隔离、余度技术、表决技术、性能监控、飞行前检测以及飞行控制系统异步运行等相关技术。容错控制系统解决方法之一是余度技术,但重复的硬件会增加重量、体积和成本,因此要综合考虑容错的期望度、余度数量、系统达到的性能[14]。余度技术有直接余度或物理余度(硬件)和解析余度(软件)两种形式,如余度传感器/作动器,或故障检测与诊断方法,有时两种形式联合使用。随着电传操纵技术的出现,解析余度的使用大大增加。解析余度方法将测量信号与数学模型进行比较,其好处在于不需要硬件余度,从而减少重量与成本。采用余度技术将增加系统复杂性和成本,因此要在安全和成本之间综合考虑[7]。

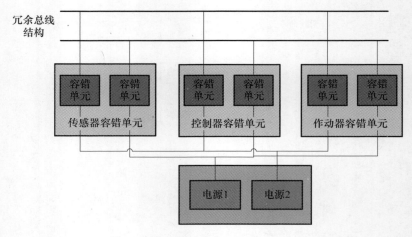

图 5.11　容错体系结构

余度技术是容错控制的基础,为了控制系统容错和重构,余度管理技术有以下 3 类[14]:

(1) 静态管理:主要通过硬件多余度进行故障屏蔽,不需要故障检测和重构,方法包括交织逻辑、硬件多余度、纠错码和多数表决。

(2) 动态管理:包括故障检测、隔离与重构。其中故障检测方法包括比较、合理性检查、任务执行监控,以及校验/奇偶校验、错误检测代码、诊断与内置测试等。故障隔离和重构分为主动式(active)和备用式(standby)。主动式故障隔离和重构方法包括自适应表决和信号选择、动态任务重分配、优雅降级、N – 并行、操作模式切换等。备用式故障隔离和重构方法包括热备份和冷备份。

(3) 混合管理,如采用集储备件(Pooled Spares)方法。

2. 软件容错

软件容错(Software Fault – Tolerance)采用软件改变的方法检测和恢复软件故障,实现软件容错。软件容错技术包括错误避免和防止、检测并消除存在的错误、预测和估计错误或故障的出现以及容错方法实现。

软件容错技术分为单版本(single – version)和多版本(multi – version)。单版本必须进行故障检测、故障修复;多版本采用余度软件模块,同一个软件由不同团队采用不同编程语言、不同算法进行编写,防止共性故障[15]。

软件容错方法有余度方法和鲁棒软件(Robust Software)方法:余度方法采用静态或动态余度技术,如 N 版编程,对计算结果输出进行表决;鲁棒软件在引入错误输入时软件能继续正确运行,错误输入包括超出输入范围、输入类型错误、输入格式错误[3]。

N 版软件(N – Version Software,NVS)是由 N 个团队或个人根据同一个技术要求文本或数学模型编写的软件,其过程称为 N 版软件编程(N – Version Programming,NVP)。NVP 概念在 1997 年提出,其定义为 N 版软件中每个版本采用不同的算法、编程语言或编译器,运行时并行执行,在某些点检测比较。N 版软件编程避免了采用检验测试,其优点是多个版本并行运行,通过表决器对结果进行比较,如图 5.12 所示。

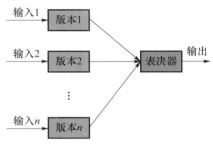

图 5.12　N 版软件编程

如图 5.13 所示,N 版软件余度相同于 N 个模块硬件余度,通过执行环境的决策算法在 N 版本的多个输出中计算共识结果[16]。

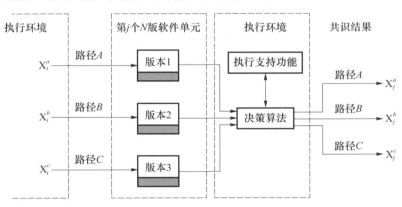

■ 用于容错执行的增强软件单元

图 5.13　N 版软件模型($n = 3$)

修复模块(图 5.14)相当于冷备份而不是热备份,不同版本可以串行运行或并行运行。串行运行要求执行下一个版本前重新加载检验点的状态,对实时系统多版软件将付出时间代价,而并行运行要求有通信网络互连的 N 个余度硬件模块,采用输入和状态一致性算法。

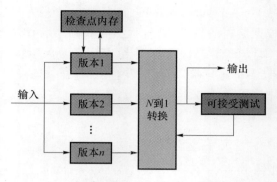

图 5.14　修复模块

　　自检验 N 版编程结合了修复模块和 N 版本编程的概念,通过可接受测试方法(图 5.15)或者比较方法(图 5.16)进行检验。为不同版本分别使用不同的可接受测试是自检验 N 版编程与修复模块的最大区别。基于比较的自检验 N 版编程类似硬件余度方式。

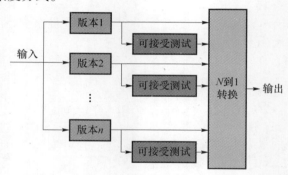

图 5.15　基于可接受测试的自检验 N 版编程

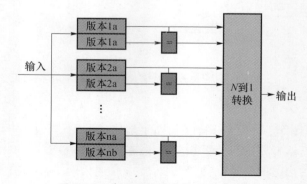

图 5.16　基于比较的自检验 N 版编程

98

软件余度可以有多种结构形式,可以根据底层硬件采用不同的结构,如图 5.17 所示。软件复制可以是整个程序,也可以是一些代码行(程序段),软件余度结构的选择取决于可用资源和特定应用需求[3]。

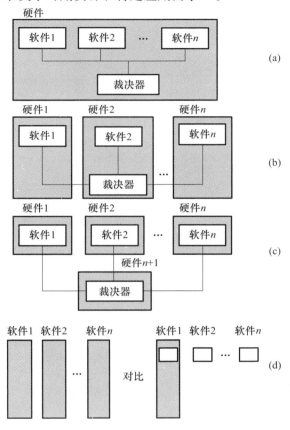

图 5.17　软件余度的不同结构视图

(a)所有软件复制在单个硬件组件上;(b)复制在多个硬件组件上;
(c)裁决器在不同硬件组件上;(d)完整程序复制与程序分段复制。

N 版本编程设计过程如图 5.18 所示,包括两类活动:图中左边方框表示的是第一类活动,包括了标准的软件开发过程;图中右边椭圆表示的是第二类活动,指出了 *N* 版编程独有的各种容错方法实现[11]。

N 版软件是容错控制系统的重要组成部分,*N* 版本系统概念在飞行控制系统计算机中进行了应用,例如波音飞机、空中客车飞机飞行控制电传系统都采用了 *N* 版软件方法,提高安全性,一般情况 *N* = 2,3,4。空中客车 A310、A320、A330 和 A340 飞行控制系统采用了不相同的多个软件,其中 A320 有两个由不

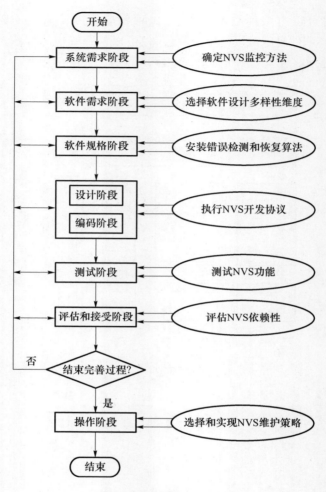

图 5.18　N 版本编程设计

同厂家制造的计算机,有不同的体系结构和微处理机。这两个计算机的每一个控制、监控通道分别对应不同版本的软件,控制器采用 N 版编程方法管理不同的软件,使软件具有容错性。A340 采用自检验 N 版编程软件[19]。

　　鲁棒软件当检测到错误输入时,可采取几种可选方法,如请求新的输入、采用上一次的可接受值,或采用预设值,如图 5.19 所示[11]。对无效输入进行检测和处理后,软件将抛出异常,由异常处理程序进行后续处理。鲁棒软件的一个优点是,它为预定义的输入相关问题提供了保护,这些错误通常在开发和测试的早期过程中就进行了检测。使用鲁棒软件的缺点是,其检查的是预先定义好的输入相关故障,对其他特定的故障,通常无法检测和容错,因此需要有其他方式进行容错,可以使用设计、数据或时间不同性方法。不同性也可以应用于多个层次,如硬件、应用软件、系统软件、管理软件和部件之间接口等。当不同性应用于超过一个层次时,称为多层次不同性。多层次不同性的体系结构成本高、速度慢[3]。

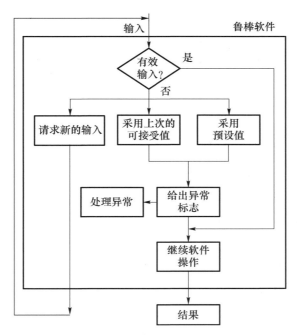

图 5.19　鲁棒软件操作

5.1.5　物理余度与解析余度

控制系统达到容错能力的标准解决方法是采用多重体系结构,多个重复的传感器、控制计算机(包括硬件和软件)、作动器同时并行工作,通过表决器诊断故障,这种属于物理余度(Physical Redundancy)。这种体系结构将增加系统复杂性,增加成本,由于部件增多可能降低整个系统的可靠性。解析余度(Analytical Redundancy)是系统的功能余度,不要求更多硬件,通过软件程序处理传感器输出信号和作动器输入信号,检查是否与系统的解析模型一致,若结果不一致,则隔离故障部件,并重构控制律。

基于解析余度的容错控制系统是采用软件的方法对故障进行检测隔离与系统重构,一般包含以下 3 个步骤:

(1)残差生成(Residual Generation)。通过残差测量系统测量实际响应与系统解析模型响应是否一致,若残差为零,则系统没有发生故障,若残差不为零,则表明系统出现故障。

(2) 决策(Decision Making)。对残差进行处理,根据残差对故障进行检测与隔离,可以采用简单的设计门限值方法,也可以采用统计测试方法。

(3) 重构。采用自适应方法或多模型控制律,根据决策结果选择合适的控制律。

解析余度对传感器故障比较有效,极端而言,若能建立精确的飞机飞行动力学和气动系数数学模型,在机载计算机上实时运行,并实时输入飞行员控制和外界条件,则可获得所有飞行参数,如飞行高度、飞行速度、俯仰角、倾斜角、偏航角、攻角、侧滑角等,替代所有机载传感器。解析余度对作动器故障只能监控,作动器数学模型的动态响应可与作动器实际响应进行比较,从而进行监控,作动器是一种给出操纵力的部件,而数学模型本身产生不了操纵力。

5.1.6 典型民机飞行控制系统的容错机制

基于余度技术的容错飞行控制系统将采用重复硬件和多版本软件,增加了系统的重量、能耗和成本,工业研制部门将考虑系统复杂性、成本和系统可靠性之间的平衡,在工业实践中,飞行控制系统采用了不同的容错机制。

空中客车飞机飞行控制系统基于具有自检测功能的飞行控制计算机,计算机内有两个分开的通道,即指令通道和监控通道,每个通道有分开的硬件和不同的软件,当输出结果不一致时,表明有故障发生,如图5.20所示[12]。

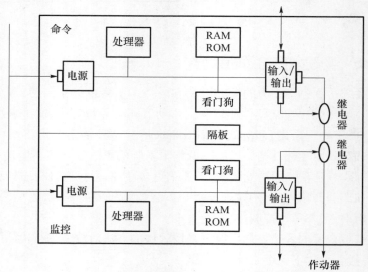

图 5.20　空中客车飞机计算机体系结构

波音飞机飞行控制系统有 3 个相同的主飞行计算机 PFC,每个 PFC 构成一个通道,每个通道有 3 条非相似计算路径,每条计算路径同时运行,有相同的输入,它们的输出经表决器按多数表决法,选出正确值,如图 5.21 所示[11]。

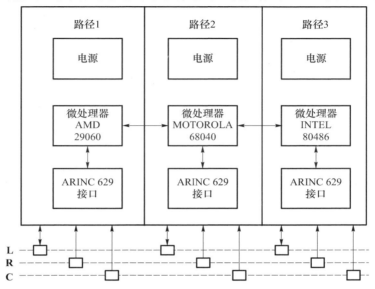

图 5.21　波音飞机计算机体系结构

波音 777 信息管理系统具有飞行管理、推力管理、状态显示、数据通信、集中维护、飞机状态监控、飞行数据记录以及数字数据网关功能。波音 777 主飞行控制系统的功能包括倾斜角保护、失速和超速保护、俯仰控制和稳定性增强、推力不对称补偿[17]。波音 777 主飞行控制系统有两类电子计算机:①作动器控制电子装置 ACE——模拟式,伺服回路;②主飞行计算机 PFC——数字式,主要功能计算控制律和系统监控。全系统有 4 个 ACE 和 3 个 PFC,ACE 和 PFC 之间通值采用三重双向数据总线 ARINC429。

波音 777 主飞行控制系统如图 5.22 所示[17],包括各种传感器、显示器。图中系统包含有自动驾驶仪飞行指引计算机(Autopilot Flight Director Computer,AFDC)、气动数据组件(Air Data Module,ADM)、发动机数据接口组件(Engine Data Interface Unit,EMU)、发动机指示和机组告警系统(Engine Indication and Crew Alerting System,EICAS)、电力负荷管理系统(Electrical Load Management System,ELMS)、襟翼缝翼电子组件(Flap Slat Electronics Unit,FSEU)、多功能显示(Multiple Function Display,MFD)、电源供应器组件(Power Supply Assembly,PSA)、飞机信息管理系统(Airplane Information Management System,AIMS)、主飞

行计算机、进场转换电子组件(Proximity Switch Electronics Unit,PSEU)、无线电高度表(Radio Altimeter,RA)、大气数据惯性基准组件(Air Data Inertial Reference Unit,ADIRU)、备份姿态和大气数据参考单元 SAARU、电源控制组件(Power Control Units,PCU)、液压接口组件(Hydraulic Interface Module,HYDIM)、着陆重量(Weight On Wheel WOW)、告警电子系统(Warning Electronics System,WES)。飞行控制律软件在一般情况下,迭代速率为 80Hz,即 12.5ms,为了保证实时性,常采用多处理器设计技术。波音 777 采用飞行包线保护,而不是飞行包线限制。

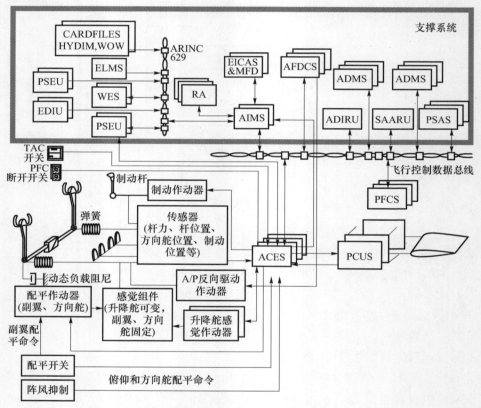

图 5.22 波音 777 主飞行控制系统

典型 ACE 体系结构如图 5.23 所示,有测量驾驶控制命令的传感器,包括位置传感器和力传感器,并由通用模式监控器(Common Mode Monitor,CMM)和解调监控器(Demodulator Monitor,DMM)进行在线监控。CMM 检测飞行控制传感器的短路和开路,DMM 监控传感器信号的解调。如果任何一个监控器指示出现故障,主控制计算机不再将此信号用于电传操纵控制律。伺服命令环绕监控器

104

验证 ACE 数/模和模/数转换硬件的正常运作和确认每个电源控制单元/作动器命令到相应伺服回路的合理分配。把主控制计算机接收的数字命令转换成模拟命令,提供给作动器伺服回路使用。模拟伺服回路命令也转换成数字形式,提供给环绕监控器使用。监控器把初始的数字命令与返回命令相比较,验证模/数和数/模转换的正确性。所有 ARINC 629 总线上的航线可更换部件(Line Replaceable Unit,LRU)传输关键数据时要求兼容飞行控制总线要求,包括提供循环冗余校验(Cyclic Redundancy Check,CRC)检验字。输入信号管理(Input Signal Management,ISM)处理由 ARINC 629 PFC 完成,PFC 对从 ACE、ADIRU、SAARU、ADM、AF DC 和 AIMS 上接收的输入信号进行处理。ISM 包括信号选择和故障检测算法,算法必须能够在较长时间内充分隔离故障部件,直到故障部件得到维修和处理。

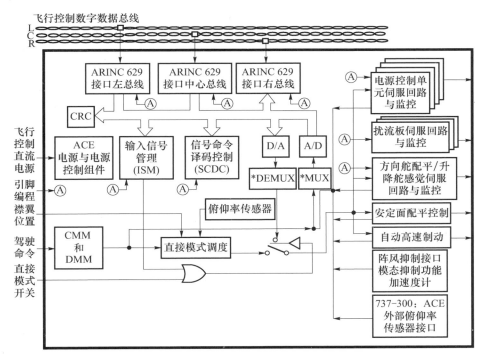

图 5.23　ACE 体系结构

所有三余度硬件资源都对应左、中、右(L/C/R)3 个位置。这些硬件资源包括电源、飞行控制 ARINC 629 总线、PFC、ACE 和液压系统。ACE 分布在所有轴上使得在 ACE 或支撑子系统损坏时具有最大控制能力。一般而言,由 L/C/R 飞行控制电子总线供电的电子部件分别控制由 L/C/R 液压系统提供动力的作动器部件。

操纵升降舵、副翼、襟翼、方向舵的电子伺服系统有 4 种工作模式[17]：

（1）主动式（Active）：响应 ACE 的控制信号，使操纵面偏转到位，处于执行 ACE 指令的工作状态；

（2）旁路式（Bypassed）：作动器不响应 ACE 控制信号，处于不执行 ACE 指令的自由状态；

（3）阻尼式（Damped）：不响应 ACE 指令，但可有限速率移动，阻尼操纵面颤振；

（4）锁住状态（Blocked）：锁住操纵面，不能移动。

操纵控制面的作动器系统必须具有较高的完整性和故障生存能力，以满足飞行器安全要求。驱动控制面的伺服作动器系统包括一个两级伺服系统，由电传操纵伺服驱动器驱动主电源控制作动器的双控制阀门，如图 5.24 所示。移除主电源控制作动器到控制阀门的机械反馈，取而代之为从主电源控制作动器上位置线圈到控制电传操纵伺服作动器的伺服放大器的电反馈。由于伺服回路增益增加，能使控制面作动系统得到更快和更精确的响应。控制面伺服作动器的滞后相对于控制频率的操作范围要非常小，因为滞后会影响电传操纵控制回路的稳定。现代战斗机的典型性能要求为，对应于 1 Hz 的输入频率相位滞后应小于 12°[20]。

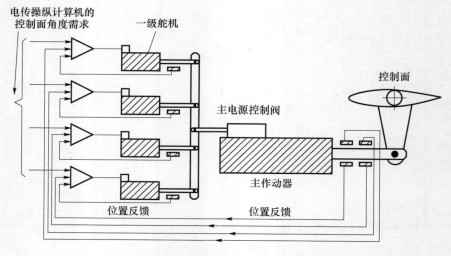

图 5.24　故障生存控制面作动系统原理图

5.2　故障检测与隔离

对于故障检测与隔离（FDI），一种定义如下[14]：

106

故障检测:指出系统中某些部分正在发生错误;

故障隔离:确定发生故障的正确位置;

故障识别:确定发生故障的范围与性质。

国际自动控制联合会(IFAC)技术委员会提出的 FDI 定义如下[6]:

故障检测:确定系统中出现的故障以及检测的时间;

故障隔离:确定故障检测到的种类、位置和时间;

故障识别:确定故障的范围和时变特性。

5.2.1 FDI 分类方法

FDI 有多种分类方法,图 5.25 给出了一种可能的分类方法[6]。FDI 包括基于模型的 FDI 和非基于模型的 FDI。基于模型的 FDI 可以分成两大类,即基于残差的 FDI 和基于故障估计的 FDI。

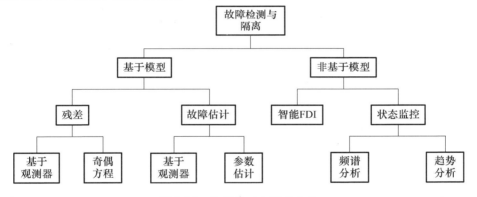

图 5.25 故障检测与隔离分类

　　基于模型的 FDI 将系统的有关测量参数与系统数学模型表示的先验信息比较,即从系统模型与系统实际输出进行比较,对系统故障部件进行检测与隔离。系统模型可以是数学模型,也可以是基于知识的模型。基于模型的 FDI 方法包括基于观测器方法、奇偶空间方法以及参数估计方法。基于模型的 FDI 方法采用线性动态模型,对应非线性系统将在工作点进行线性化。飞行动力学具有固有非线性,但在平飞时飞行平衡点附近大多平缓变化,可以采用线性模型。在基于模型的 FDI 方法中一般采用开环系统模型,包括作动器、传感器和被控对象动力学,如图 5.26 所示[8]。

　　基于模型的故障诊断概念结构如图 5.27 所示,包括残差生成和决策两个阶段。根据实际测量值和系统模型产生的估计测量值之差生成残差,通过设置残差阈值(固定或可变)来检测故障。

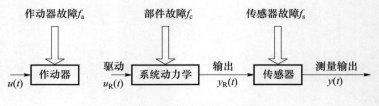

图 5.26　存在故障的开环系统

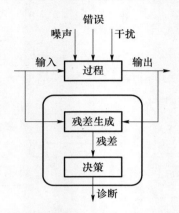

图 5.27　基于模型的故障诊断系统通用概念结构

非基于模型的 FDI 包括智能 FDI 和基于状态监控的 FDI。智能 FDI 采用人工智能技术,通过知识推理、规则库检测发现故障。基于状态监控的 FDI 通过对测量结果采用数学或统计操作发现故障。

基于残差的 FDI(图 5.28)将数学模型信号与硬件测量值比较,在无故障正常情况下残差为零,在发生故障情况下残差不为零,为防止故障误报残差需经过一个非灵敏区环节,在残差值超过非灵敏区时,则表示故障发生。基于残差可以检测出故障,并知道发生故障的位置,但没有更多有关故障的其他信息[6]。

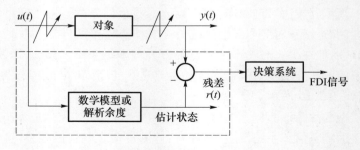

图 5.28　基于残差的 FDI

5.2.2　传感器与作动器的故障检测与隔离

飞行控制系统是可靠性、安全性要求很高的系统,飞行控制系统的部件,特别是传感器、作动器发生故障,将严重影响到系统的可靠性和安全性。必须对传感器、作动器的运行状态进行故障检测、识别与隔离,在检测到故障后及时对系统性能降低要求或系统重构。

传感器故障和作动器故障是容错飞行控制系统的重要研究内容。一般而言,容错飞行控制系统应完成以下任务:

(1) 传感器故障检测、识别与调整;

(2) 作动器故障检测、识别与调整。

典型的传感器故障有偏移误差、漂移误差和传感器信号冻结。传感器误差包括比例因子误差、线性度误差、零点漂移、磁滞误差、温度影响误差等。传感器故障包括超范围值、零输出、输出振荡、输出漂移、输出卡死等[6]。

作动器是控制系统的关键部件,作动器故障将引起飞机稳定性操纵性变化和配平条件改变,或使整个系统不能工作。作动器故障经常有 3 种故障[6]:①锁住故障,即作动器被机械卡住不能活动;②飘浮故障,即飞机操纵面自由飘动,不产生任何力矩,如由于液压源卸压引起;③失控故障,即操纵面以最大速度偏转到最大极限位置,如电子部件故障时,发出错误的大信号给作动器。

线性控制系统可描述如下:

$$\begin{cases} \dot{\boldsymbol{x}}(t) = \boldsymbol{A}\boldsymbol{x}(t) + \boldsymbol{B}\boldsymbol{u}(t) \\ \boldsymbol{y}(t) = \boldsymbol{C}\boldsymbol{x}(t) \end{cases} \tag{5.1}$$

式中:状态向量 $\boldsymbol{x}(t) \in R^n$;控制向量 $\boldsymbol{u}(t) \in R^m$;输出向量 $\boldsymbol{y}(t) \in R^r$;矩阵 $\boldsymbol{A} \in R^{n \times n}$, $\boldsymbol{B} \in R^{n \times m}$, $\boldsymbol{C} \in R^{r \times n}$。

当作动器发生故障时,可描述如下:

$$\begin{cases} \dot{\boldsymbol{x}}(t) = \boldsymbol{A}\boldsymbol{x}(t) + \boldsymbol{B}_{\mathrm{f}}\boldsymbol{u}(t) \\ \boldsymbol{y}(t) = \boldsymbol{C}\boldsymbol{x}(t) \end{cases} \tag{5.2}$$

式中

$$\boldsymbol{B}_{\mathrm{f}} = \boldsymbol{B}(\boldsymbol{I}_m - \boldsymbol{\varGamma}), \boldsymbol{\varGamma} = \begin{pmatrix} \gamma_1 & & 0 \\ & \ddots & \\ 0 & & \gamma_m \end{pmatrix} \tag{5.3}$$

其中:$\gamma_i, i = 1, \cdots, m$, $\gamma_i \in [0 \quad 1]$ 为效应因子。若 $\gamma_i = 0$ 表示第 i 个作动器工作

正常。当 $0 < \gamma_i < 1$ 时，表示故障对控制的有效性造成了部分损失；当 $\gamma_i = 1$，表明故障使得第 i 个作动器失效。

可应用 FDI 方法如似然比法（Generalized Likelihood Ratio）和多模型卡尔曼滤波法（Multiple – Model Kalman Filtering）等对传感器信号连续监测，但这些方法限于线性时不变系统，而且系统模型要与滤波器模型或观测器模型相同。若考虑飞机的时变、非线性特性和测量噪声，可采用神经网络自适应控制，人工神经网络能为飞行控制系统传感器故障和作动器故障提供容错能力，神经网络可用于估计或控制，设计实现用于估计或控制的神经网络时，离线学习和在线学习是关键。离线学习意味着神经网络有一组固定数字结构，系统搜索输入输出的匹配，而不需要修改任何参数，这种系统不具有自适应能力，例如神经网络适用于飞机的某种损坏，但不适用于其他类型的损坏。在线学习意味着系统使用神经网络提供的估计能力，每估计一步为下一步修改其所有参数，在线学习神经网络应注意达到可接受学习水平所需的时间和神经网络的复杂性，这些与使用的学习算法有关。通常模式故障（如电气故障、电源故障、结构损坏、电磁干扰、恶劣天气）采用部件分离、功能分离的方法增加余度。

以下为一个传感器故障检测算法实例[17]：

（1）四余度传感器发生第一次故障——硬超值故障情况和慢超值故障情况。如图 5.29（a）所示，第二个传感器输出突然发生变化，超过门限值，产生硬超值故障，如图 5.29（b）所示。另一种情况是第二个传感器输出逐渐发生变化，超过门限值，产生慢超值故障。

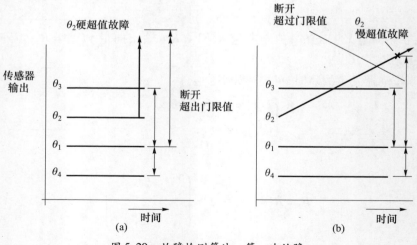

图 5.29 故障检测算法—第一次故障

（2）四余度传感器发生第二次故障——硬超值情况和慢超值情况。当第二个传感器发生硬超值故障后，相当于又一个传感器发生故障，如第三个传感器的硬超值情况和慢超值情况，如图5.30所示。

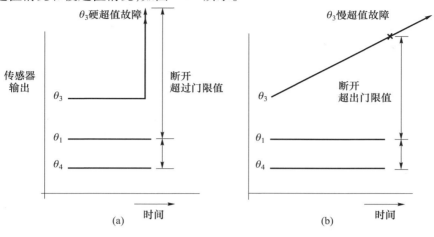

图5.30　故障检测算法—第二次故障

设计余度结构时有各种方案，例如四余度结构与带监控的三余度结构，如图5.31所示。四余度包括4个完全独立的平行传感器和计算机路径，提供必要的故障生存能力，能够容错三次故障。在第一次故障后，四余度结构降级为三余度结构；第二次故障后，降级为双余度结构。带监控的三余度结构包括3个完全独立的平行路径，每个路径由一个非相似系统进行监控以检测故障，三余度结构能够容错两次故障。四余度结构具有更好的故障生存能力，而带监控的三余度结构需要较少的硬件配置和较低的成本。

带有表决器和输出整合器的飞行控制系统四余度传感器和四余度控制计算机的结构方案如图5.32所示。为清楚起见，图中省略了必要的缓冲和隔离输出，这对于防止电气故障从一条路径传播到另一条路径是非常必要的——即共性故障。

虚拟传感器可以在多余度系统只剩两个传感器时参与表决，或只剩一个传感器时对其进行评估。图5.33为虚拟传感器体系结构，包括线性变参数（Linear Parameter Varying，LPV）估计器和神经元网络残差估计器，神经元网络残差估计器用于适应LPV的误差估计[18]。

三余度传感器管理系统如图5.34所示[19]，表决器将3个传感器信号按照大小排序，中间值作为参考值。根据与中值的偏差对两个极值进行限幅，信号综合后得到 S_{voted}。监控器通过比较每个传感器信号值与 S_{voted} 得到计数值（count），

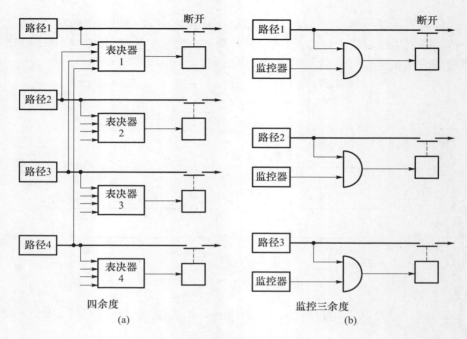

图 5.31　余度配置

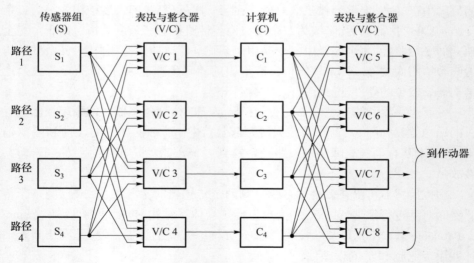

图 5.32　四余度系统体系结构

当计数值超过一定值时,则声明故障并锁存信号。

软表决与监控方法如图 5.35 所示[20],软表决方法也是基于多数表决,区别

112

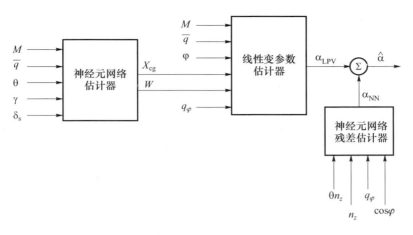

图 5.33　虚拟传感器体系结构

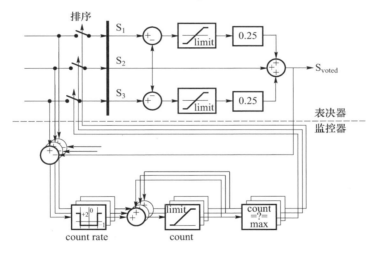

图 5.34　常规三余度传感器管理系统

在于传感器信号综合过程。软表决方法降低故障信号的权重,而不是对故障信号进行限幅。监控器的差别在于计数值的计算不再是每个传感器信号值与S_{voted}差值的函数,而是传感器信号值之间差值的函数。

余度管理软件应考虑到故障检测与隔离、系统重构。对于四余度系统,若传感器和控制计算机有四条独立的路径,则应进行以下工作:

(1)传感器数据验证:检查每个传感器数字数据是否正确编码,在传输过程中未被破坏;

(2)传感器故障检测:通过传感器数据交叉比较,采用多数表决方法,检测

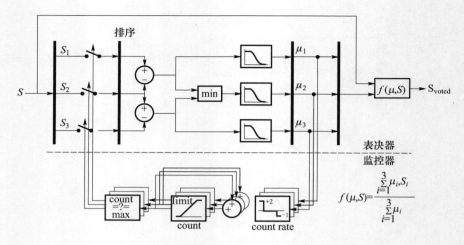

图 5.35 软三余度传感器管理系统

出故障传感器;

　　(3) 传感器故障隔离与系统重构;

　　(4) 计算机内计算路径间数据输出交叉比较;

　　(5) 计算机输出表决和输出值确定;

　　(6) 每个计算机迭代周期的同步。

　　从信号的角度,传感器故障检测和识别更重要。因为传感器是为控制系统提供信息的重要部件,传感器信号用于控制律的闭环回路,控制飞机的动力学特性。故障传感器发出的错误信号将改变飞机动态特性,甚至系统不稳定。因此,应设计好传感器自身的检测,如自诊断、自检测、多种传感器交叉检测。为了使传感器故障能够实现调整,民机或军机飞行控制系统传感器应设计为物理三余度结构,当减少复杂性、降低成本和重量成为飞机设计重要考虑因素时,可以采用解析余度方法。

　　飞行控制系统的非相似余度结构是采用非相似余度硬件和技术,当在主系统的 3 个或者 4 个平行路径都发生共性故障时接管控制。民机电传飞行控制系统要求采用非相似余度满足安全性和适航性要求,包括:①使用两个或多个不同型号的处理器和不同语言编写的软件;②在三余度或四余度基础上增加模拟备份;③采用不同的传感器、计算机和作动器;④上述三项的组合使用。一种实现非相似余度系统的方法如图 5.36 所示[17],这里平行的非相似余度备份系统与主路径使用不同的技术组件和计算方式(如模拟计算)。主飞行控制电传系统计算机能够对备份系统传递函数进行建模和计算备份系统的输出,通过对主系统和备份系统进行比较实现持续监控。

114

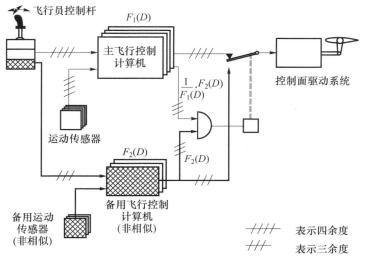

图 5.36　非相似余度系统

　　波音777采用力综合作动器,同一时间有两个作动器工作,控制同一操纵面。作动器伺服阀由单个飞行控制计算机驱动,作动器的监控与控制由本身的作动器控制电子装置 ACE 完成[17,21,22]。空中客车飞机采用主 – 备份作动器方式,一个工作,一个作为备份,主 – 备份作动器方式实现较简单,每个作动器由两个不同的飞行控制计算机驱动,作动器的监控由飞行控制计算机完成[17]。

　　一种适用于有高可靠性要求的实时控制系统的多路径体系结构容错(Multilane Architecture Failure Tolerant,MAFT)如图 5.37 所示。MAFT 采用相异的硬

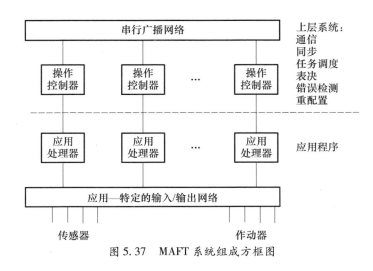

图 5.37　MAFT 系统组成方框图

件和软件设计,控制系统硬件、软件由不同团队设计,相互间信息通信采用广播形式替代点对点直接连接方式。图 5.37 中给出了多路径体系结构容错系统的方框图,对内部功能进行划分后,由应用处理器负责系统输入输出和控制律计算,由操作控制器处理上层与容错和系统管理相关的功能[23,24]。

5.2.3 故障检测与诊断方法

故障检测与诊断(FDD)的错误决断和时间延迟都会使系统失去稳定或性能变坏,FDD 方法如下[5](图 5.38):

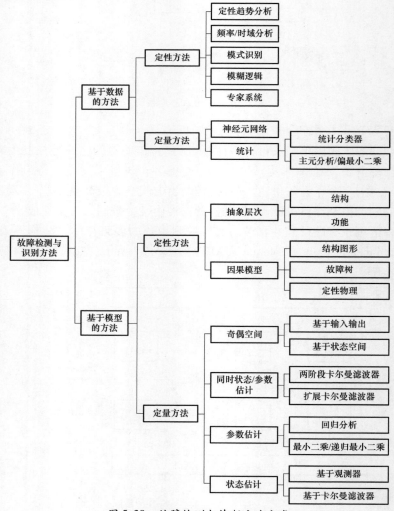

图 5.38 故障检测与诊断方法分类

116

1. 基于模型的方法

（1）定量方法：包括状态估计、参数估计、状态/参数同时估计等方法；

（2）定性方法：包括结构图、故障树、功能分析方法等。

2. 基于数据的方法

（1）定量方法：包括统计分析、神经网络等方法；

（2）定性方法：包括专家系统、模糊逻辑、频域和时域分析等。

5.3 重构飞行控制系统

5.3.1 重构控制系统概念与基本结构

1982 年，美国 NASA 组织 *Restructurable Control* 学术研讨会，研讨控制系统的重建重构问题，多位专家作了学术研究报告，当时提出了重新布局控制与重构控制的区别[25]如下：

重新布局控制（Reconfigurable Control）是预先估计到的操纵面损坏，按预先存储的控制律重新分配其余操纵面或推力，较易解决问题。采用飞行控制与推力控制集成和多变量控制系统能较好解决重新布局控制。

重构控制（Restructurable Control）是很少有预知的知识，例如硬件故障和软件故障，较难解决问题，可以通过故障检测、识别和隔离处理。

重构控制的概念含义如下：

（1）一种能测量运行模式的方法；

（2）一种在测量值超过限制时能识别控制失效的技术；

（3）能确定余下控制系统的特性；

（4）能在余下控制系统中重新设计控制律。

重新布局控制具有上述(1)、(2)特性，但不一定需要(3)、(4)特性。

多余度技术是飞行控制系统重构的重要基础，70 年代开始出现三余度、四余度飞行控制系统，但硬件余度和机械备份的技术途径增加了飞机重量和占空间体积。70 年代数字计算机用于余度管理，人们开始对软件算法替代硬件余度感兴趣。开始时是在传感器发生故障只剩下一个或二个传感器时，采用解析余度的方法。数字计算机可实现更先进的控制律，如自适应控制、最优控制都可应用于重构飞行控制系统。50 年代研发了模拟式自适应飞行控制系统，70 年代有了复杂的数字式自适应飞行控制系统，但 70 年代末 F－8 飞机自适应飞行控制系统的试飞，结论是没有增益调整飞行控制系统好。重构飞行控制系统的研究开始于 80 年代，自适应控制和非线性控制理论研究取得显著进展，同时出现神经网络、模糊逻辑控制等智能技术,特别可应用于 FDI。于是在重构飞行控制系统中研究自适应、非线性、智能技术的应用较为普遍,F-8 FBW 进行了多种重构方案试飞。当时要求有一个分开的故障检测、隔离、估计系统,例如采用卡尔曼滤波器。1984 年美国空军提出自修复飞行控制系统(Self-Repairing Flight Control System,SRFCS)计划,在飞机设计之初开始考虑重构飞行控制系统,例如 F-16 飞机[13]。各种重构飞行控制系统方法处于研究之中,由于数字计算机和软件的发展,可以考虑复杂非线性方法。90 年代提出多模型重构控制,以适应飞行条件的变化,保证在整个飞行包线范围内系统稳定和良好性能。系统有一个针对所有可能故障模式的模型库,根据条件选择一种模型构成控制器,前提是通过 FDI 提供错误/故障的类型和位置的正确信息,FDI 将被控对象当前输出与模型库中所有模型输出进行比较,选择比较误差最小的模型接入控制器[26]。

飞行控制系统重构包括以下内容,即故障检测与识别、飞机当前状态的识别、控制律或增益重新设计。重构控制系统的通用结构如图 5.39 所示[13]:首先对传感器测量的信息进行综合、处理和过滤,然后用于重构飞行器的实际状态。异常检测方案使用飞行器机载模型,传感器和作动器检测和识别错误与故障。飞行器状态信息被发送给重构机制和控制律单元。重构机制能够处理系统的动态(参数)变化,并对控制分配方案进行重构。与指令/参考值管理分系统组合的控制律能够对系统中故障导致的变化进行补偿,使得在尽可能大的操作包络线下保持稳定性和可接受的性能。

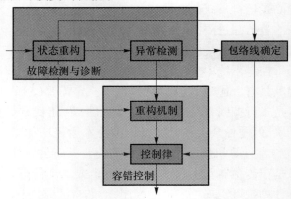

图 5.39　重构控制系统的通用结构

一种典型的重构控制系统结构如图 5.40 所示[5],要求 FDD 对系统中的任何故障能尽快检测与隔离,系统状态变量和输出变量以及故障后的系统模型要在线实时估计,根据估计信息重构控制器,保证系统稳定性、动态性能和稳态性

118

能。为使闭环系统在发生故障后能跟踪输入指令,应调整前向补偿环节,或考虑到作动器饱和特性,应调整指令输入和参考轨迹。

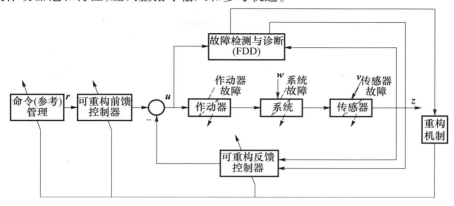

图 5.40　重构控制系统的基本结构

基于上述结构,重构控制系统设计目标如下:

(1) FDD 尽可能精确提供有关故障的发生时间、类型以及故障后系统模型等信息;

(2) 设计一个新的、重构的控制器,以补偿故障引起的系统变化,保持系统稳定性和闭环系统性能,不仅控制器参数需重新计算,而且新控制器的结构包括类型、阶次等都需改变。

FDI 与重构控制器必须对不确定性和干扰具有鲁棒性。鲁棒控制接近被动容错控制系统(PFTCS),控制系统设计为具有鲁棒性,能使控制器抵制故障的影响,而不需要系统重构或 FDI,但这种方法容错能力有限,特别是不能处理作动器故障和整个系统故障。

5.3.2　重构控制设计方法

重构控制系统设计方法应满足以下要求:

(1) 控制重构必须实时;

(2) 重构控制器要自动进行设计;

(3) 设计应给出一个解决方案,即使不是最佳方案。

图 5.41 所示为重构控制系统的控制理论方法、设计方法和重构方法的分类[5]。虽然在图 5.41 总结了每种单独的控制设计方法,在实际的容错控制系统中为达到最佳的整体性能,几种方法的组合更为适用。几乎没有任何可重构控制技术依赖于一个单一的控制设计技术,而是采用不同的控制结构的组合和控制设计算法,如图 5.42 所示。

119

重构控制系统方法分类

数学设计工具
- 线性二次型(LQ)
- 伪逆(PI)
- 智能控制(IC)
- 增益调度(GS)/线性时变参数(LPV)
- 模型跟随(MF)
- 自适应控制(AC)
- 多模型(MM)
- 特征结构配置(EA)
- 反馈线性化(FL)/动态逆(DI)
- H_∞和其他鲁棒控制技术
- 模型预测控制(MPC)
- 定量反馈理论(QFT)
- 线性矩阵不等式(LMI)
- 变结构控制(VSC)/滑模控制(SMC)
- 广义内模控制(GIMC)

设计方法
- 控制律预先计算
  - 多模型(MM)
  - 增益调度(GS)/线性时变参数(LPV)
  - 定量反馈理论(QFT)
  - 线性矩阵不等式(LMI)
  - 广义内模控制(GIMC)
- 在线自动重新设计
  - 线性二次型(LQ)
  - 伪逆(PI)
  - 模型跟随(MF)/自适应控制(AC)
  - 特征结构配置(EA)
  - 反馈线性化(FL)/动态逆(DI)
  - 变结构控制(VSC)/滑模控制(SMC)
  - 模型预测控制(MPC)

重配置机制
- 优化
  - 线性二次型(LQ)
  - H_∞/μ综合
  - 线性矩阵不等式(LMI)
  - 模型预测控制(MPC)
- 转换
  - 多模型(MM)
  - 增益调度(GS)/线性时变参数(LPV)
  - 变结构控制(VSC)/滑模控制(SMC)
- 匹配
  - 伪逆(PI)-系统矩阵
  - 特征结构配置(EA)-特征结构
- 跟随
  - 模型跟随(MF)-状态/输出
  - 模型预测控制(MPC)-设置点/输出
- 补偿
  - 添加补偿
  - 自适应补偿

系统类型
- 线性系统: LQ; PI; MF; EA; MM; MPC; QFT; GIMC
- 非线性系统: GS/LPV; MM; FL/DI; LMI; VSC/SMC; IC

图 5.41 重构控制系统方法分类

图 5.42　重构控制算法组合

重构控制方法如图 5.43 所示,包括[27]:

(1)被动方法,主要是鲁棒控制;

(2)主动方法,包括:

① 多模型方法,如多模型开关转换、交互多模型;

② 自适应方法,如模型参考自适应控制、自适应反馈线性化;

③ 作动器控制功能分配,如滑模控制、控制分配;

④ 控制器综合(假设故障模型),如特征结构配置、模型预测控制。

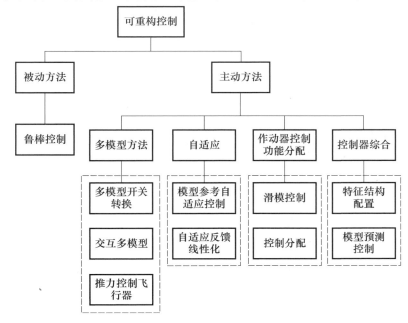

图 5.43　重构控制方法分类

各种重构控制方法的比较见表 5.1,表中给出了不同重构控制方法的适用范围。

121

表 5.1　重构控制方法比较

方法	故障		鲁棒	自适应	故障模型		约束	模型类型	
	作动器	结构			FDI	假设		线性	非线性
多模型转换		●		●	●			●	
交互多模型		●		●	●		○	●	
推力控制飞行器	●		○		●			●	●
控制分配	●				●		○	●	
反馈线性化	●	●		●	●			●	
滑模控制	○	●	●		●				●
特征结构配置		●			●			●	
伪逆方法		●			●			●	
模型参考自适应控制		●		●	●			●	○
模型预测控制	●	●	○	○	●	●	●	●	●

（●表示该方法具有此属性，○表示对该方法进行修改后可以具有此属性）

5.3.3　重构飞行控制系统设计

重构飞行控制系统需要解决的技术问题如下[5]：

（1）硬件余度与解析余度；

（2）动态余度管理；

（3）控制执行机构（作动器）功能重新分配和布局；

（4）闭环系统模型的在线识别；

（5）系统鲁棒性、不确定性、非线性问题；

（6）主动和被动容错控制系统的综合集成；

（7）智能传感器与智能作动器的综合集成；

（8）数据信息的处理、通信、计算、存储的综合集成；

（9）实时网络控制系统的应用等。

控制系统的重构过程（图 5.44）包括故障检测与识别、新对象识别、控制律或增益的重新设计以及飞行员显示信息生成[25]。故障发生后要考虑两种情况：①对飞机静态平衡点的影响；②对系统动态的影响。飞机的飞行环境和飞机发生故障同样对飞机的静态平衡点和动态特性产生影响。图 5.45 为一种重构控制方框图，包括稳定系统、配平系统和对象识别。当故障发生时，需要进行对象识别，不仅仅考虑扰动模型和稳定性导数。飞机设计与飞行控制系统设计应紧密结合，可以改善飞行性能，也能增加飞行安全性。飞行控制设计希望增加飞机

122

操纵面,也为系统重构准备。

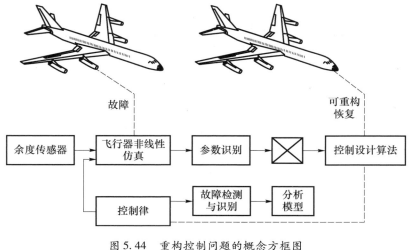

图 5.44　重构控制问题的概念方框图

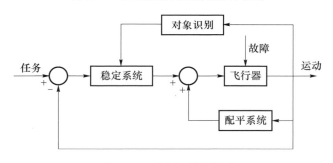

图 5.45　重构控制方框图

余度是任何容错系统的基础和关键,现代军机和新一代民机如 B777、A340/380 飞行控制系统都采用三余度或四余度的作动器、飞行控制计算机、数据总线和传感器。解析(软件)余度是采用系统数学模型生成的信号,进行故障检测、诊断与调整,解析余度可以减少对硬件余度的要求。这就要求重构控制系统在总体设计时要综合考虑硬件余度和解析余度,需要满足以下要求:①整体设计容错和余度系统的体系结构;②综合考虑可靠性与成本,确定硬件余度和软件余度的最佳配置;③综合采用硬件余度与解析余度设计和实现容错控制器,达到指标要求[5]。

故障检测、隔离与估计(Fault Detection, Isolation, and Estimation, FDIE)对飞机及其操纵面设计是重要挑战,故障检测与隔离是飞行控制系统重构的基础[28]。因为有许多不确定因素存在,传统上仅有一小部分运行故障能预先设计估计,而且 FDIE 处理过程存在多个变量交互、高阶次、非线性、时变等问题,有些气流干扰不能完全观察,因此实时自适应和学习技术是一种新方法。对于操纵面单故障,FDIE 要求:①响应时间小于 0.2s;②零误报率和最小漏报率;③操纵面估计误差在 10% 内;④对模型误差、外干扰、测量噪声的敏感最小;⑤计算复杂度最小;⑥自动化的设计与评估程序。

重构飞行控制系统 FDI 的一种方案如图 5.46 所示,包括作动器 FDI 和整个系统 FDI。

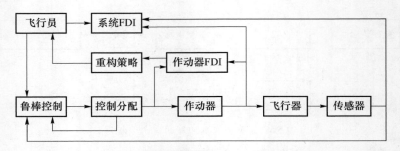

图 5.46　一种重构飞行控制系统方框图

提高控制系统可靠性的技术途径包括[14]:

(1) 采用高可靠性部件;

(2) 系统运行时避免故障;

(3) 容错,包括余度体系结构、重构体系结构,采用组件级、模块级容错;

(4) 集成性系统设计,共享资源。

用多路径交叉的重构体系结构是一种重要的设计概念,如图 5.47 所示。该结构可以提高资源利用效率,如果只有部分组件失效时,无需放弃整个系统。

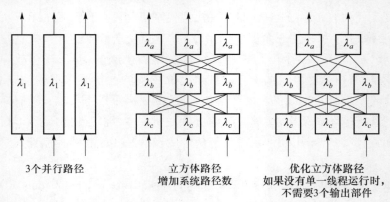

图 5.47　多路径交叉的重构体系结构

124

为使飞行控制系统有重构的能力,每个飞行控制计算机应有 3 个或更多的运算路径。一个飞行控制计算机代表一个控制通道,整个飞行控制系统由若干个控制通道组成,一般为 3~5 个控制通道,例如升降舵通道、副翼通道、方向舵通道。每个飞行控制计算机至少要有 2 个运算路径,其输出可以通过比较进行故障检测,若有 3 个运算路径则可靠性大大增加。如前所述,波音 777 飞行控制系统有 3 台飞行控制计算机,每个计算机内有 3 个运算路径[22]。一般情况下,每个通道有 2 个激活的路径,一是指令路径,一是监控路径,其余路径可以作为备份,直至激活路径失效。

飞行控制系统有中央式和分布式两种体系结构,容错飞行控制系统采用分布式较好,分布式控制系统可以将微处理器置于传感器节点和作动器节点。时钟同步有必要,也会带来问题;每个通道可以异步独立运行,但在决策点上会产生错误。

飞行控制计算机输出信号控制作动器伺服系统有两种方式:①并行方式,即任何一个飞行控制计算机可以控制任何一个作动器;②串行方式,即指定的某个飞行控制计算机只能控制指定的作动器。很明显并行方式可靠性高。

JAS 39 是第四代多用途战斗机,采用分布式体系结构,共有 16 个节点,其中 7 个作动器节点,每个作动器节点对所有指令进行计算,并通过总线交换数据,比较计算结果,对永久的和瞬时的物理故障进行容错[29]。作动器节点包括数字部分(计算机)和机电部分(伺服和控制面),其中数字部分主要包括总线接口、传感器输入自适应和故障处理、控制律计算、表决器和监控器,简化视图如图 5.48 所示。

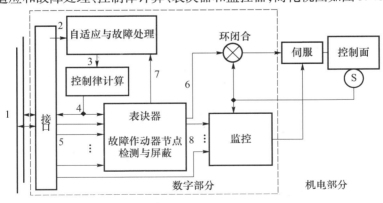

图 5.48　作动器节点的简化视图

若出现作动器组件持久故障(包括接口、表决器、监控器、伺服系统),可能会使操纵面处于随流模式或卡死,此时由其他 6 个作动器组件重构补偿。作动器组件故障处理机制如表 5.2 所列。

表 5.2　作动器组件故障处理机制

故障组件	故障检测	故障处理	对系统的影响
传感器	错误传感器值	控制律计算时除去故障传感器值	瞬时故障:无影响
	缺少传感器值	使用余度传感器值	永久故障:余度损失
总线	损毁的信息	使用余度总线	瞬时故障:无影响
	无信息或噪声	切换到复本总线	永久故障:余度损失
作动器节点	损坏的信息	表决器屏蔽	无
	无信息	随流模式	重构
处理器	错误结果	使用上一次控制律计算状态,由表决器屏蔽	无
	无结果	随流模式	重构
控制律计算	错误结果	使用上一次控制律计算状态,由表决器屏蔽	无
	程序崩溃	由表决器屏蔽	无
表决器	错误结果	随流模式	重构
监控器	错误结果	随流模式	重构
控制面	不正确的工作控制面	随流模式	重构

　　如前所示,波音飞机主飞行控制系统有 3 个主控计算机和 4 个模拟计算机,即作动器控制电子装置。主控计算机计算操纵面位置控制指令,通过 ARINC 数据总线传输给作动器控制电子装置。ACE 相当于 PFC 和飞行员与作动器之间的中介装置。每个主控计算机形成一个通道,内部包含 3 个非相似计算路径,主飞行控制系统各个通道有相同的输入信号,其输出连接到表决器,采用多数表决方法选出正确信号,并屏蔽故障模块。每个作动器由单个控制电子装置控制,而每个作动器控制电子装置能接收所有主控计算机的指令。作动器和其他分系统计算机常采用数字信号处理器。波音飞行主飞行控制计算机内部包含的 3 个非相似计算路径,如图 5.49 所示[30]。

　　空中客车飞机飞行控制系统基于具有自检测功能的飞行控制计算机,每个飞行控制计算机有指令和监控两种软件,二者计算结果进行比较,若计算结果不一致,则转换到另一个计算机。计算机之间采用点对点数字通信方式,进行飞行控制系统余度管理。如图 5.50 所示,飞行控制计算机共有两种类型:一为主计算机,完成复杂计算任务;另一为辅助计算机。每个飞行控制计算机包含两种软件(指令软件和监控软件),有各自的运行路径(图中 P 为主计算机,S 为辅助计算机)。每条路径有分开的硬件和不同的软件,若两个路径计算结果不一样,则将转换到另一台计算机[30,31]。

　　空中客车和波音飞机飞行控制系统的所有飞行控制计算机采用点对点单根

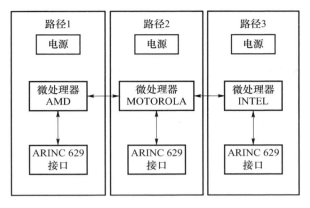

图 5.49 波音主飞行控制计算机架构

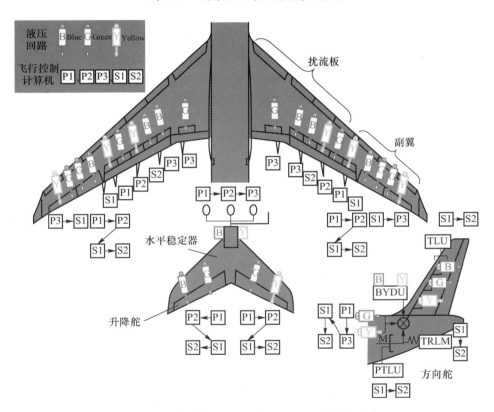

图 5.50 空中客车飞机飞行控制液压和计算机分布

导线与所有传感器、作动器直接连接,飞行控制计算机可以控制每一个作动器,因此单个计算机故障不会影响操纵面的控制。A320 与 B777 飞行控制计算机与作动器连接方案比较如图 5.51 所示[32]。

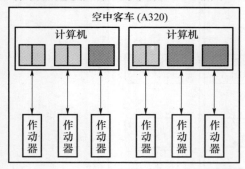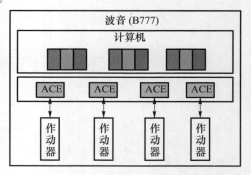

图 5.51 飞行控制系统组成

在重构飞行控制系统的实践方面,1999 年 F/A – 18E/F 是美国军用飞机率先采用重构飞行控制律,但也仅仅是针对平尾故障而实施的,如图 5.52 所示。先进的自适应和智能控制方法还很少实践应用,主要是安全性问题[33]。近几十年来,重构飞行控制系统有很大发展,开始时着重用在余度管理、传感器解析余度、故障检测与隔离等方面,但限于简单的故障。90 年代,对自适应、智能控制进行了大量研究,其中有些复杂非线性控制律进行了有限的试飞,主要是安全性风险大,缺少有效的验证方法。难点在于建立期望的飞机响应模型和飞机真实响应模型,以及控制器在线调整增益和飞行员输入以达到期望的飞机响应[34]。

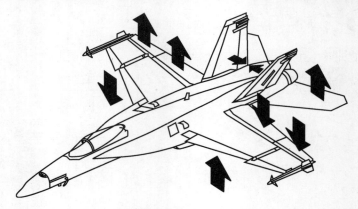

图 5.52 F/A – 18E/F 的重构

期望的飞机响应模型也称为参考模型,一般采用低阶传递函数,描述飞行员输入与飞机响应的关系,例如驾驶杆俯仰操纵与俯仰速率的关系、驾驶杆横侧操纵与横滚速率的关系,这种参考模型一般离线预先设计。飞机真实响应模型采用在线识别方法,可以是时变参数的状态空间模型,通过参数估计方法确定系统

128

模型。基于模型的自适应控制器,在线进行控制设计,生成的控制指令能使飞机动态响应跟随参考模型。总之,飞行控制系统设计时首先要根据技术要求确定期望的飞机响应,接着要测量获取飞机的真实响应,并使飞机真实响应接近期望的飞机响应。

飞机受到损坏或作动器故障时,可重新分配控制指令,例如俯仰机动时平尾损坏或故障引起的横滚/偏航耦合可由副翼、方向舵偏转进行补偿。在 F – 18 重构飞行控制系统采用两种重构控制器方法,分别是修改控制器输出和修改控制器输入方法。修改已有控制律的输出,是一种并行方法,这种方法有更大的设计自由度;修改已有控制律的输入,这种方法易于验证[38]。另外一种针对 F – 18 作动器故障后飞行控制系统重构系统采用内部独立的 3 个分系统:①故障检测与隔离;②稳定系统(Stabilization System);③容错控制系统(Fault – tolerant control System),即重构系统由 FDI、重构逻辑、容错控制律三部分组成,重构逻辑调整控制律以保证系统稳定和性能。FDI 采用人工神经网络监控飞行控制系统的反馈测量,稳定系统基于最小平方优化算法确定故障飞机的调整,容错控制有两种技术,一是 LQR(Linear Quadratic Regulator)方法,另一是 H_∞ 方法。

1984 年美国空军飞行动力实验室(Air Force Flight Dynamics Laboratory)首先提出飞行控制系统重构技术的研究,开始称为自修复飞行控制系统 SRFCS,原理如图 5.53 所示[26]。它可以减少部件余度,对余下的飞机操纵面重新分配力和力矩的产生,是能对故障或损坏部件进行检测、隔离、恢复的飞行控制系统。

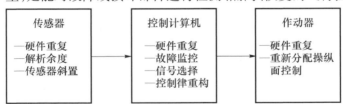

图 5.53　自修复飞行控制系统原理图

图 5.54 所示为一种自修复飞行控制系统体系结构[35],采用飞行控制系统反馈信号检测故障,然后重构控制律。包括:①系统损坏检测与分类模块,实现检测和分离损害;②效应增益估计器,确定部分损坏面的余下能力;③基于伪逆方法的控制混合器,修改初始由常规控制律生成的控制面命令。

图 5.55 为一种带监控器的重构控制系统[30],由四部分组成:①模型,包括飞行动力学、传感器、作动器;②FDI;③控制器;④监控器。图中实线表示指令、反馈等信号流,虚线表示调整、重构等作用。图中实线表示信号流(指令,反馈等),而虚线表示自适应(调谐,调度,重构或重组)。可能出现的故障,包括传感

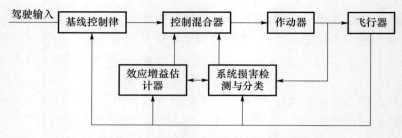

图 5.54　自修复飞行控制系统体系结构

器故障、执行器故障或其他部件故障。FDI 子系统基于闭环系统的反馈信号和给作动器的位置命令不断监视系统的性能和稳定性,给监控子系统提供故障发生、位置以及严重程度信息。基于系统测量信息和 FDI 信息,监控子系统将重构和调整控制器以适应故障的影响。

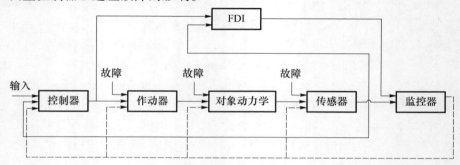

图 5.55　带监控器的重构控制系统组成

　　考虑一个动力学实际系统,输入向量为 u,输出向量为 y,如图 5.56 所示[31]。为了进行 FDI,对导致报警或者误报警的所有影响进行建模是非常重要的。这些影响包括:①作动器、对象动力学组件或者传感器故障;②实际系统与数学模型之间的建模误差;③系统噪声和测量噪声。图 5.56 中给出了一个简化的方框图表示,把所有的故障组成一个故障向量 f,把所有其他影响故障探测的量称为未知输入向量 d。余度的评估过程可以分为两个阶段:①残差生成,即由故障向量 f 产生的作用;②故障确定与分离,如故障发生时间、位置、类型、大小以及故障源等。

　　使用解析余度的 FDI 概念结构如图 5.57 所示。解析余度方法要求残差生成器基于实际输入 u 和测量输出 y 对系统进行验证和进行余度评估。当作动器高度非线性时,使用 u_A 代替 u 更有好处,此时系统方程中不包含作动器的非线性特性。当故障发生时,残差不为零。残差用于生成合适的决策并在故障决策逻辑中进行评估以确定故障的发生时间与位置。

130

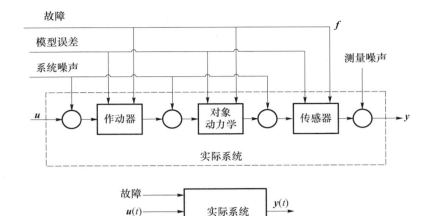

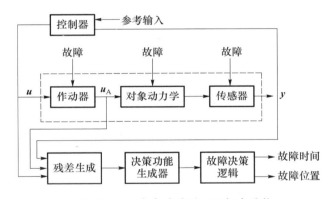

图 5.56　实际系统与简化方框图表示

图 5.57　使用解析余度的 FDI 概念结构

　　整个 FDI 过程更为详细的结构如图 5.58 所示,残差生成需要 3 种模型,即标称系统模型、(实际)观测系统模型以及故障系统模型。为了在较低的故障警告率下实现较高的故障探测性能,应该用观测模型跟踪和更新标称模型。一般来说,有两种使用解析余度生成故障信号的方法:一种使用奇偶空间、观测器和检测过滤器,一种使用参数估计。产生结果信号用于形成决策函数,如规范函数和似然函数。大多数应用中,当识别故障位置和时间后即完成 FDI 过程。特殊情况下,系统要进一步了解故障类型、大小和原因,则需要进行后续的故障诊断。实现这个目的,需要更多的知识支持,如老化程度、操作环境、使用工具、操作和维护历史、故障统计等,通常基于专家系统实现。图 5.59 为一种基于专家系统的余度管理系统体系结构,包括高频回路和低频回路。

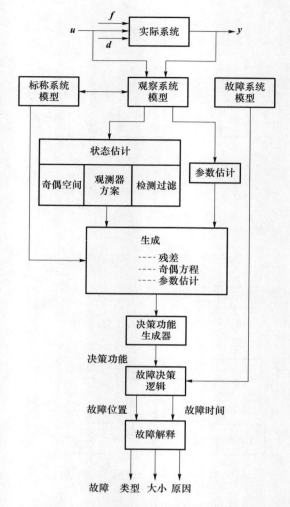

图 5.58 基于解析余度的 FDI 通用体系结构

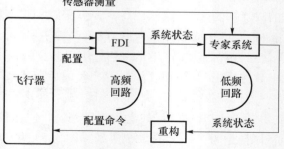

图 5.59 基于专家系统的余度管理体系结构

重构控制基于故障检测与诊断、鲁棒控制和容错控制,而三者密切相关[36],如图 5.60 所示。基于 FDI 的监控辅助控制器的重构和调整,以适应故障的影响。

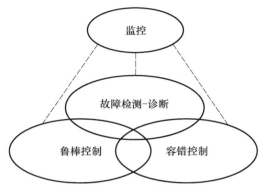

图 5.60　重构策略关系图

通过作动器故障估计实现容错控制如图 5.61 所示[6]。卡尔曼滤波器在工业应用中广泛使用的原因包括:由于卡尔曼滤波器优化的结构,在大多数应用中提供了相当准确的结果;卡尔曼滤波器具有递归形式,适合在线实时数字化处理,并较易实施。标准卡尔曼滤波器作为观测器使用,通过比较实际和估计输出产生残差信号用于故障检测。对卡尔曼滤波器的基本概念进行扩展可以适用于更多应用,如用于非线性系统和参数估计的扩展卡尔曼滤波器。

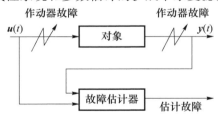

图 5.61　基于 FDI 的故障估计

一种针对作动器故障的重构控制方法中,基于两阶段卡尔曼滤波器实现故障检测算法,通过采取控制重构用于保持故障飞行器的性能。两阶段卡尔曼滤波器用于估计系统状态变量以及根据故障作动器识别控制分配矩阵元素。通过两个共同操作的卡尔曼滤波器实现作动器故障识别,第一个用于识别控制分布矩阵元素,第二个用于飞行器模型的状态变量估计。一个滤波器的参数根据另外一个滤波器的变化自动自适应。通过 F-16 的非线性动力学模型仿真对理论结果进行了确认,仿真结果表明重构的受控飞行器动力学收敛于无故障飞行器动力学。

　　控制律重构可采用神经元网络调整控制律增益。实现自适应、非线性控制策略必须有精确气动模型,在全包线范围内气动系数精确表达式可以由计算神经网络模型、建模前估计和在线训练等方法求出[28]。图5.62 基于自适应合成多项式神经元网络进行飞行变量预测。将在无故障情况下的预期运动预测值与飞行器运动测量值进行比较,得到随时间变化的残差(未预期运动),用于后续的 FDI。

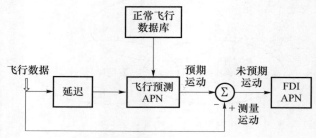

图 5.62　神经元网络用于预测

　　系统辨识是正确描述系统动态特性的一种过程,包含一系列的数学模型,根据系统输入输出数据进行辨识,决定系统动态过程[32]。一种飞行器识别方案如图5.63 所示,先验知识一方面用于试验设计,一方面用于模型结构确定。设计和完成试验后获得一套测量数据,通常按照输入输出变量的时间顺序进行组织。兼容性检查的目的在于检查和移除偏置误差,以及重构一些无法测量的数据。例如,有时飞机攻角不能测量,但通过角速度和加速度的测量可重构攻角的时间历程。模型结构确定和参数/状态估计可以同时进行,当已知模型结构时,辨识任务主要是参数和状态估计[26]。

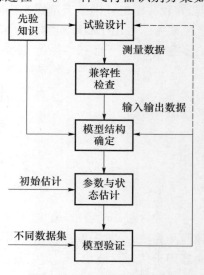

图 5.63　飞行器辨识方案

　　参数辨识有两类:已知结构的系统识别和未知系统结构的参数辨识。系统辨识方法基于输入输出数据进行参数估计,飞机动态特性离线辨识方法包括:①对于已知结构的系统辨识方法有方程误差法、极大似然法、输出误差法、扩展卡尔曼法等;②对于未知结构系统的参数辨识,可采用逐步回归法。

134

方程误差法如图 5.64 所示[26]，飞行器对输入 **u** 响应，可测量得到状态变量和变量导数。假设只有状态的测量数据受测量误差影响。输入 **u**，状态变量 **x** 以及状态变量导数 **ẋ** 用于参数估计。受噪声影响后的 **ẋ** 称为 **y**，作为回归方程中的因变量；**x** 和 **u** 作为方程中的自变量。方程误差法的优点在于它是一种获得估计的简单方法，可以分别应用于每个运动方程。

如图 5.65 所示[26]，极大似然法由一个输入对系统激励，测量系统响应，输入输出都带有测量噪声。飞机同时可能受到外干扰，例如气流干扰，此时采用具有固定参数的卡尔曼滤波器进行测量，对系统响应进行估计。当参数被估计出来后对卡尔曼滤波器参数进行修正，如此重复进行迭代，若输入和过程没有噪声，极大似然法就简化为输出误差法。

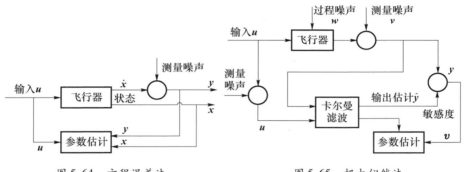

图 5.64　方程误差法　　　　　　图 5.65　极大似然法

参数估计器能在线实时调整系统参数，提供控制器重构。飞行动力学含有许多参数特别是气动系数，随飞行条件变化，这些参数都是事先通过风洞或试飞获得的，但结构损坏故障不能准确预先估计，因此需要在线获得气动系数数据。参数估计方法有很多实例，包括使用卡尔曼滤波和两步法（Two Step Method，TSM）。在两步法中，状态 – 参数估计问题分解成状态估计和线性参数识别问题，根据结构损坏的变化识别和估计当前飞行器参数。空气动力学系数的变化不仅用于检测系统故障，也作为容错重构的一部分。在大多数参数估计方法中，为了得到良好的估计，有必要引入扰动的信号，以确保充分体现对象的所有模式。出于这个原因，当存在风和阵风扰动时，大多数参数估计方法效果最好。然而在许多实际应用中，很难应用额外的扰动信号，尤其是当系统发生故障或结构损坏时，更是如此。

飞行器在线辨别方法如图 5.66 所示[26]，包括对已知结构系统的辨别方法和未知结构系统的辨别方法。对于已知结构的系统辨别，可采用带权最小二乘法和最小方差法进行参数分离和状态估计。扩展卡尔曼滤波方法能够同时进行参数和状态估计。如果不考虑与飞行器自动控制系统的连接,最小方差法和卡尔曼滤波法比带权最小二乘法应用效果更好。但是当这些方法与实际控制系统关联起来时,最简单的方法能够得到最好的性能,即带权最小二乘法。

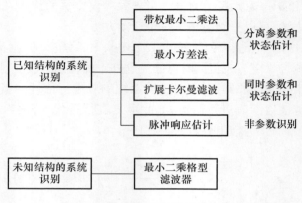

图 5.66　在线飞行器辨别方法

重新布局控制系统可以是集中式或分布式,但重新布局控制系统需要复杂的计算,因此采用分布式结构更合适。分布式重新布局控制系统有多个控制器,监控控制相应的重构部分。图 5.67 所示为一种分布式配置控制系统结构[33]。这种分布式重构控制方法中,每个控制器控制一个可重构区域的重构。图中一个系统中包含两个可重构区域,分别由两个控制器控制。控制分布取决于可重构区域的监控分布,重构决策过程,以及重构决定的通知。重构控制器连接可重构区域和处理器,并监控它们之间的交互。

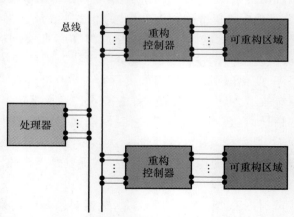

图 5.67　分布式重构控制结构

136

5.4　自适应飞行控制系统

　　20世纪50年代设计高性能自动驾驶仪时提出适应各种飞行条件的自适应控制概念,通过自动调节控制器参数达到期望的系统性能。现代歼击机飞行包线逐渐扩大,性能要求又在提高,例如F-22"猛禽"和F-35"闪电Ⅱ"飞机,在大攻角大侧滑角下飞行,要达到更高的机动性。在这种飞行条件下,将发生未建模飞行动力学和未建模参数变量、操纵面极限饱和、纵向侧向耦合加重,还要求在故障和结构损坏情况下仍能可控。因此,非线性自适应控制技术将挑战解决这种非线性、不确定性、时变的飞行器控制要求[13]。

　　现代飞机缺乏精确的故障模型,只能在个别情况下建立,如作动器故障、飞机重心偏移、个别气动系数不确定、操纵面非对称损坏等。目前,自适应飞行控制系统尚无完全使用,缺乏自适应飞行控制系统的设计指南,现在许多飞行控制系统基于线性控制系统理论设计,对于非线性控制的设计尚需有效的校核和验证方法。应首先在军用无人机上使用自适应飞行控制系统,取得经验成熟后再在有人驾驶军机和民机上采用。

　　自适应控制是一种动态反馈,调整增益或调整模型,分为两种[13]:

　　(1)直接自适应控制(Direct Adaptive Control)。直接自适应控制方法(图5.68)将识别器同时起控制器作用,自适应装置调整识别器以匹配未知非线性控制器,保证系统稳定和性能。这种方法并不进行系统识别,而是直接调整控制器参数。模型参考自适应控制和自调整控制是两种较普遍应用的方法,自调整控制要求在线参数估计,而模型参考自适应控制不对未知参数精确估计,但要进行调整使被控对象输出跟随参考模型输出,使跟踪误差为零。

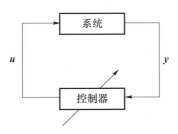

图5.68　直接自适应控制方法

　　(2)间接自适应控制(Indirect Adaptive Control)。间接自适应控制方法如图5.69所示,由识别器和控制器组成。识别器通过模型参数估计来识别未知系统动力学,基于参数识别为真实值的假设进行控制器设计。如果估计模型是对真实系统较好的逼近,容易满足控制目标,否则要对估计模型进行调整以匹配系统行为。许多间接自适应控制的模型结构是固定的,而气动参数是估计的。设计控制器分为两步:第一步是对系统参数进行估计,对于线性系统将对故障发生后的矩阵对(A,B)进行估计,第二步是根据估计的信息设计控制器。

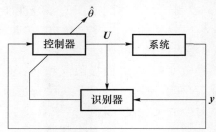

图 5.69　间接自适应控制方法

系统辨别是描述从测量数据建立系统动态模型的数学工具和算法。基于系统输入输出确定系统模型。系统辨别包括 3 种方法:

(1)白盒模型(White - box models)。根据物理等理论模型建立方程和参数,即使某些参数是通过数据估计的。

(2)黑盒模型(Black - box models)。基于测量数据建立的模型,通过实验建立模型结构和参数,黑盒模型没有或有很少先验知识,和物理定律没有直接关系。

(3)灰盒模型(Gray - box models)。是白盒模型和黑盒模型的组合,模型结构依据先验知识或收集测量数据建立,而参数通过测量数据确定。

以上 3 种方法都可用于间接自适应控制系统,在线识别要完成两项工作:选择模型结构和确定模型参数。黑盒模型方法中这两项任务同时进行,对于白盒模型方法只需完成模型参数确定。模型结构选择对灰盒模型方法尤其重要,可避免与测量数据的不匹配。

自适应控制算法包括实时参数识别和实时增益调整。伺服操纵面是飞机可靠性的瓶颈,F - 8 飞机通过操纵面有效性的识别来确定增益调整。

自适应飞行控制系统要设计一个参考模型,参考模型的动态响应代表期望的飞机操纵特性,所以参考模型是一种理想飞机响应的模拟。例如,俯仰通道法向加速度自适应回路反馈采用阻尼比为 1、自然频率为 2rad/s 的二阶参考模型,横滚通道采用时间常数为 0.5s 的一阶延迟环节。同样,飞行员驾驶杆控制指令通过参考模型,其输出代表期望的飞机响应。

自适应控制器的作用是使飞机响应紧随参考模型输出,为使跟踪误差小,飞行控制系统内回路的自然频率至少应是参考模型的 5～10 倍,自适应控制器应进行增益调整和补偿。自适应控制器由补偿环节、双向修正环节、积分器、幅值自动调节器组成(图5.70),其中补偿环节是相位超前环节[34]。双向修正环节是带限幅的高增益线性放大器,如图5.71所示。

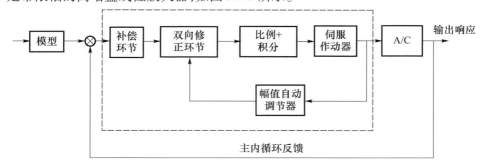

图 5.70　自适应控制器

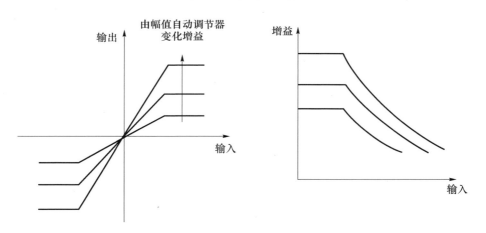

图 5.71　双向修正环节特点

　　F-101A 系统的俯仰回路方框图如图5.72所示,包括3个外回路,即控制杆操作、姿态保持和高度保持回路。在不同操作模式下采用自适应方式,有效利用俯仰角速率内回路和法向加速度内回路,无需大气数据调度。

　　F-101A 系统的偏航和横滚回路方框图如图5.73所示,包括4个外回路,即控制杆操作、高度保持、航向保持和航向选择。横滚角速率用于主内回路反馈。根据不同操作模式自适应控制器生成相应的控制信号传递给位于两个副翼的两套伺服作动器。

　　自适应控制有多种方式,包括增益调整(Gain Scheduling)、模型参考自适应控制(Model Reference Adaptive Control)和自校正(Self-Tuning Regulators)[35]。

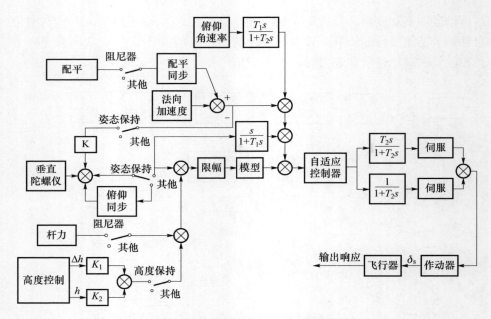

图 5.72 F101A 系统的俯仰回路方框图

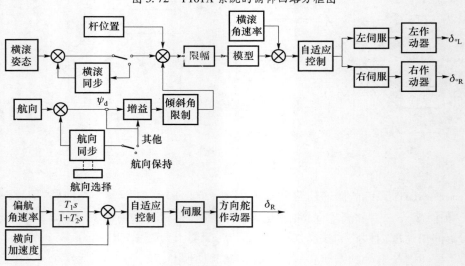

图 5.73 F101A 系统的偏航和横滚回路方框图

自调整功能图如图 5.74 所示,通过参数识别方法提供结构信息,线性控制器在线计算控制器增益。

人工神经网络(Artificial Neural Network,ANN)是一种模仿生物的信息处理方法,它有大量的互连处理单元,可应用于许多虚拟情况,即存在预期独立输入变

140

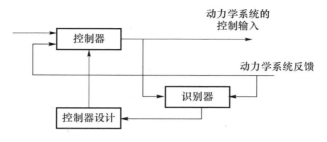

图 5.74　自调整功能图

量和预期随变输出变量之间的关系。神经网络有输入输出,它接收多个输入(包括原始数据、其他神经元的输出),每个输入有一个权重系数和阈值,所有输入综合形成神经元的激励信号,再经过传递函数产生神经元输出,作为控制信号。人工神经元是人工神经网络的基本单元(图 5.75),模仿自然神经元的 4 个基本特性:网络的可变输入 p,乘以权重 w,加上偏置 b,经过传递函数 f,产生结果输出 a[30]。

$$a = f(wp + b) \tag{5.4}$$

神经网络包括输入层、隐蔽层、输出层,可采用前馈结构形式,如图 5.76 所示[21]。设计神经网络有 4 个重要步骤:①在各层安排神经元;②在每层内及各层间确定神经元的连接方式;③确定神经元接收输入和产生输出的途径;④确定网络内的连接强度。按以上步骤迭代进行。

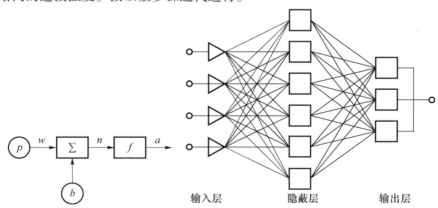

图 5.75　1 个人工神经元　　　　图 5.76　前馈神经元网络

如图 5.77 所示,人工神经元网络的输入层接收输入向量,隐蔽层的隐蔽神经元产生内部作用,输出层提供输出向量。人工神经网络的学习过程为通过训练得出一组有效的输入输出值,训练算法是连接权重的迭代调整过程,因此人工神经网络有时又称为机器学习算法,它的学习能力取决于结构和训练算法。训练算法有 3 种:①无监控学习,隐层神经元必须不依靠外界环境找出组织自己的途径,网络没有目标输出去衡量预定性能;②监控学习,隐层神经元之间的连接是随机安排的,每个网络输入给出正确的输出;③反向传播,这种方法在多层神经网络应用很成功,它在第二种方法基础上,还将错误信息经过滤返回,调整层次间的连接,改善性能。

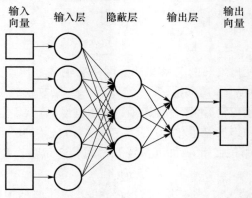

图 5.77　人工神经元网络

　　训练方法也可分为离线和在线两种:离线是系统进入工作后,权重固定不变,目前大多数人工神经网络是离线学习方法;在线是实时训练,系统进入工作后连续不断学习、作为决策工具,这种方法结构复杂。神经网络主要应用于 5 个方面,即预测、分类、数据关联、数据概念化以及数据过滤。

　　被控对象难于建模时,很难采用通常控制技术来设计,而采用神经网络控制系统(Neural Network Control Systems)是一种选择。神经元网络控制器的通用结构如图 5.78 所示。

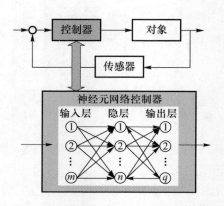

图 5.78　闭环控制系统中神经元网络控制器的通用结构

142

人类思维具有模糊推理决策特点,通常控制系统结合基于人类知识可以构成模糊逻辑控制系统(Fuzzy Logic Control Systems),如图 5.79 所示。模糊控制可以解决非线性、不确定性、部分未知过程的控制问题,基于数学模型、操作者经验和过程测量等。

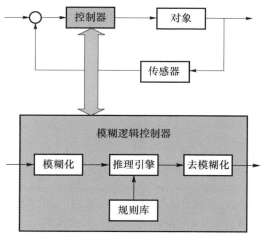

图 5.79　闭环控制系统中模糊逻辑控制器的通用结构

专家控制系统又称为基于知识控制系统(knowledge – based systems),如图 5.80 所示。它的实现类似模糊逻辑控制系统,不同的是没有模糊化和去模糊化环节。规则库包含一套 n 个独立规则,规则形式如下所示:

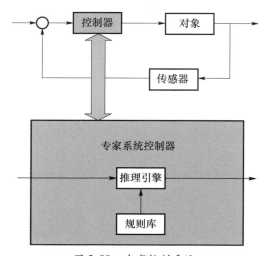

图 5.80　专家控制系统

143

If ＜Condition 1＞ Then ＜Action 1＞

If ＜Condition 2＞ Then ＜Action 2＞

……

If ＜Condition n＞ Then ＜Action n＞

图 5.81 为基于神经元网络的自适应控制器结构,在 X – 36 飞机上进行了飞行测试[36]。在线神经元网络自适应调整真实对象动力学和由动态逆控制律建立的对象模型之间的逆误差。逆误差由建模的不确定性或者故障/损坏产生。神经元网络通过监控期望响应模型和真实飞行器之间的跟踪误差来检测逆误差。神经元网络增强期望动力学输入给逆控制器以减小逆误差。神经元网络能够稳定发生故障/损坏的飞行器,不需要对稳定性和控制导数进行系统识别估计。

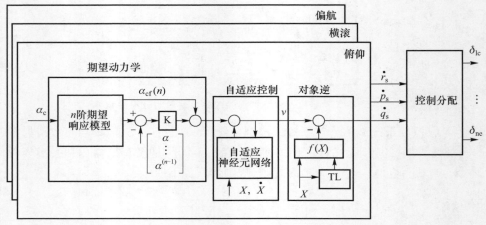

图 5.81　X – 36 自适应神经元网络飞行测试

图 5.82 为 NASA 采用的一种智能飞行控制律,把线性二次型调节方法作为控制方法,基于神经元网络进行在线参数识别确定增益。

　　传统的 FDI 方法采用状态空间数学模型如状态观测器、卡尔曼滤波器。数学模型只能简单描述系统行为,复杂非线性系统精确建模是非常困难的。因此,为复杂非线性系统 FDI 研发鲁棒的、不完全依赖模型的方法很有必要,人工神经网络适合解决这个问题,它具有自学习和并行处理能力,容忍噪声。NN 应用于飞机操纵面卡住在某个位置时的 FDI,飞机操纵面有前缘襟翼、后缘襟翼、副翼、平尾、方向舵等,其中某个操纵面卡住,其功能可分配给其他操纵面。ANN 应用于 F – 18 的 FDI,网络结构共 4 层,其中输入层 312 个神经元,第一隐层 156 个神经元,第二隐层 78 个神经元,输出层 2 个神经元。输入层接收的输入向量包括

144

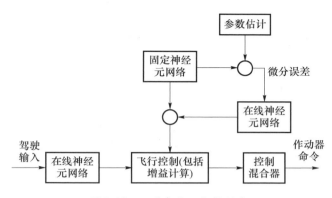

图 5.82　一种智能飞行控制律

控制器产生的位置命令和飞行器测量值,输出向量中指出故障控制面和故障发生位置[30]。

　　传统模拟式飞行控制系统采用简单回路,现代数字式飞行控制系统可以采用复杂计算,有条件采用神经网络与模糊逻辑技术。神经网络与模糊逻辑技术可以调整控制律增益和时间常数,作为某些变量的函数。F/A-18 俯仰命令增强系统(PCAS),输出为平尾指令,输入为驾驶员操作指令、法向加速度和俯仰角速度。神经网络按飞行速度和高度调整 6 个增益和 1 个时间常数,神经网络采用标准的三层前向结构,隐层有 30 个神经元,用测试信号同时输入到飞机 - 控制系统模型和期望性能模型,进行训练。

　　一种基于神经元控制器的自动飞行系统方案如图 5.83 所示,神经元控制器组件根据飞行期望和对象测量值产生控制数据。

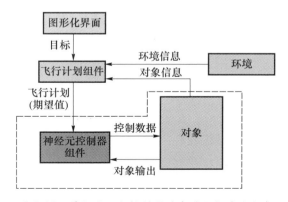

图 5.83　神经元飞行控制器的自动飞行系统方案

参 考 文 献

［1］ Sghairi M, Aubert J J, Brot P, et al. Distributed and reconfigurable architecture for flight control system［C］. Digital Avionics Systems Conference, 2009. DASC 09. IEEE/AIAA 28th. IEEE, 2009: 6. B. 2 - 1 - 6. B. 2 - 10.

［2］ Boeing Commercial Airplanes. Statistical Summary of Commercial Jet Airplane Accidents, Worldwide Operations 1959 - 2011.

［3］ Pullum L L. Software fault tolerance techniques and implementation［M］. Artech House Publishers, 2001.

［4］ Fekih A, Pilla P. A New Fault Tolerant Control Strategy for Aircraft Systems under Adverse Flying Conditions［J］. J. Automat. Syst. Eng, 2009, 3(1): 1 - 16.

［5］ Zhang Y, Jiang J. Bibliographical review on reconfigurable fault - tolerant control systems［J］. Annual Reviews in Control, 2008, 32(2): 229 - 252.

［6］ Alwi H, Edwards C, Tan C P. Fault Tolerant Control and Fault Detection and Isolation［M］, Fault Detection and Fault - Tolerant Control Using Sliding Modes. Springer London, 2011: 7 - 27.

［7］ Jiang J. Fault - tolerant control systems - an introductory overview［J］. Acta Automatica Sinica, 2005, 31(1): 161 - 174.

［8］ Huo Y, Ioannou P A, Mirmirani M. Fault - tolerant control and reconfiguration for high performance aircraft: Review［R］. CATT Technical Report 01 - 11 - 01, 2001.

［9］ Hills A Mirza N. Fault tolerant avionics［R］, AIAA - 88 - 3901 - CP, 1988.

［10］ Johnson B W. Design and Analysis of Fault Tolerant Digital Systems［M］. Addison - Wesley, 1989.

［11］ Avizienis A. The methodology of n - version programming［J］. Software fault tolerance, 1995, (3): 23 - 46.

［12］ Sghairi M, De Bonneval A, Crouzet Y, et al. Challenges in Building Fault - Tolerant Flight Control System for a Civil Aircraft［J］. IAENG International Journal of Computer Science, 2008, 35(4).

［13］ Van Oort E R. Adaptive Backstepping Control and Safety Analysis for Modern Fighter Aircraft［D］. PhD thesis, Delft University of Technology, 2011.

［14］ Del Gobbo D, Cukic B, Napolitano R, et al. Fault detectability analysis for requirements validation of fault tolerant systems［C］. High - Assurance Systems Engineering, 1999. Proceedings. 4th IEEE International Symposium on. IEEE, 1999: 231 - 238.

［15］ Frank M G Dörenberg. Integrated and Modular Systems for Commercial Aviation［EB/OL］, www. nonstopsystems. com/radio/article - IMA97. pdf.

［16］ Software redundancy Software fault - tolerance［EB/OL］. web. it. kth. se/ ~ dubrova/FTCcourse/LECTURES/lecture7. pdf.

［17］ Yeh Y C. Design considerations in Boeing 777 fly - by - wire computers［C］//High - Assurance Systems Engineering Symposium, 1998. Proceedings. Third IEEE International. IEEE, 1998: 64 - 72.

［18］ Bartley G F. Boeing B - 777: Fly - by - wire flight controls［J］. Spitzer［190］, chapitre, 2001, 11.

［19］ R. P. G. Collinson BSc(Eng.), C. Eng., FIEE, Fly - By - Wire Flight Control, Aircraft Engineering and Aerospace Technology, 1978, 50(2).

［20］ Marcel Oosterom. Soft Computing Methods in Flight Control System Design［EB/OL］, www. dcsc. tudelft. nl/Research/PublicationFiles/publication – 6246. pdf.

[21] Yeh Y C. Triple – triple redundant 777 primary flight computer[C]. Aerospace Applications Conference, 1996. Proceedings. , 1996 IEEE. IEEE, 1996, 1: 293 – 307.

[22] McIntyre M D W, Gossett C A. The boeing 777 fault tolerant air data and inertial reference system – a new venture in working together[C], Digital Avionics Systems Conference, 1995. 14th DASC. IEEE, 1995: 178 – 183.

[23] Eng A A D S, Eng F M G D S. Application of the Bendix/King Multicomputer Architecture for Fault Tolerance[J] a Digital Fly – by – Wire Flight Control System,1996(1).

[24] Walter C J. MAFT: An architecture for reliable fly – by – wire flight control[C], AIAA/IEEE 8th Digital Avionics Systems Conference,1988: 415 – 421.

[25] Montoya R J, Howell W E, Bundick W T, et al. Restructurable controls[M]. Washington, DC and Springfield, VA: National Aeronautics and Space Administration, Scientific and Technical Information Branch, 1983.

[26] Steinberg M. Historical overview of research in reconfigurable flight control[J]. Proceedings of the Institution of Mechanical Engineers, Part G: Journal of Aerospace Engineering, 2005, 219(4): 263 – 275.

[27] Sghairi M, de Bonneval A, Crouzet Y, et al. Architecture optimization based on incremental approach for airplane digital distributed flight control system[C], World Congress on Engineering and Computer Science 2008, WCECS '08. Advances in Electrical and Electronics Engineering – IAENG Special Edition of the. IEEE, 2008: 13 – 20.

[28] Barron R L, Cellucci R L, Jordan III P R, et al. Applications of polynomial neural networks to FDIE and reconfigurable flight control[C], Aerospace and Electronics Conference, 1990. NAECON 1990. , Proceedings of the IEEE 1990 National. IEEE, 1990: 507 – 519.

[29] Forsberg K, Nadjm – Tehrani S, Torin J. Fault Analysis of a Distributed Flight Control System[C], System Sciences, 2005. HICSS '05. Proceedings of the 38th Annual Hawaii International Conference on. IEEE, 2005: 290b – 290b.

[30] Frank P M. Fault diagnosis in dynamic systems using analytical and knowledge – based redundancy: A survey and some new results[J]. Automatica, 1990, 26(3): 459 – 474.

[31] Tischler M B. System identification methods for aircraft flight control development and validation[J]. Advances in Aircraft Flight Control, 1996: 35 – 69.

[32] Trabelsi C, Meftali S, Dekeyser J L. Multi – controller reconfiguration system for FPGAs[EB/OL]. http://www. researchgate. net/publication/266294473.

[33] Mellen D L Boskovich B. Discussion of the Honeywell Adaptive Flight Control System for High – Performance Aircraft[M]. Proceedings of the Self Adaptive Flight Control Systems Symposium, 1959:171 – 180.

[34] Gwaltney D A, King K D, Smith K J. Implementation of Adaptive Digital Controllers on Programmable Logic Devices[C], Proc. of the 5th Annual MAPLD International Conference,2002.

[35] Brinker J S, Wise K A. Flight testing of reconfigurable control law on the x – 36 tailless aircraft[J]. Journal of Guidance, Control, and Dynamics, 2001, 24(5): 903 – 909.

[36] Tony Page, Retrofit Reconfigurable Control Law on an F/A – 18C[C], Aerospace Control & Guidance Systems Committee Meeting, 2006.

第6章 分布式飞行控制系统

飞行控制系统的体系结构随着技术发展有很大变革,计算机嵌入控制系统构成数字式飞行控制系统,计算机是飞行控制系统的核心部件。随着计算机的布局变化,飞行控制系统体系结构由中央式发展为联邦式,进一步发展为分布式。

6.1 中央式飞行控制系统

按控制计算机的体系结构和布局的不同,飞行控制系统可分为中央式、联邦式和分布式。传统的飞行控制系统都属于中央式体系结构(图6.1),只有一台主计算机,完成俯仰、横滚、偏航3个通道的逻辑运算和数值计算。中央式体系结构飞行控制核心功能集中在主控计算机。

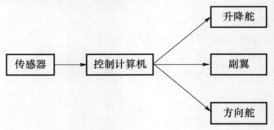

图6.1 中央式体系结构

中央式飞行控制系统(CFCS)结构优点在于易于点对点连接通信或与数据总线链接、硬件设备易于检查验证、软件易于编写;其缺点是数据通信连线过长、易于受到损坏和干扰,软件修改困难,软件一处改动将影响其他许多软件修改。早期的中央式飞行控制系统采用点对点连线方式,一根导线传输传感器一个信号,因此导线数量多重量大,可靠性差。中央式控制系统存在的问题是不适合解决复杂大系统控制问题,对于分散的传感器、作动器将增加时间延迟[1]。

6.2 联邦式飞行控制系统

联邦式飞行控制系统结构特点是每个通道或系统有自身的计算机,独立完成自身的任务,计算机可以采用微处理器,数据通信可以采用模拟信号点对点、数字信号点对点或数字总线通信,当新增加系统功能时将重新设计、测试和验证,维护成本高。

联邦式飞行控制系统(FFCS)的俯仰通道、横滚通道、航向通道结构如图6.2所示。

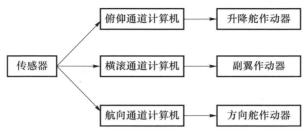

图 6.2　联邦式飞行控制系统

联邦式飞行控制系统结构不能充分利用资源,由于采用互相隔离的独立处理器,系统增加功能时另需增加处理器,增加成本和维护,同时增加通信导线、重量和能耗[2]。

6.3　联网控制系统

网络化是分布式控制系统的基础,联网控制系统较早应用于工业过程控制。传统的反馈控制系统通过通信网络闭环则称为联网控制系统(NCS),联网控制系统将分布的多个传感器和多个作动器通过网络与控制计算机连接,系统各部件通过通信网络交换数据信息[3]。NCS可有多个控制回路,通过串行通信网络互连。可以认为NCS是继模拟控制系统和数字控制系统之后的第三代控制系统,目前已较广泛应用于工业过程控制、交通运输,以及军事和飞行控制等领域[4]。联网控制系统典型结构如图6.3所示[1],传感器、控制计算机、作动器之间的输入输出信息通过网络传输,替代了传统的点对点导线传输信息数据,其优点是减少了导线,易于诊断和维护,增加了系统的灵活性。通信网络介入反馈控制回路增加了系统分析和设计的复杂性,一般控制系统提出的理想条件,如等间隔采样、同步控制、无时间延迟等,对NCS必须重新考虑。现在许多控制系统采用较为简单的通信体系结构,基于同步、时钟系统计时,时间延迟较小,没有数据丢失。但NCS主要问题是各部件间有大量信息数据通过网络交换将引起时间延迟和数据丢失。

现在大量机载系统采用微处理器,要求高速数据传输,飞行控制系统设计也

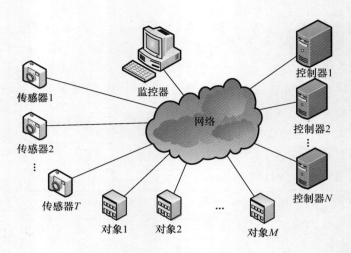

图 6.3 联网控制系统典型结构

应考虑基于数字微处理器系统和网络交互数据的优点。目前,联网控制系统将发展为分布式联网控制系统[5](图 6.4),将分布的传感器、分布的作动器、分布的控制计算机和分布的控制算法通过通信网络集成,通信网络可以是有线通信或无线通信,要求保证实时性。

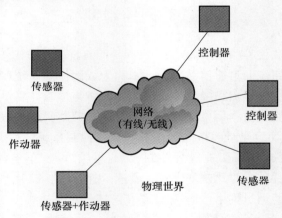

图 6.4 分布式网络控制系统

网络通信会带来时间延迟、阻塞、丢失等问题,若延迟时间超过允许极限,则将降低系统性能或导致系统损坏,所以应对网络通信延迟进行补偿。造成时间延迟的主要原因并不是网络带宽和速度不够,而是网络通信采用数据包形式传输,数据包格式与通信协议有关。

随着 Internet 服务的快速增长,分配过剩资源的简单方法并不经济可行,需

150

要新的衡量方法。如何进行网络设计,使得以最少的代价获取最大服务数据流的问题日益重要。要以有限的带宽控制 NCS 的多个组件,必须有效和优化利用带宽,如今有各种不同的网络资源分配和调度技术。一种 NCS 层次化模型如图6.5所示[3],下面四层为 NCS 的控制结构,其中第二层上的分布式功能组件(传感器、作动器等)通过第三层上的通信网络远程连接,并在第四层由中央式或分布式控制器进行控制。考虑到资源约束的影响,在顶层增加资源分配层来负责监控资源使用,并根据 NCS 中分布式组件的任务需求管理和调整可用资源[6]。

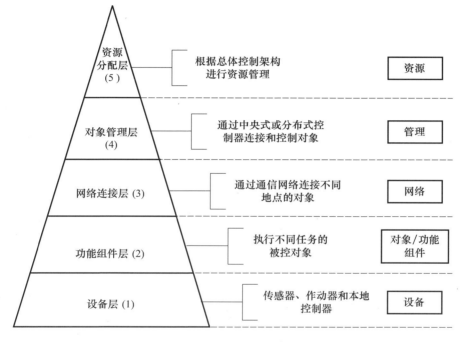

图6.5　NCS 层次化模型

通过串行通信网络将分散的控制系统部件进行互连、交换信息和控制信号,串行通信网络代表性的有 RS-232、1553B 和以太网。网络传输基于数据包形式,控制系统数据相对整个数据包占据较小的部分,而参数标识要占据数据包较大部分。串行通信网络实现传感器到控制器和从控制器到作动器的信号传输,如图6.6所示[7]。智能传感器负责数据记录,智能作动器可给出数据图。网络上既可以传输测量的对象输出,也可以传输对象控制信号。是否采用网络控制系统体系结构不是由性能决定的,而是取决于成本、维护和可靠性收益。在控制系统中使用串行通信网络具有明显的优势,从设备层到系统层都能得到广泛支持。

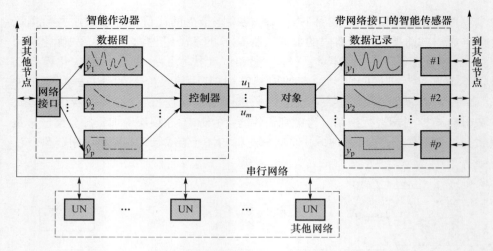

图 6.6　NCS 中的串行通信网络

联网控制系统与智能传感器、智能作动器互连可构成更大范围的多回路控制系统,扩大应用功能。各回路可以有不同的采样周期和计算迭代速率,必要时某些回路和参数要同步。

NCS 网络通信引起的不足表现在:①由于数据包字长有限,产生量化误差;②数据包丢失;③变化的采样间隔;④变化的传输延迟;⑤信息传输的限制,不是所有传感器、作动器信号能在同一时间传输。由于数据包丢失和时钟同步问题,NCS 不能保证统一的采样,不同采样周期将产生不同的时间延迟。NCS 网络通信存在的问题将影响控制系统的稳定性和控制品质。网络协议和控制算法应统一设计,应注重影响控制系统稳定性和性能的关键参数[5]。

直接数字控制系统(Direct Digital Control,DDC)中由计算机直接进行过程控制,如图 6.7 所示。DDC 系统中,模拟输出传感器和模拟输入作动器与数字计算机进行点对点连接,传感信号输入、控制信号计算和驱动信号输出都由计算机完成。随着控制系统规模的扩大和计算机技术的发展,设计考虑将控制功能、算法和计算资源分散,发展为分布式控制系统(Distributed Control System,DCS),如图 6.8 所示。DCS 一般由控制计算机节点、操作员监控计算机节点、作动器节点、传感器节点、数据记录与显示节点等组成,多个计算机通过串行网络相连和交互,分担工作负载。由于各个节点能完成分配的实时控制任务,所以各节点之间的交互会松散一些。只有开关信号、监控信息、告警信息等类似信息通过串行网络传输。

随着 20 世纪 90 年代微处理器的发展应用,传感器和作动器可以带有网络接口,成为实时控制网络的独立节点,通过网络互连实现 NCS,如图 6.9 所示。传感

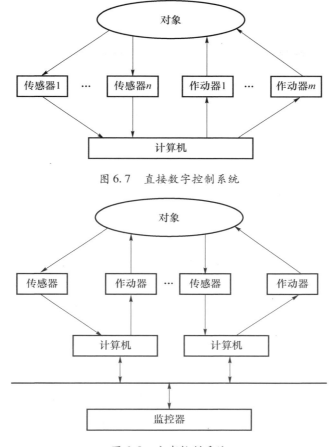

图 6.7　直接数字控制系统

图 6.8　分布控制系统

器测量数据和控制数据在网络上传输,网络节点通过互联完成控制任务[8]。

　　NCS 有不同形式,主要有两类:共享网络控制系统和远程联网控制系统,即有线联网控制系统和无线联网控制系统。在无线链路上传输传感器测量和控制命令,可以实现快速部署,灵活安装和移动操作,并在工业自动化领域可以防止电缆的磨损问题。一个无线联网控制系统如图 6.10 所示,控制器逻辑和被控对象通过网络连接,上行链路(从传感器到控制器)和下行链路(从控制器到作动器)都可能产生网络延迟和丢包现象。虽然随机延时和丢包对于任何通信网络都不可避免,然而在无线网络中,由于频谱和功率有限,信道增益和干扰随时间变化,这些特点更为明显。除了链路层设计,多个发送器和接收器对要共享信道,因而需要设计有效的信道访问机制[9]

　　尽管无线网络有各种不足,但其可移动操作的特点还是大有用途。如

153

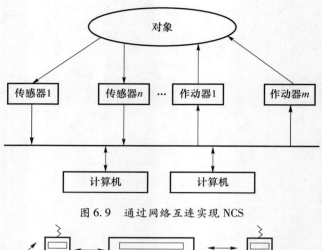

图 6.9　通过网络互连实现 NCS

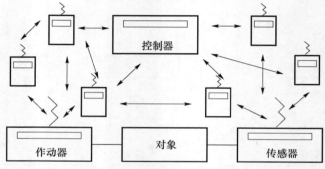

图 6.10　无线联网控制系统

图 6.11 所示,飞行控制系统试飞的方法之一就是将飞行控制计算机放置于地面,通过无线网络与机上飞行控制系统的传感器、作动器信息链接构成闭环回路,飞行控制计算机在地面可以方便地对飞行控制律和控制模态进行调整和修改。

　　中央式控制系统存在的问题在于不适合解决复杂大系统控制问题,对于分散的传感器、作动器将增加时间延迟。分散控制可以将复杂大系统分解为多个分系统,提高计算效率和鲁棒性,可避免网络控制系统的时间延迟、数据包丢失、量化误差等问题,可应用于飞机编队控制[5]。

　　NCS 的一种结构形式——直接结构如图 6.12 所示,这种结构的控制器(计算机)通过网络对系统(包括传感器、作动器、被控对象)进行控制,构成闭环控制系统[10]。

　　NCS 的另一种结构——分层结构如图 6.13 所示,这种结构在远端已构成闭环控制系统,同时可接受主计算机通过网络进行控制[10]。

　　如图 6.14 所示,NCS 由最初的模拟式控制系统发展为串联通信数字式控制

154

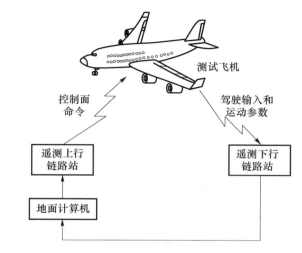

图 6.11　基于无线网络的飞行控制系统试飞

图 6.12　直接结构的 NCS

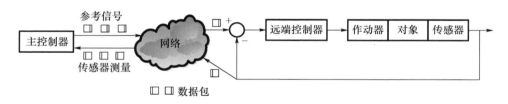

图 6.13　分层结构的 NCS

系统,再进一步发展为联网通信的联网控制系统。

　　数据通信是联网控制系统的关键,将点对点导线连接方式替代为数据总线,由单向数据总线,发展为双向数据总线。通常有两种方法用于双向总线的流量控制,即中央式控制和分布式控制。中央式控制的好处在于只有一个总线控制部件,当总线体系结构改变时,只有总线控制器需要更改以支持新配置。当应用于飞行器系统中时,其缺点也很明显,总线控制器或者网络故障可能会产生灾难性的影响,这属于单点故障。因此许多基于 MIL – STD – 1553B 总线的系统配备了余度总线控制器。对于完全分布式控制系统,网络成员负责各自的数据访问。

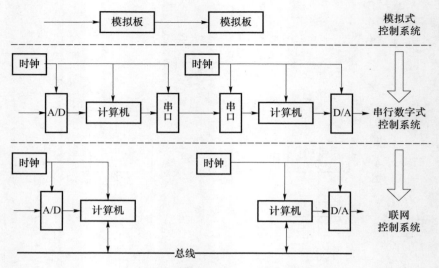

图 6.14 从模拟式网络到联网通信网络

当采用恰当的容错处理机制时,就能有效地进行单点故障容错,防止故障传播。当某个成员出现故障或者进行错误操作时,系统的其他部分不会受到影响,可以继续正常工作。分布式控制的缺点就是缺乏中央式控制的优势,总线访问共享复杂度高,当系统配置发生变化时,要求系统的每个成员都要进行改变[11]。

中央式控制系统的总线控制器访问总线所有用户的地址表,按预定速率将指令发送到每一个用户,给每个用户访问总线的机会,并向需要的其他用户发送数据。任何分布控制的关键是通信协议要保证在一个时间只能有一个发送数据者。在航空电子网络中有 3 个基本的控制总线访问方法,即竞争解决(如 CAN、以太网、AFDX)、时隙分配(如 ARINC629、ARINC659/SAFEbus、TTP)以及令牌传递(如 FDDI、AS4074、LTPB)。

ARINC 429 是广泛应用于航空的单向数据总线,已应用于空中客车和波音民机,有一个发送端和多个接收端(图 6.15),发送器、接收器、导线是分开的,优点是简单、易于设计和实现,其缺点是接线多、增加重量和能耗,不适合未来航空系统应用。

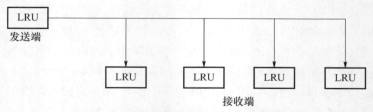

图 6.15 ARINC429 单向发送多点接收总线

156

较先进的 ARINC 629 双向数据总线已应用于波音 777 飞机,但仍不能满足快速大量数据包的传送。波音 787 和空中客车 380 采用了一种高级系统总线——航空电子全双向交换以太网(Avionics Full - Duplex Switched Ethernet,AFDX),军机航电系统广泛采用 1553B 双向数据总线。数据总线传输数据、指令、监控信息,系统之间和分系统之间在总线上有更大量的共享信息。数据总线传输速率一般为 10 ~ 100kb/s,消息长度为 255 个字,字长为 32bit。航空电子全双向交换以太网,已作为航空电子数据总线网络应用于空中客车 380、波音 787 飞机,AFDX 为保证可靠通信,采用特殊通信协议定时和余度管理。

如表 6.1 所列,对 AFDX、ARINC429、CAN 和 TPP 几种通信协议性能进行了比较[11]。

表 6.1 通信协议性能比较

比较类别	AFDX	ARINC 429	CAN	TTP
最大帧长度	1518Byte	32bit	8Byte	240Byte
帧类型	常规	广播,文件传输	数据,远程,错误,负载	初始化,常规,x - 帧
最大比特率	10/100Mb/s	100kb/s	1Mb/s	25Mb/s
访问方式	直接	直接	载波监听多路访问/冲突检测	时分多址
最大总线长度	<100m	约65m	推荐40m	一般小于100m(协议本身无限制)
延迟	取决于网络负载	非常小,只依赖于控制器	取决于信息优先权和网络负载	通常小于20μs
抖动	取决于网络负载	非常小,只依赖于控制器	取决于信息优先权和网络负载	可配置,通常5μs
错误容忍	是,通过独立的开关设备	否,单次错误导致完全的通信损失	否,单次错误导致完全的通信损失	是,每节点(网络接口,总线监护)
错误处理策略	关闭错误节点	接收器忽略	立即重试,错误计数器,关闭错误节点	复制通道,关闭错误节点
组件	TCP/IP 协议,昂贵	相对低廉	低廉	低成本
电压模式	屏蔽双绞线或光纤	双绞线	双绞线	屏蔽双绞线,光纤或100Base T/F(类似太网)
净数据速率	—	53kb/s	小于300kb/s(对于500kb/s 网络)	小于4000kb/s(双绞线)小于20000kb/s(100Base T/F)

6.4　分布式控制系统

分布式控制系统(DCS)是相对中央控制系统而言,它的传感器、作动器等组成部件以及控制和数据在地理位置上是分散的。一个控制器的内存容量有限,不可能解决全系统控制问题。全系统的控制问题由各个控制器共同完成,但不像中央控制系统会出现瓶颈问题。

分布式控制系统将数据处理分布在分布的传感器节点和作动器节点,使永久故障减少,瞬时故障增多,可减少硬件余度,分布节点之间可以用单个数据线周期性通信。分布式控制系统各个控制器之间的通信通常是异步的,传输的数据不可能在所有时间是连续的。分布式控制系统的特点是资源共享、网络通信、多个处理机并行处理、开放性结构、易于实现容错能力[12]。多处理器结构是分布式系统模型的一种,它包含多个计算资源,通过数据总线交换数据信息[13]。

在工业过程控制中,可以根据控制回路的规模选择不同的分布式控制网络。控制回路相对较少时,可选择 PC 联网完成数据采集和控制,主控制计算机和本地控制计算机完成不同的功能。对于非连续系统的控制,可以采用可编程逻辑控制器(Programmable Logic Controller,PLC),对于达到百以上数量级的控制回路,适合应用不同产商提供的商用分布式控制系统。商用分布式控制系统的软件和硬件更加灵活、可配置,并提供优化、高性能的模型构建和控制软件。通过现场总线完成高速的数据传输,除了完成不同功能的主控制计算机和本地控制计算机,还可以配置监控计算机,完成优化工艺操作、执行特殊控制程序和性能反馈等高级功能[12]。

有些工业过程控制采用分布式控制系统可以由多个独立的分系统组成,分系统之间较少连续信号铰链,各分系统可以异步运行。

6.5　分布式飞行控制系统

传统上飞行控制系统采用中央/联邦式体系结构,中央计算机完成全部计算和权限处理,包括控制律计算、控制模式逻辑计算、应用软件和各分系统的管理,这种体系结构依靠多重余度来保证可靠性,但多重的传感器、作动器、计算机将增加重量、体积和能耗。飞行控制计算机通过接口接收模拟信号和离散信号,飞行控制系统各部件之间通过导线连接传输信号,非智能的传感器和作动器需要连续监控。针对多重余度存在的问题,提出飞行控制系统的另一种体系结构,即分布式飞行控制系统。它基于数字技术、网络技术和智能分系统，减少余度，将中央计算机复杂计算任务和功能分散到各个相关智能分系统，但中央计算机仍然是保证系统安全最重要的[14,15]。

现代电传操纵飞行控制系统采用数字化技术实现，分布式飞行控制系统基本原理结构如图6.16所示，飞行控制计算机微处理器进行信号处理，并完成表决、监控和正确信号选择，控制律实现，系统重构（当故障事件发生时）以及内置测试和监控等任务[16]。信号通过时分多路复用数据总线网络，作为串行数字数据进行传输。通过使用复用数据传输和数据总线网络，可以大大减少布线重量，通过综合自检查和数据验证功能支持高完整性数据传输。可以使用3个或多个完全独立的数据总线网络，以满足故障容错要求[17]。

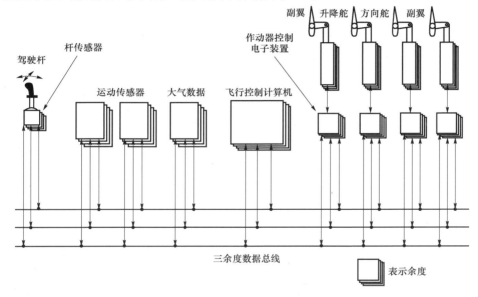

图6.16 飞行控制系统总线配置

现代飞机必须满足航空安全、运行可靠、高性能、低能耗和低成本。飞行控制系统通常至少有两种坚固性（dependability）要求：①健全（Integrity）——系统必须不输出错误信号，尤其是飞行控制计算机应不给作动器传输不正确信息；②可用（Availability）——系统必须有高度可用性[15]。

微电子技术和通信技术的不断革新将继续对飞行控制系统体系结构带来巨大影响，分布式数字电传操纵飞行控制系统是传统飞机飞行控制系统体系结构的最新发展[17]。由于计算机处理速度和容量迅速增加，集中式中央计算机体系结构可以用高性能计算元件替代，处理飞行数据和控制。分布式飞行控制系统有多个处理器实时计算和完成控制任务,有些处理器可安装在传感器、作动器附近,或设计为一体,构成智能传感器和智能作动器。采用数字通信将主控计算机和智能传感器、智能作动器联网,将主飞行控制计算机的计算功能转移,与智能作动器综合考虑,减少中心计算机的数目,减少余度和计算复杂性,降低成本而又不降低坚固度。这种分布的智能传感器、智能作动器和数字通信联网,加上监控管理主计算机构成的体系结构,将是未来发展和应用的分布式飞行控制系统。

分布式飞行控制系统体系结构具有以下优点:

(1)采用模块化结构,使得系统规模可以扩大或缩小,不需要重新设计系统。

(2)由于非中央控制,减少了各节点间的通信和软件复杂性。

(3)中央计算机功能分配到多个计算机节点,减少了系统复杂性和降低维护成本。

(4)与智能传感器节点和智能作动器节点进行综合设计,优化设计性能。

(5)自动化智能节点与标准接口,分布式容错根据可靠性要求可以减少余度数。

(6)采用网络通信方式,信息数据资源能充分共享,控制功能能合理分配和重构。

(7)可采用多个小功率作动器替代单个大功率作动器驱动飞机操纵面,减轻重量,节省能耗。

(8)提高了系统可靠性和安全性。

空中客车飞机的飞行控制系统基于多个自检测飞行控制计算机,每个飞行控制计算机有指令通道和监控通道,每个通道有分开的硬件和不同的软件。计算机之间通过点对点数字通信,以管理飞控系统的余度。波音飞机的主飞行控制系统有 3 个主控计算机和 4 个模拟计算机,即作动器控制电子装置,其中左通道有 2 个,中、右通道各 1 个。空中客车和波音飞机的飞行控制计算机都是通过点对点单个导线与相关的传感器、作动器连接。波音 777 飞行控制系统由于通信连接导线多而重,飞机操纵面面积大,需要大功率作动器,对飞机体结构、作动器及其控制回路就必须设计为高带宽,以适应大惯性、低阻尼操纵面的结构弹性,必须设计新的作动器控制回路。

波音 777 飞行控制系统中每个作动器到 ACE 有 15~19 根导线,重量大,另外飞机操纵面大,需要大功率作动器,要求飞机结构、作动器及其控制回路有足够带宽,解决操纵面大惯性引起的不稳定。在波音 777 飞行控制系统基础上,新的体系结构将采用远程作动器电子装置(Remote Actuator Electronics,RAE),用

RAE 替代波音 777 的 ACE。将 RAE 置于作动器部件,只需要电源线和数据总线。将 RAE 嵌入到作动器,直接通过数据总线与主飞行控制计算机通信,导线由 15～19 根减少为最多 6 根[18]。

如图 6.17 所示,主飞行控制计算机每个通道与每个 RAE 连接,每个 RAE 只和 PFC 一个通道接通,其他两个通道作为备份,即三余度结构。

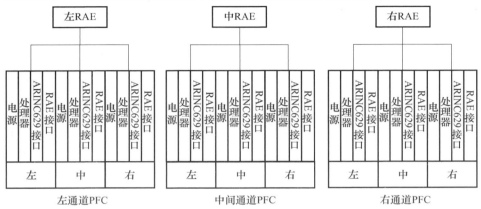

图 6.17 远程作动器电子装置(RAE)的连接关系

波音 777 三余度飞行控制系统有 3 个通道,每个通道需要一个作动器,所以每个操纵面有 3 个作动器,而波音 777 扰流片分割为多个操纵面,本身具有多余度,所以每个分割的操纵面只有一个作动器操作。波音 777 有的操纵面只配有两个作动器,此时必须有监控手段,保证安全性[18]。

20 世纪 90 年代美国波音公司在波音 777 基础上研究主飞行控制系统,简化复杂的接口和减轻导线重量,并采用 RAE。在电传操纵飞行控制系统的基础上,FCS 未来技术发展如智能的带有远程电子装置的作动器/传感器和数字通信,将极大改变民机和军机航电的体系结构[15]。

可采用渐进方法逐渐对飞行控制系统体系结构进行优化。基于智能作动器和数字通信网络的飞行控制系统分布式重构体系结构将系统所有功能分配到单个飞行控制计算机节点(FCC Nodes)和远程作动器电子装置节点(RAE Nodes),FCC 节点与 RAE 节点之间通过数据网络通信。FCS 体系结构基于数字技术和智能分系统,相对中央式体系结构有很大改进,通过某些功能从 FCC 移出和智能分系统的集成可以减少余度和计算复杂度[15]。

分布式飞行控制系统体系结构有几种分配控制律和逻辑功能(监控、故障检测与处理)方案,最佳策略是建立多数表决结构,即余度管理、表决逻辑分配给作动器节点,并在计算机与作动器之间共享,最大程度对传感器和计算机故障进行检测。数字通信和新的智能作动器技术对多数表决体系结构有利,数字通信可在飞行控制计算机与作动器节点之间进行广播通信,数字通信可以对远程终端远距离快速响应,智能作动器电子装置可设计成有高计算能力的嵌入式计算系统。

JAS 39"鹰狮"是瑞典设计的第四代歼击机,其飞行控制系统传感器和操纵面如图 6.18 所示。1988 年首次试飞,1997 年投入使用,气动设计在亚声速飞行时为静不稳定飞机,所以需要增稳增控系统,使自然静不稳定通过气动重新布局变为稳定。JAS – 39"鹰狮"飞行控制系统采用分布式体系结构,有三余度飞行控制计算机。飞机有 7 个主操纵面和 3 个辅助操纵面,操纵面有两种工作模式:一是正常无故障时的受控模式,完成机动飞行;另一种是出现故障时的不受控(随流)模式,操纵面随气流漂移,对飞机没有操纵力和力矩的影响。飞行控制系统采用三重模块化余度,形成 3 个并行通道,异步运行,中值表决。目前是中央式体系结构,与所有传感器、作动器是点对点连接[18]。

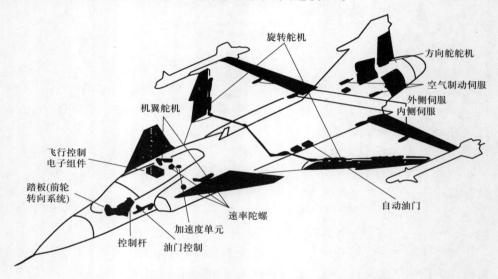

图 6.18　JAS 39"鹰狮"飞机飞行控制系统传感器和操纵面

采用分布式体系结构将通过数字通信网络,把多个传感器节点和多个作动器节点与控制计算机连接。未来分布式体系结构进一步设计要考虑减少节点数和通信量,以提高可靠性和降低维护成本,方案之一是将控制任务和余度管理分配到各个作动器节点。JAS 39"鹰狮"飞机飞行控制系统有 16 个节点,其中有传感器节点、作动器节点,对于控制律和逻辑运算的分配有若干种选择。如今单个计算机可以处理飞行控制系统中所有数据,将来一个芯片也可能起到同样作用。

未来分布式飞行控制系统要根据任务平衡进行分配优化,并使通信系统的风险和带宽减小。将飞行控制系统计算任务分配到每个作动器节点的处理机,每个节点处理机不仅计算本地指令,还计算其他节点指令,即飞行控制系统软件装入到所有 7 个相同的作动器节点,增加了系统的余度和可靠性[19]。

JAS 39"鹰狮"飞机的 7 个主操纵面和 3 个辅助操纵面,都由飞行控制系统控制。飞行控制系统采用分布式体系结构,传感器和作动器数据信息通过数据总线分时广播,采用与控制律一样的计算频率 60Hz。其中,传感器节点和通信总线是双重的,而 7 个作动器节点是单个的,每个主操纵面对应一个作动器,如图 6.19 所示[19]。

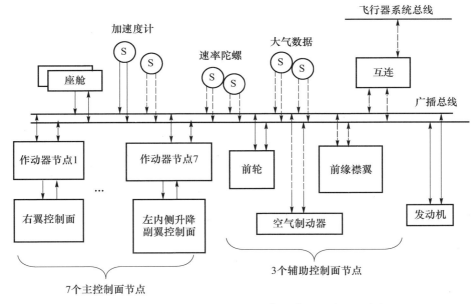

图 6.19 分布式飞行控制系统传感器节点和作动器节点

每个主操纵面有正常和随流两种模式,无故障时正常模式,发生故障时随流模式。将中央式飞行控制计算机所有控制软件移至所有 7 个作动器节点,将具有七余度结构,比原来三余度增加了可靠性。

JAS 39 Gripen 飞机分布式飞行控制系统设计的传感器是数据信号源,而作动器是实现控制和保证安全的关键。作动器节点由数字部分和电气机械部分(伺服系统)组成,如图 6.20 所示。其中数字部分可以经受瞬时故障和持久故障,而电气机械部分只能处理持久故障。数字计算部分实现功能包括信号接口、传感器输入信号调整和故障处理、控制律计算、余度表决、监控以及回路闭环 6 种功能。

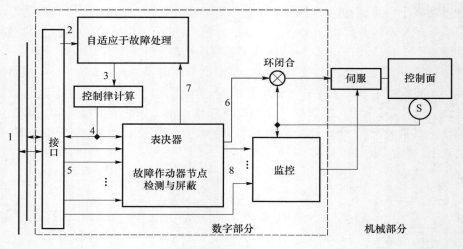

图 6.20　作动器节点组成

根据网络通信量最小来分配控制任务,作动器节点将处理传感器信号、控制律计算、根据输入信号控制操纵面以及作动器伺服回路,所有作动器节点将完成相同的控制律计算。传感器、通信数据总线和作动器的故障或错误处理均在作动器节点进行,作动器节点的运算周期为 60Hz。作动器故障及其传感器位置发生故障时应使操纵面处于随流模式,计算机节点中的模型监控可以检测并处理这种故障[19]。

飞行控制系统作动器是一种伺服控制系统,对系统有位移、速度、加速度、输出力或力矩等性能指标要求。作动器有多种类型,即液压式作动器(Hydraulic Actuators,HA)、电动机械式作动器(Electromechanical Actuator,EMA)、电动静压式作动器(Electrohydrostatic Actuator,EHA)。目前主操纵系统(升降舵、副翼、方向舵)常采用液压式作动器。液压式作动器要求有液压能源和液压管路,对于大型民机而言,过长的液压管路将增加飞机重量,因而有一种思路是设计全电飞机,作动器采用电动机械式或电动静压式,通过导线传输电功率,即功传(Power - By - Wire,PBW)技术。对于飞行控制系统,PBW 技术与 FBW 技术都很重要[20]。

电气式作动器(包括 EMA、EHA)有易于维护、减轻全机重量、降低成本等优点。

EHA 工作原理如图 6.21 所示。

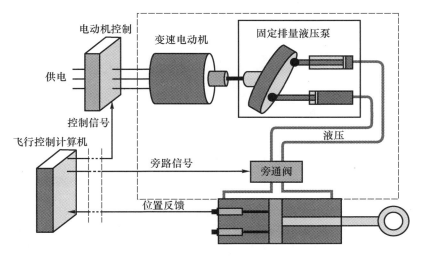

图 6.21　EHA 工作原理图

6.6　智能传感器和智能作动器

传感器和作动器是飞行控制系统的主要组成部件,传统上都是单纯的独立部件,传感器用于测量各个飞行参数,将测得的飞行参数信号输入飞行控制计算机,而作动器是执行机构,接受飞行控制计算机的输出控制信号,操纵飞机的操纵面。随着技术发展,传感器、作动器发展为包含处理机、电子控制线路的独立的节点,将主控制计算机的一些功能转移到传感器节点和作动器节点,成为智能传感器(Smart Sensor)和智能作动器(Smart Actuator)。

智能传感器(节点)除测量飞行参数信号外,还具有信号变换、信号处理、信号监控、故障检测、余度管理等功能。对于传感器故障,分布智能传感器应具备检测出 99% 的瞬时故障和永久故障的能力[19]。

智能作动器除了电动执行机构或液压执行机构外,还有电子控制伺服回路、专用处理器,完成控制律计算、故障检测、余度管理、作动器功能分配、监控管理等功能。具有智能传感器电传操纵飞行控制系统如图 6.22 所示。

智能传感器节点和智能作动器结构分别如图 6.23 和图 6.24 所示[21]。

将故障处理功能分配到作动器节点,作动器节点计算机故障处理过程如图 6.25 所示。根据传感器输入进行传感器和总线故障/错误处理,完成控制律计算以及作动器节点故障/错误处理,识别故障/错误后发出随流模式控制信号。

分布式飞行控制系统将中心计算机的任务分配到传感器、作动器智能分系

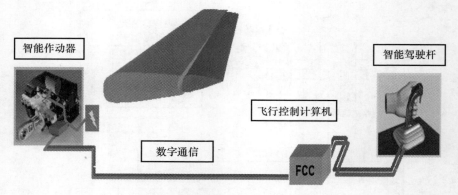

图 6.22　智能电传操纵飞行控制系统

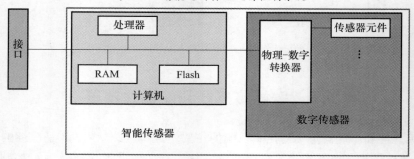

图 6.23　智能传感器节点结构

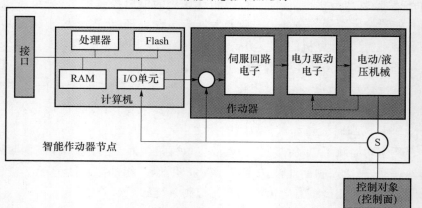

图 6.24　智能作动器节点结构

统,但安全关键的任务仍保留在中心计算机内。余度系统分布节点的信号表决要求时间同步,技术难度大。若在一定时间间隔内同步,则易于实现。分布控制系统出现故障时的一致性分析至关重要[22]。

166

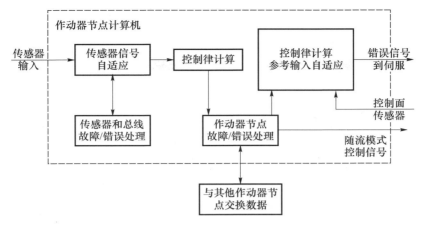

图 6.25　作动器节点计算机故障处理过程

容错飞行控制系统被广泛采用,但系统复杂、设计费时。下一代飞行控制系统将采用分布式,将所有控制律计算和逻辑运算分布到多个计算机节点,并通过通信网络与作动器连接。所有容错都基于余度技术,硬件重复解决永久性故障,而对永久和瞬时故障引起的错误采用软件技术处理[19]。大的复杂软件系统会出现严重问题,软件结构必须考虑应用软件结构(软件模块和模块之间交互)和软件分布(与硬件分布结合考虑)。

重构控制系统可以是集中式或分布式,但重构控制系统需要复杂的计算,因此分布式更合适。分布式重构控制系统有多个控制器,监控控制相应的重构部分。一种分布式重构系统结构如图 6.26 所示,每个控制器负责一个可重构区域的重构控制[23]。

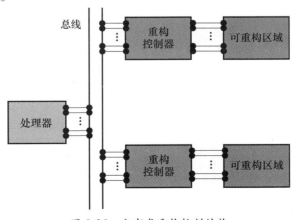

图 6.26　分布式重构控制结构

167

越来越多的传感器和作动器采用微电子机械系统(MEMS)，具有智能特性。未来飞行控制系统体系结构将是分布式多节点多智能分系统联网的系统，是一种部件分散、控制功能分布、可重构的体系结构。它主要由智能传感器节点和智能作动器节点组成，这些节点含有控制计算机，如图 6.27 所示[14]：

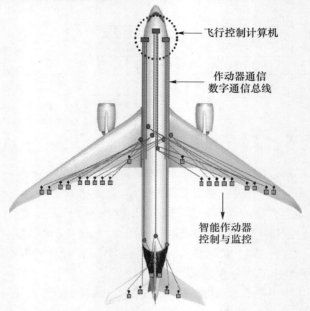

图 6.27　全分布式飞行控制系统体系结构

分布式系统从本质上就具有可扩展容错能力，飞行控制系统的未来结构如图 6.28 所示，包括计算能力和控制的分布，使得系统具有灵活性、可扩展性、低重量、可预测、可测试，以及具有较低的复杂度和维护费用[18]。

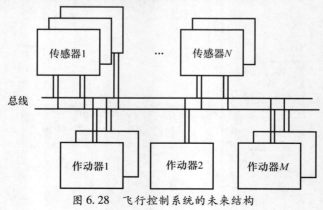

图 6.28　飞行控制系统的未来结构

168

分布式控制系统体系结构也可以有各种形式的实现方案,在如图 6.29 所示的多路径体系结构容错形式中计算机之间采用广播式通信网络,计算机包括运行控制器(Operation Control,OC)和应用处理器(Application Processor,AP)两部分。运行控制器完成数据通信、错误检测、数据表决、任务调整、系统重构、同步等任务,应用处理器完成执行应用程序,如传感器信息采集、控制律计算、作动器控制指令[24]。

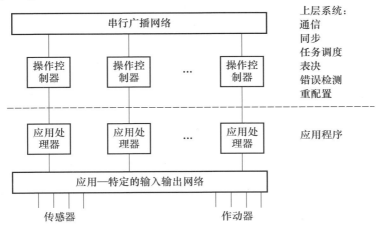

图 6.29　多路径体系结构容错

早期的机载系统都采用专用的传感器,例如自动驾驶仪有本身专用的航向陀螺和姿态陀螺,座舱仪表显示有本身专用的航向陀螺和姿态陀螺。有的飞行参数有多个传感器测量,例如飞行高度的测量有气压高度表和无线电高度表。这种体系结构方案硬件重复、信息资源不能共享。现代先进技术是传感器测量的飞行参数信息可以提供给所有机载系统共享,传感器测得的信息可以提供给飞行控制系统、发动机控制系统、飞行管理系统、导航系统、航空电子系统、座舱仪表显示系统等。

飞机航空电子和控制系统采用分布容错计算机系统,特点是模块化和集成化。分布的各个部件之间通信由总线(或数据总线)实现。分布式控制系统要解决同步、表决和余度管理问题。未来飞行控制系统数据总线通信协议有多种形式:①单主控节点——仅一个节点控制通信,易产生单点故障;②多主控节点——所有节点都能控制通信,具有鲁棒性;③事件触发——由事件触发控制通信,适用于离散信号,时间延迟较小;④时间触发——由时间间隔周期控制,适用于连续信号。联邦式控制系统每个功能由本身的嵌入计算机实现,例如自动驾驶仪、发动机自动器,功能上很少联系,资源很少共享,因此一个系统故障不会影响其他系统,但联邦式所用硬件多。集成式体系结构可以共享资源,但故障响应易于传播。集成式和安全性要求高的系统采用时间触发总线更好[25]。

传统上,数字信号在计算机之间或计算机内部通信,而模拟信号是在计算机与传感器、作动器直接通信。系统体系结构常采用中央式或联邦式,即每个应用功能由本身独立的专用计算机资源实现。最近技术的发展,特别是航空电子技术的发展,建议采用基于模块的集成式体系结构,以减少导线、减轻重量、降低成本,提高可靠性。采用分割和隔离的方法,将余度部件(计算机、作动器)分开,这要求有多条液压管路线和通信总线及其部件,这些部件应分布到不同位置,作动器可以由任一飞行控制计算机控制,飞机一个操纵面由多个作动器驱动,而每个作动器由多个计算机控制,提高系统容错能力[16]。

目前,航空电子系统从独立的联邦分系统发展为集成式系统,影响到飞行控制系统体系结构的设计考虑,集成式飞行控制系统(Integrated Flight Control Systems)是将飞行控制功能嵌入集成计算平台,比联邦式航电系统减少了机载设备数量,减轻了飞机重量。系统集成应包括导航系统、飞行管理系统、通信系统和飞行控制系统。集成式可以减少安装在飞机上的设备,以便增加其他载荷,但余度水平仍需满足[2]。飞行控制系统和其他机载系统的共同特点就是都是信息系统,但飞行控制系统有其独特的特点,它与飞行动力学、飞行性能、飞行品质密切相关,是一种复杂动力学系统。

联邦式、集成式、混合式航空电子体系结构,以及其他专用系统如飞行控制系统、发动机控制系统、导航系统、电子对抗系统、武器发射系统和通信系统都有某些共同特性和共享资源。新航电系统以分布自治硬件为基础,包括电子控制部件、网络、传感器和作动器。近代机载数字航电系统采用分布计算体系结构,有两种不同的实现方法,即联邦式和集成模块式。联邦式系统的功能与资源是单一关系,资源不共享,例如独立的飞行控制系统。新航电系统将采用集成式体系结构,例如集成模块航空电子(IMA)。波音787和空中客车380飞机的分布式航电体系结构发展为集成模块式,各种航电功能分布在同一计算模块或不同的计算模块,每个计算模块包含一个或多个微处理机,所有模块通过总线通信。这两种体系结构的根本区别在于能否资源共享,有时同时采用两种体系结构,例如飞行控制系统属于安全关键系统,仍作为一个独立的联邦单元参与IMA航电系统。波音777航线信息管理系统是IMA的第一个应用[2]。

数字分布电传操纵飞行控制系统是FCS体系结构的重大变革,传统的联邦式体系结构由专用计算机完成所有运算任务,采用多余度提高可靠性,但占空、重量、能耗都大,而且对非智能部件要连续进行监控。分布式体系结构较中央式体系结构有很大改进,将主计算任务分布到其他具有智能的分系统,但飞行控制计算机仍是保证安全的关键[16]。

参 考 文 献

[1] Lanny Fields. Airplane digital distributed fly – by – wire flight control system architecture [EB/OL], http://spirit – wolf. org/education/Fields_Lanny_Research_Paper. pdf.

[2] Redling T J. Integrated flight control systems: a new paradigm for an old art[J]. Aerospace and Electronic Systems Magazine, IEEE, 2001, 16(5): 17 – 22.

[3] Gupta R A, Chow M Y. Networked control system: Overview and research trends[J]. IEEE Transactions on Industrial Electronics, 2010, 57(7): 2527 – 2535.

[4] Al – Radhawi M A S M, Bettayeb M. Decentralized Networked Control Systems: Control and Estimation over Lossy Channels[D]. University of Sharjah, 2011.

[5] João P Hespanha. Networked Control Systems: Protocols and Algorithms [EB/OL], http://www. ece. ucsb. edu/ ~hespanha/talks/Stuttgart – Symp – 20090927. pdf.

[6] Li Z, Chow M Y. Sampling Rate Scheduling and Digital Filter Co – design of Networked Supervisory Control System [C], Industrial Electronics, 2007. ISIE 2007. IEEE International Symposium on. IEEE, 2007: 2893 – 2898.

[7] Walsh G C, Ye H. Scheduling of networked control systems[J]. Control Systems, IEEE, 2001, 21(1): 57 – 65.

[8] Zhang W, Branicky M S, Phillips S M. Stability of networked control systems[J]. Control Systems, IEEE, 2001, 21(1): 84 – 99.

[9] Liu X, Goldsmith A. Wireless medium access control in networked control systems[C], American Control Conference, 2004. Proceedings of the 2004. IEEE, 2004, 4: 3605 – 3610.

[10] Tipsuwan Y, Chow M Y. Control methodologies in networked control systems[J]. Control engineering practice, 2003, 11(10): 1099 – 1111.

[11] Protocols for Aerospace Control Systems: A Comparison of AFDX, ARINC 429, CAN and TTP[EB/OL], http://www. ttagroup. org/ttp/doc/protocol _ comparisons/TTTech – Protocols _ for _ Aerospace _ Controls. pdf.

[12] Distributed Control Systems[EB/OL]. http://faculty. ksu. edu. sa/Emad. Ali/mylib/Workshop/DCS. pdf.

[13] Distributed Systems Architectures [EB/OL]. http://www. cs. st – andrews. ac. uk/ ~ ifs/Books/SE7/Presentations/PDF/ch12. pdf.

[14] Sghairi M, Aubert J J, Brot P, et al. Distributed and reconfigurable architecture for flight control system [C]. Digital Avionics Systems Conference, 2009. DASC09. IEEE/AIAA 28th. IEEE, 2009: 6. B. 2 – 1 – 6. B. 2 – 10.

[15] Sghairi M, de Bonneval A, Crouzet Y, et al. Architecture optimization based on incremental approach for airplane digital distributed flight control system[C]. World Congress on Engineering and Computer Science 2008, WCECS '08. Advances in Electrical and Electronics Engineering – IAENG Special Edition of the. IEEE, 2008: 13 – 20.

[16] Alstrom K, Torin J. Future architecture for flight control systems [C]. Digital Avionics Systems, 2001. DASC. 20th Conference. IEEE, 2001, 1: 1B5/1 – 1B5/10 vol. 1.

[17] Godo E L. Flight control system with remote electronics [C]. Digital Avionics Systems Conference, 2002. Proceedings. The 21st. IEEE, 2002, 2: 13B1 −1 −13B1 −7 vol. 2.

[18] Alstrom K, Torin J. Future architecture for flight control systems [C]. Digital Avionics Systems, 2001. DASC. 20th Conference. IEEE, 2001, 1: 1B5/1 −1B5/10 vol. 1.

[19] Forsberg K, Nadjm − Tehrani S, Torin J. Fault Analysis of a Distributed Flight Control System[C]. System Sciences, 2005. HICSS 05. Proceedings of the 38th Annual Hawaii International Conference on. IEEE, 2005: 290b −290b.

[20] Botten S L, Whitley C R, King A D. Flight control actuation technology for next − generation all − electric aircraft[J]. Technology Review Journal, 2000, 8(2): 55 −68.

[21] Jan Torin Chalmers. Architecture and Safety in a Future Flight Control System: A JAS 39 Gripen Case Study[EB/OL]. http://www. powershow. com/view1/17f5ae − YWU2N/Safety_Critical_Computer_Control_Systems_powerpoint_ppt_presentation.

[22] Walter C J. MAFT: An architecture for reliable fly − by − wire flight control[C]. AIAA/IEEE 8th Digital Avionics Systems Conference. 1988: 415 −421.

[23] Trabelsi C, Meftali S, Dekeyser J L. Multi − controller reconfiguration system for FPGAs[EB/OL]. http: www. researchgate. het/publication/266294473.

[24] Zhang G, Chen G, Chen T, et al. Dynamical analysis of a networked control system[J]. International Journal of Bifurcation and Chaos, 2007, 17(01): 61 −83.

[25] Rushby J. A comparison of Bus Architectures for Safety Critical Embedded System[R]. NACR − 2003 − 212161,2003.

第7章　飞行控制系统设计

飞行控制系统具有多输入、多输出、多回路、多通道、多速率、多变量的特点。设计飞行控制系统时首先要根据技术要求,选择控制系统的体系结构。飞行控制系统的系统设计主要有两项,即体系结构设计与控制律设计。

7.1　飞行控制系统体系结构

7.1.1　飞行控制系统体系结构综述

飞行控制系统发展过程中,其体系结构变化很大,飞行控制系统最基本原理结构是反馈闭环控制,最简单的是单输入单输出单通道的阻尼器,例如偏航阻尼器、横滚阻尼器、俯仰阻尼器。自动驾驶仪是多输入多输出多通道控制系统。随着电子技术和计算机技术的发展,电传操纵系统采用多余度体系结构,逐步发展为数字式飞行控制系统,以数字计算机替代模拟计算机,作为飞行控制系统的控制计算机。为了提高可靠性和安全性,提出了控制模式和控制律在线可调整的体系结构,在基本控制回路基础上增加一些功能环节,例如故障检测与隔离、参数识别与系统识别、余度管理、系统重构等,从而发展为容错与重构飞行控制系统、自适应飞行控制系统。随着电子信息技术和网络技术的发展,飞行控制系统发展为分布式体系结构。近年来,微处理机、微电子机械部件和网络技术的发展,为进一步提高可靠性和安全性,提出了具有智能部件远端控制的联网分布式飞行控制系统体系结构,这种飞行控制系统体系结构要考虑控制任务处理的分配和分布,以及系统的同步要求[1]。

未来飞行控制系统可能与其他机载系统特别是航电系统综合设计,数据信息共享,发展集成式、模块式飞行控制系统体系结构。飞行控制系统与航电系统都是信息技术的具体应用,有大量信息数据的采集、变换、存储、传输、运算、显示的过程,飞行控制系统的另一特点是复杂的动力学系统,有稳定性、操纵性、机动性、控制动态性能和实时性要求。

现有飞行控制系统体系结构采用中央 - 联邦式,通过硬件余度和软件余度保证可靠和安全。20 世纪 70 年代初,F - 8 数字式电传操纵系统采用模拟计算机和电信号传输，替代了机械式操纵系统；波音 747 采用三余度模拟计算机；DC - 10 有两个相同通道，每个通道有双余度模拟计算机；空中客车 320 采用全时间 DFBW 飞行控制系统。为防止共性故障，软件使用多版本软件。波音 777 飞行控制计算机采用 3×3 阵列 9 个处理器和多版本软件。空中客车飞机飞行控制系统采用自检计算机，装有两种软件（指控软件和监控软件），两者计算结果进行比较，判断错误和故障。波音飞机飞行控制系统采用三余度飞行控制计算机，它们的输入相同，而输出采取三中取二方式表决。空中客车和波音飞机飞行控制计算机采用导线与每个作动器点对点直接连接。

典型的中央式飞行控制系统体系结构如图 7.1 所示。

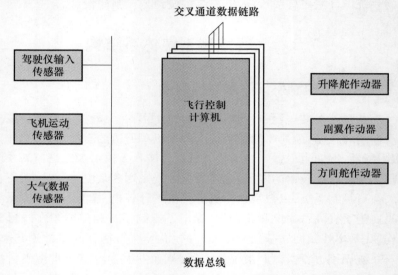

图 7.1　中央式飞行控制系统体系结构

飞行控制系统原理结构如图 7.2 所示。

7.1.2　飞行控制系统体系结构设计

飞行控制系统是复杂的，包含许多功能、结构相关的分系统，如飞行控制计算机、作动器、传感器、通信总线等，每个分系统有不同的实时性和可靠性要求。因此，体系结构设计时应采用渐进方法逐渐优化[2]。

采用渐进方法设计飞行控制系统体系结构可以有以下步骤：

（1）确定飞行控制系统原理方案和基本组成；

（2）确定分系统的功能范围和技术要求；

（3）将控制律计算、模式控制、余度管理、监控功能、操纵指令等任务进行分

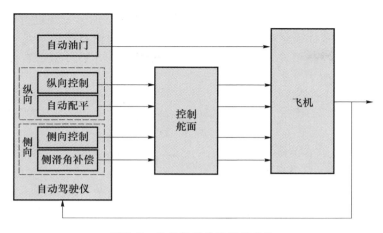

图 7.2　飞行控制系统原理结构

配,对于分布式系统有多种方案可选择;

（4）确定每个分系统的安全性要求,用分系统的故障概率表示;

（5）选择确定系统的体系结构,选择满足性能要求的基本模块和部件,先不考虑余度设计;

（6）通信网络和通信协议选择设计;

（7）可靠性定量估计;

（8）采用硬件/软件的余度结构和功能的重构;

（9）重复迭代上述过程,以满足所有要求。

在电传式操纵系统的基础上,采用智能传感器和作动器,以及远程电子装置和数字通信构成分布式飞行控制系统。ARINC 429、ARINC 629 通信协议可将数据从传感器传输到控制计算机,从计算机传输到作动器,但难以处理大量、快速的数据包。

分布式飞行控制系统体系结构能对控制律计算和逻辑运算（如监控、故障检测与隔离）任务进行分配,将集中在中央计算机的运算任务分散到各个分系统,例如将余度管理表决任务从主计算机移至作动器节点,在飞行控制计算机和作动器节点之间采用广播式数据通信。

分布式飞行控制系统另一个特点是采用智能化分系统,这些分系统有本身的计算微处理器,主要分系统有传感器分系统和作动器分系统,此外可能有发动机控制分系统、显示与控制面板组件分系统等。智能作动器和智能传感器能处理数字形式的数据,智能作动器本身有计算元件和远程控制模块,可由专用集成电路（Application‐Specific Integrated Circuit, ASIC）或可编程门阵列（Field Programmable Gate Array,FPGA）芯片实现。目前,民航飞机飞行控制系统仍多用主飞行控制计算机完成重要的安全决策任务,而与智能分系统进行信息交互。

飞行控制系统体系结构应考虑与其他机载系统的信息连接关系,飞行控制系统与座舱显示控制单元、发动机、其他机载系统以及外界环境等有关,它们之间的信息关系如图 7.3 所示。

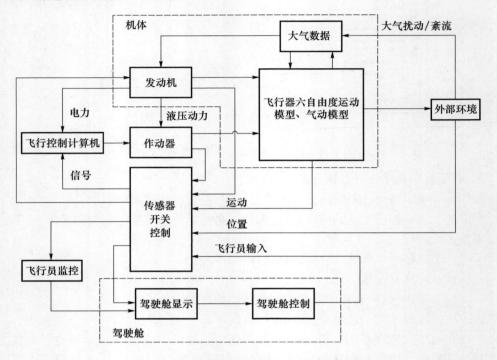

图 7.3 飞行控制系统与其他系统的信息关系

现代航电系统体系结构的技术改进变化很大,影响到目前飞行控制系统的中央－联邦式体系结构,中央－联邦式体系结构有专用容错计算机完成全部处理任务,由于采用高水平软件和余度硬件,具有较好可靠性和鲁棒性,但成本高、重量和占空间大、能耗大,监控不具有智能性。考虑到新的技术改进,如智能传感器、智能作动器及远程控制电子装置、数字通信,飞行控制系统体系结构将控制功能分布和优化、可重构。

分布式飞行控制系统设计时应考虑数据通信和软件的分布配置,大的复杂软件系统会出现严重问题,软件结构必须考虑应用软件结构(软件模块和模块之间交互)和软件分布(与硬件分布结合考虑),集成飞行控制系统结构如图 7.4 所示。

图 7.5 所示为一种多余度飞行控制系统结构。

176

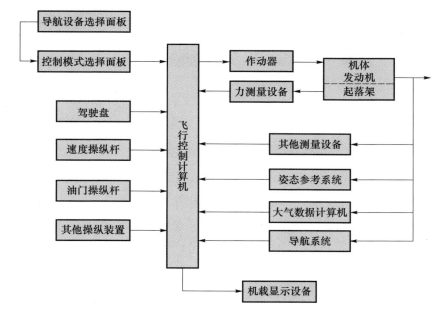

图 7.4　集成飞行控制系统结构

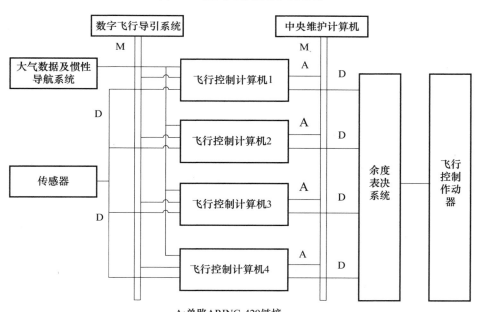

A:单路ARINC 429链接
D:直接链接
M:多路ARINC 429链接

图 7.5　一种多余度飞行控制系统结构

容错飞行控制系统被广泛采用,但系统复杂、设计费时。下一代飞行控制系统将采用联网分布式,将所有控制律计算和逻辑运算分布到多个计算机节点,并通过通信网络与作动器连接。所有容错都基于余度技术,硬件重复解决永久性故障,而对永久和瞬时故障引起的错误采用软件技术处理。未来飞行控制系统应采用联网分布式体系结构,任务分配优化,使通信网络带宽要求降低,达到更好的容错和维护成本的降低。

7.1.3 飞行控制系统体系结构发展趋势

越来越多的传感器和作动器采用微电子机械系统,具有智能特性。微电子和数字通信的发展将对飞行控制系统体系结构带来很大影响。

未来飞行控制系统的一种体系结构如图 7.6 所示。通过数据总线或网络将智能传感器节点 S_i 和智能作动器节点 A_i 连接构成系统。

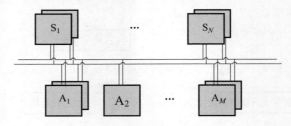

图 7.6　未来飞行控制系统体系结构

系统集成是重要的设计思路,例如飞行控制系统传感器是直接专用于控制,实际上这种信息也可从导航系统获得,设备相互交叉使用,信息共享,按集成系统设计,可减少重复余度,减少硬件,节约成本。

航电系统将发展为集成模块式体系结构,与联邦式体系结构相比,改善了可靠性、可用性和余度方式,具有以下优点:①在同一系统中有多种功能;②减少了飞机上的导线,从而减轻了重量;③共享资源;④易于修改和增加航电系统的功能;⑤硬件和软件可以重用,模块可以重构;⑥易于维护。

由于民机对飞行性能和经济性要求提高,促使复杂的高度集成的数字式飞行控制系统的发展,而且仍然要求具有可靠性、可维护性、可制造性和减轻重量。光传和功传技术及其集成能提供重量轻、灵活性大的鲁棒飞行控制系统和能源系统。光传是信号传输的一种方式,用光缆替代电缆增加了带宽和抗干扰能力。功传技术是在全电飞机概念下产生的,用电力传输替代液压、气压能源传输,驱动分布的作动器。FBL/PBW 集成是未来飞行控制系统体系结构设计的重要方面,集成 FBL/PBW 飞行控制系统将是飞行控制系统体系结构发展的重大突破。

7.2 飞行控制系统设计过程

设计飞行控制系统需要多方面的知识,包括控制理论、飞行动力学、伺服系统、计算机与软件、信息与网络、建模与仿真等,目前还没有成熟的飞行控制系统设计参考手册或指南。

现代高性能飞机为了提高性能往往设计为自然不稳定的,通过飞行控制系统进行人工稳定,飞机的安全性依靠飞行控制系统,飞行控制系统应保证在整个规定的飞行包线范围内,在正常条件、故障条件和参数变化时正确工作,这些变化参数包括飞机重量、转动惯量、重心位置、飞行动力学非线性、结构模态、故障状态等。

解决控制工程问题,可以分为以下步骤:

(1)研究分析被控对象特性,建立并确定性能技术要求;

(2)被控对象建模,通过线性微分方程或传递函数描述,需要时可以简化;

(3)确定哪些变量要控制(主要指被控对象的输出变量),哪些变量要测量;

(4)选择控制系统体系结构,确定控制器类型;

(5)采用控制理论设计方法,或计算机辅助设计(CAD)工具,基于线性系统,进行控制律设计;

(6)选择传感器/作动器,及其布局;

(7)非线性控制系统设计与仿真;

(8)控制系统的实现与测试验证。

这8个步骤同样适用于解决飞行控制系统的工程设计问题。

控制系统设计过程如图7.7所示。

飞行控制系统设计一般分为两个阶段,即概念设计阶段和详细设计阶段。

飞行控制系统概念设计主要基于简单的稳定导数和操纵导数,以及飞行动力学数学方程或传递函数的描述。飞行控制系统详细设计主要基于复杂高阶非线性仿真模型,作用在飞机上的力和力矩可细分为飞机各个部分产生,如机翼、机身、平尾,以及发动机动态特性建模,飞行控制系统建模,气动系数根据风洞数据列表,考虑结构柔性振动对飞机刚体运动的影响。

设计飞行控制系统控制律时面临以下几个问题:

(1)飞机自然稳定性和操纵性分析;

(2)飞行控制系统体系结构设计(多输入多输出多回路多通道;控制功能分配;内回路/外回路;响应反馈/指令模型;监控回路;余度管理;重构回路;分布

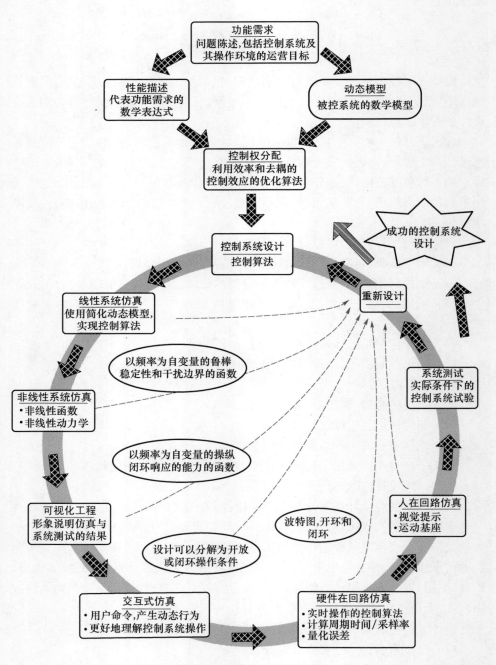

图 7.7 控制系统设计过程

结构等）；

　　（3）飞机运动方程、气动数据、传感器、作动器、发动机的数学建模；

　　（4）飞行控制系统数据流和数据源分析；

　　（5）经典的和现代的控制律设计与动态分析；

　　（6）飞行控制软件设计与编程；

　　（7）作动器伺服系统设计与选择；

　　（8）线性/非线性仿真。

　　飞行控制系统设计过程如图7.8所示。

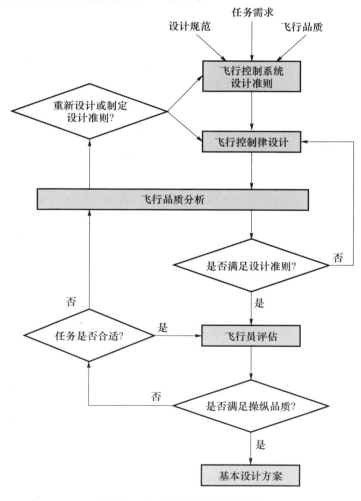

图 7.8　飞行控制系统设计过程

设计过程不是固定的串行顺序,某些部分可以并行进行,有些部分是迭代过程,但各部分必须衔接。在设计过程中要建立空气动力学设计和性能要求,必须与飞行控制系统控制律设计结合,要确定操纵面的尺寸和布局、传感器数据技术要求、作动器系统性能。

7.3 飞行控制系统设计分析方法

7.3.1 飞行控制系统动态分析

飞机有两种控制方式:①人工控制,即飞行员控制;②自动控制。

人工控制指飞行员控制,依靠人的创造性、协调能力、自适应能力、学习能力和智力来控制飞机飞行。但某些情况下人的动态能力是有限的,控制质量取决于主观,有时甚至会有错误操作,此时自动控制比人工控制反应快,能更好更可靠地完成任务。

从控制与仿真的观点来看,飞行控制系统是多输入、多输出、多回路、多通道动态系统,飞机飞行动力学是多输入多输出、内部参数交叉耦合的动态系统,图7.9(a)和图7.9(b)中的两个系统反馈连接构成复杂的动力学系统,如图7.9c所示。

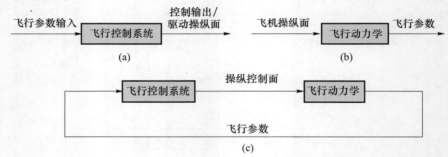

图 7.9　飞行控制复杂动力学系统

飞行控制系统传感器主要测量以下飞行参数:大气数据、空速、飞行高度、动压;攻角和侧滑角;绕机体轴的 3 个角速度;沿机体轴线加速度;飞机 3 个姿态欧拉角。

飞行控制系统操纵面主要有升降舵、副翼、方向舵,以及襟翼、鸭翼、扰流片、减速板等。

对飞行控制系统进行动态分析要考虑以下问题:

(1) 被控对象飞行动力学的一个操纵面控制输入将影响多个飞行参数变

化,例如升降舵的偏转将会引起俯仰角、俯仰角速度、法向过载、攻角、飞行高度、飞行速度的变化。

（2）飞行控制系统一个控制通道可能有多个飞行参数输入,形成多个控制回路,例如副翼通道可能有横滚角和角速度、航向角、侧滑角等飞行参数输入。

（3）飞行控制系统总体要求是稳定的,但被控飞行参数的动态品质要求是各异的,有的有过渡过程要求,有的有控制精度要求,有的要求限制值。

（4）同一飞行控制任务可以由多种操纵面操纵组合。

（5）飞行控制系统是一种多输入多输出多回路多通道的多变量控制系统。

（6）飞行动力学可划分为纵向通道、侧向通道（航向通道和横滚通道）,按参数变化快慢又可分为长周期运动和短周期运动,或慢速运动和快速运动。

（7）飞机气动系数随飞行条件（飞行速度和飞行高度）变化,被控对象是一个时变动态系统。

（8）飞行动力学内部参数的交叉影响,气动系数的非线性函数、飞行控制系统作动器偏转幅值和偏转速度的饱和限制等因数,形成了系统的非线性特性。

（9）飞行控制复杂动力学系统动态响应应满足飞行品质规范规定的性能要求。

（10）针对不同类型飞机,对飞行控制系统有具体要求,例如,民机飞行要求限制垂直过载 Nz 的范围为 0.85 ~ 1.15（考虑旅客舒适）,横滚角小于 30°,在非终端飞行阶段,有正确航迹控制要求,但不要求精确跟踪,包括爬升、巡航、下降。在终端飞行阶段,有精确航迹控制要求,包括起飞、近进、绕飞、着陆。

（11）飞行控制系统除常规的控制律外,还有成形器、滤波器、补偿器、限幅器等校正环节串行在正馈回路或反馈回路中。

（12）各个环节时间延迟对系统稳定性和控制品质都有影响。

（13）采用经典控制理论分析设计单回路系统较为成熟和普遍,现代控制理论解决多变量系统正在研究、发展和逐步应用。

（14）飞行控制系统应保证系统稳定性和纵向长/短周期、侧向快速横滚/荷兰滚的飞行性能,此外飞行控制律应使闭环系统性能对飞机的变化和外干扰具有鲁棒性,良好的指令跟随性,减小对传感器噪声和高频飞机模型不确定性（如结构模态）的敏感性。

（15）飞行控制系统应考虑所有反馈回路及相关通路,以及各种滤波器、传感器动态特性、作动器动态特性、非线性元件等。

7.3.2　飞行控制系统设计考虑因素

设计飞行控制系统时需要考虑以下因素:

（1）飞机飞行品质，它与飞机布局、飞行任务、飞行条件、故障状态、能见度有关。

（2）控制律设计达到的性能目标：俯仰、横滚、偏航控制，大攻角控制，颤振抑制，直接力控制等。

（3）操纵面产生的力和力矩，以及偏转速率和作动器饱和的限制。

（4）传感器信号要分别考虑飞机刚体运动和飞机结构振动的测量。

（5）采用观测器技术，将传感器信号进行组合，获得最佳信息。

（6）飞行包线的确定，要考虑故障后的安全包线。

（7）保证在飞行包线内的期望飞行性能，当出现故障时飞行控制律应提供稳定性和包线内的性能，通过在线识别飞行控制系统要保证故障条件下的性能和飞行安全。

（8）故障识别功能，故障将影响系统动态性能，必须在线识别进行控制系统重构，恢复控制性能，需要考虑模型结构和估计参数的匹配。

（9）飞机有许多不同的操纵面，应考虑控制功能分配，可以在线重新分配重构，提供余度。

（10）前馈回路、反馈回路中的滤波器、信号成形器、限幅器、校正环节的设置和设计。

（11）减小各环节和系统的时间延迟。

飞行控制系统设计过程中会涉及滤波器、操纵面控制分配、虚拟传感器、参数估计与系统识别和混合系统等方面的问题，下面分别进行说明。

1. 滤波器

由于测量噪声、柔性结构振动、信号数字化转换等因素，在正常信号上会叠加干扰信号，应通过滤波器滤去干扰信号，保证控制系统的稳定性和性能，根据要求，滤波器有不同的形式。

噪声滤波器将传感器输出的不期望信息滤去，某些噪声会引起作动器不必要响应，甚至引起飞机不希望的运动，若传感器安装位置不合适，安装在结构弹性振荡处，将混入飞机结构弹性振荡频率，噪声将引起结构振动发散，这种不稳定的结构振动反馈要去除。采用窄带滤波器可将传感器测量信号中的结构弹性振荡频率滤掉。

飞行控制系统另一个关键环节是凹陷滤波器，凹陷滤波器串联在传感器输出信号中，使结构模态响应最小化，保证在整个结构频率范围内系统稳定，凹陷滤波器在低频段将引起延迟，影响飞机刚体运动的稳定裕度，但必须使结构振荡不会传至作动器，保证飞机稳定，凹陷滤波器的算法在飞行控制数字计算机内实现。

例如,航向增稳内回路控制律为

$$\zeta(s) = K_\zeta \delta_\zeta(s) - K_r \left(\frac{s}{1+sT} \right) r(s) \qquad (7.1)$$

其中第二项为时间常数 $1 \sim 2s$ 的高通滤波器,位于航向速率反馈回路,在机动后方向舵脚蹬回到中立位置稳态转弯时阻止反馈回路对飞行员指令的影响,滤波器使反馈回路能很快阻止航向振荡。

飞行员输入指令成形环节或指令滤波器对输入速率限制,也是期望响应的模型。指令滤波器是将飞行员或飞行轨迹外回路的阶跃输入平滑,可以是一个幅值有限制的一阶或二阶低通滤波器。

在前馈回路或反馈回路中接入一阶或二阶校正环节、超前/滞后环节,可以改善和提高系统的稳定性和动态性能。

2. 操纵面控制分配(图 7.10)

飞行控制系统设计技术中操纵面控制分配是重要一环,在控制律设计时应考虑操纵面的控制分配,飞机各操纵面有交叉和互补作用,在主控计算机按控制律计算出控制指令时,应考虑控制指令对各个操纵面的分配,以获得最佳控制效果,并易于系统重构。

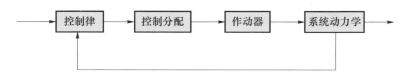

图 7.10 操纵面控制分配

3. 虚拟传感器

测量飞行参数的机载传感器种类较多,通过其他传感器测得的信息可以间接计算出所需信息,即采用模型进行计算。采用虚拟传感器,就是通过其他参数信息计算出所需的传感器信息,由解析余度(Analytical Redundancy)替代硬件余度(Hardware Redundancy)。

4. 参数估计与系统识别

系统一般输入输出关系如图 7.11 所示。

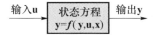

图 7.11 系统一般输入输出关系

简单而言,控制问题是给定输出 y 和状态方程 f,求输入 u。系统识别是已知输入 u 和输出 y,求状态方程 f,而仿真可以看作已知输入 u 和状态方程 f,求输出 y。系统辨识要求出飞行器模型的数学结构,而参数估计是飞行器数学模型的参数量化。

飞行器系统辨识过程如图 7.12 所示,首先选择合适的输入信号,同时输给飞行器和仿真数学模型,测量采集飞行器真实响应,并与仿真数学模型输出比较,由参数估计器按规定算法估计参数,根据估计参数对仿真数学模型进行修改调整。在线参数估计与系统识别更具有技术难度。

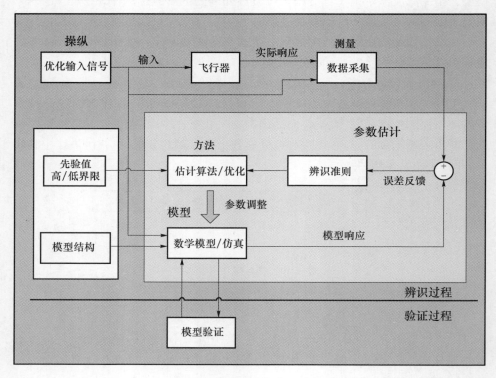

图 7.12 飞行器系统辨识过程

5. 混合系统(图 7.13)

许多控制系统都是混合系统(Hybrid System),包含连续子系统和离散子系统,两个子系统通过界面连接,即通过 A/D、D/A 变换器连接。连续子系统用常微分方程描述,SISO 系统常用传递函数形式,而 MIMO 系统常用状态方程形式。离散子系统由状态机表示,离散事件系统包括数值和逻辑决策的混合,飞行控制系统有多种控制模式,例如歼击机的起飞、着陆、巡航、跟踪、攻击模式,直升机的

186

悬停和巡航模式。模式转换具有离散事件特点,模式转换时易产生不稳定。求解混合系统的稳定性问题,可采用仿真的方法。

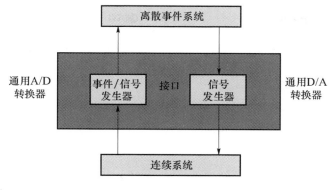

图 7.13　混合控制系统

7.3.3　飞行控制系统设计技术要求

飞行控制系统设计首先采用简化的飞行动力学数学模型,传统上飞行控制系统设计基于飞机运动方程在平衡点的线性化,采用增益调整控制器,在飞行包线范围内达到期望飞行品质。飞行动力学数学模型进一步简化,基于飞机动态响应的时间尺度不同将飞机纵向运动分为快速的短周期运动和慢变化的长周期运动,飞机侧向运动分为快速响应的横滚运动和较慢的荷兰滚运动。

现代电传操纵飞机的系统动力学、飞行范围、飞行性能、操纵品质等取决于飞行控制系统。一般来说,纵向通道技术要求如下:

(1)飞行控制律提供和改善飞机飞行轨迹的自然稳定性,操纵杆最大偏转时保证过载在允许范围内;

(2)攻角指令控制律在大攻角飞行时可以防止攻角超调;

(3)飞行速度指令系统防止飞行速度超调;

(4)能提供俯仰角限制保护;

(5)在地面可以直接控制升降舵和平尾;

(6)能提供转弯时的升力补偿;

(7)采用平尾对升降舵载荷连续配平,但在着陆、机动飞行、接近飞行包线边界飞行时锁住平尾。

侧向通道要求如下:

(1)稳定轴横滚速率控制保证正常的横滚角和无侧滑;

(2)直接横滚角控制时,保证横滚角时不超过极限值和螺旋稳定性;

（3）操纵飞机接近横滚角极限时只允许小的瞬时超调；

（4）受干扰时，使横滚通道和偏航通道解耦或减弱；

（5）能协调转弯；

（6）在整个飞行包线内提供相同的响应；

（7）能提供直接副翼控制、横滚扰流片、方向舵控制阻尼增稳等各种控制模式；

（8）在地面可直接操纵舵面。

设计飞行控制系统时按通道划分，分别进行纵向飞行控制系统和侧向飞行控制系统设计，进一步按参数动态变化快慢飞行控制系统设计可分为快速回路和慢速回路，即设计划分为内回路和外回路。飞机质心运动慢于飞机角运动，飞机角运动要稳定。飞机角运动控制称为内回路，飞机质心运动控制称为外回路，或飞机姿态控制称为内回路，飞行轨迹控制称为外回路，但这种区别不是很严格。

为了改善和提高飞机运动的稳定性和操纵性，提出了增强系统（Augmentation system）的概念，包括增稳系统和增控系统。增稳系统和增控系统的设计与特定飞行包线内操纵品质和飞行品质要求密切相关。增稳系统主要作用是增强静稳定性和动态稳定性，主要选择增益，改善阻尼。增控系统设计主要提高飞行性能和动态品质。

飞机姿态控制回路为增稳回路，采用开环降阶模型选择增益，改善阻尼。增稳系统常用于 3 个轴以获得良好的阻尼。例如，喷气发动机飞机在航向平面常出现快速的短周期振荡，称为蛇形运动（snaking），它的阻尼小于螺旋桨发动机飞机，将航向角速度引入方向舵控制可人工增加阻尼。飞机轨迹控制回路为增控回路，用于改善性能。飞机轨迹控制回路提供自动驾驶作用，其任务是保持飞行轨迹，例如目标跟踪、编队飞行、导航飞行、自动着陆、地形跟随。

对于侧 - 航向控制系统，飞机任一运动变量都可负反馈到副翼和方向舵。横滚/偏航内回路协调控制，包括航向阻尼、协调转弯、发动机推力不对称补偿、横滚角和侧滑角包线保护；外回路有自动模式和手动模式，其中自动模式包括航向跟踪、航迹跟踪、着陆航向控制、侧向导航等；所有模式和所有不同飞行条件下具有同样飞行性能。

飞行控制回路如图 7.14 所示。

飞行控制系统通道有的是单传感器信号输入，有的是多传感器输入，设计时首先从 SISO 单回路入手，再分析 MISO 多回路系统，进而分析多输入多输出多通道多变量系统。

传统上采用单通道的单输入单输出设计，考虑一个控制输入控制一个输出

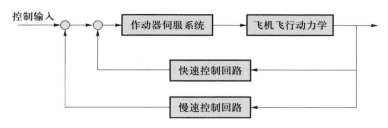

图 7.14　飞行控制回路

变量,但一个控制输入会影响多个输出变量的变化,必须采用其他输入控制进行补偿,即采用协调控制方法。

飞行控制系统设计时先从单通道单回路开始分析,并采用简化线性飞行动力学方程,设计基本控制律后,再考虑嵌入前馈回路和反馈回路的滤波器、补偿器、成形器、限幅器、校正网路的分析设计。常用的飞机气动操纵面是方向舵、升降舵、副翼和扰流片,控制飞机的航向、姿态和飞行高度。飞行速度常用发动机油门杆控制。

较简单的控制系统控制律有 PID 控制,如图 7.15 所示。

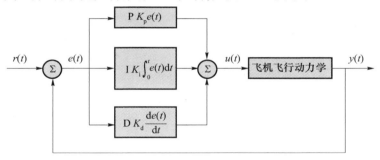

图 7.15　PID 控制

PID 控制律的一般形式为

$$u(t) = K_p e(t) + K_i \int e(t)\,dt + K_d \frac{de(t)}{dt} \tag{7.2}$$

飞行控制系统采用反馈闭环控制系统结构,除了一般简单的比例/积分/微分控制律外,还有前置滤波器、串联补偿环节、反馈补偿环节等,如图 7.16 所示。

7.3.4　飞行控制系统设计方法

1. 飞行控制系统设计方法综述

飞行控制律的设计方法有多种,但满足飞行品质要求的复杂系统控制律设

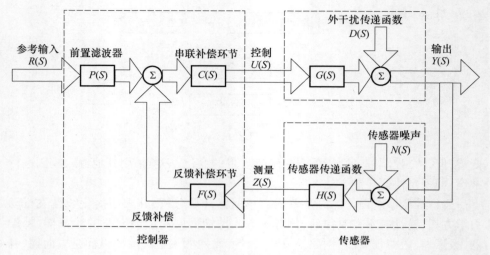

图 7.16　飞行控制系统反馈闭环控制系统结构

$P(S)$—前置滤波器；$C(S)$—串联补偿环节；$G(S)$—飞行动力学；

$D(S)$—外干扰传递函数；$H(S)$—传感器传递函数；$F(S)$—反馈补偿。

计没有简单的解决办法,经典控制理论设计方法是基于单回路或简单的多回路反馈,调整个别反馈和增益直至达到可接受的结果。经典设计方法物理概念比较清楚,例如横滚速率反馈到副翼通道明显起到飞机横滚运动的阻尼和增稳。但现代控制设计方法,例如全状态反馈,所有状态变量增益可影响所有操纵面,很难从简单方框图了解其物理意义。飞行控制系统内回路和主控制律仍倾向采用经典方法设计,但现代控制理论方法对飞行控制系统设计有很大意义,逐渐为设计人员熟悉。

经典控制理论采用传递函数描述,适用于单输入单输出闭环控制系统和多输入单输出系统分析,有基于频域概念的方法,如根轨迹、波德图、奈奎斯特图方法。先将飞行动力学模型线性化和简化,分为快速的转动角运动和慢速的质心线运动,设计时首先假设慢速变量为常数,保证快速运动的稳定。传统经典设计方法要解决多变量、非线性和不确定性的多输入多输出系统是困难的,于是许多现代控制理论的方法应用于飞行控制系统的分析和设计。现代控制理论采用状态方程描述,处理多输入多输出系统。从经典的单回路控制发展到多变量多回路的协调控制。现代飞行控制系统包含多个控制通道,是一种多变量反馈系统,每个通道有多个传感器输入信号,形成多个控制回路。

现代飞机具有机动性大、静不稳定、直接力控制、随控布局等特点,使飞行控制系统增加了控制回路、控制输入和动态耦合。飞行控制系统主要问题之一就是综合了非线性动力学、模型不确定性、变参数和飞行环境等因数。飞行控制系

190

统控制律设计应着重考虑被控对象飞行动力学的多变量交叉耦合、非线性特性、时变特性、不确定性。

飞行控制律设计时,要认识到完成某种飞行任务可以有多种模式,例如飞行姿态与飞行轨迹的解耦控制可以有以下模式:①垂直平移——保持俯仰姿态角为常值,控制垂直速度,速度矢量转动时姿态不变,攻角可变;②飞行轨迹角保持——飞行轨迹角为常值,俯仰角等于攻角,飞行速度矢量不旋转;③直接升力控制——攻角保持常数,控制航迹角,即俯仰角与航迹角的变化量相同。

从控制理论发展和应用观点看,目前更大的挑战是采用先进的方法和技术解决不确定性、多变量、非线性系统的分析和设计。例如,现代歼击机大机动飞行条件下已超出线性飞行动力学范围。

对于系统模型不确定性和外干扰的处理方法可采用自适应控制和鲁棒控制,自适应控制要估计参数并计算相应控制信号进行自调整,特别是在线设计计算比固定的控制器要复杂。鲁棒控制方法在设计固定控制器时允许有不确定性,对参数变化和外干扰不敏感。

对于复杂的多输入多输出系统通过串联闭环或解耦方法来分析设计是困难的,多变量控制(Multivariable Control)能解决复杂系统问题,但设计者必须对系统物理特性有充分了解。飞行控制系统是多变量控制系统,多变量系统在各控制通道之间有交叉耦合,多变量控制采用多回路设计技术,替代经典控制理论的单回路设计方法,可减少设计工作量,并可同时考虑模型不确定性和干扰。飞行动力学模型不确定性包括飞行动力学中的变量是飞行条件、飞机重量和质心位置的函数,以及未建模的高阶动力学。鲁棒多变量控制器的设计有更高要求,鲁棒性和系统性能之间应折中考虑,鲁棒性也可分为鲁棒稳定性和鲁棒性能两方面分析。鲁棒稳定性意味着闭环系统在所有可能对象不确定性条件下是稳定的,鲁棒性能意味着闭环系统在所有可能对象不确定性条件下能达到性能目标。多变量控制对复杂系统能改善性能和提高模型不确定性的鲁棒性。

2. 增益调整方法

飞行控制律设计涉及非线性控制系统设计问题,被控对象飞行动力学是非线性的,随飞行条件和飞机结构变化,采用线性系统设计方法已不能满足整个飞行范围的性能要求,非线性控制有两个解决方法:①非线性设计技术,如反馈线性化;②采用线性系统设计和增益调整(Gain – scheduling)方法,在不同设计点求出增益,在设计点之间进行线性插值。增益调整是控制非线性系统的通用方法,简单实用,在许多地方采用。

增益调整可以看作一种非线性开环系统按预编程序调参的自适应控制方法,易于在计算机控制系统中实现。许多情况下,被控对象动力学随工作条件的变化是已知的,可以通过工作条件的监控来改变控制器参数,这就是增益调整的概念。例如,飞行控制系统增益可随飞机飞行条件调整,飞行速度低时操纵面效能小,控制系统采用较高增益,飞行速度高时操纵面效能大,控制系统采用较低增益。

增益调整系统包括调整器和参数器两部分,增益调整设计有两项工作:①调整变量选择;②参数调整算法设计。对于第一项工作,调整变量选择考虑以下两个因素:①调整变量体现了系统的非线性特征;②相对于闭环系统的期望频带,调整变量是慢时变的。

增益调整法是控制律设计中常用方法,随飞行条件(主要是马赫数和飞行高度)调整控制回路的增益,保证飞行稳定和飞行性能,如图7.17所示增益随动压的调整变化曲线。这种设计可采用经典控制理论和工具,进行鲁棒性和外干扰输入的分析,但在飞行包线内选择的设计点多,设计工作量大,仅考虑了飞行速度和飞行高度的非线性系统性能,保证了低攻角、低角速度飞行条件下的性能,不能保证大攻角、大角速度、大侧滑角飞行时的严重非线性条件下的稳定性和飞行性能。系统虽然在工作点是稳定的,但不能保证在工作点之间运行是稳定的,只能在低攻角和低角速度飞行时保证稳定性。

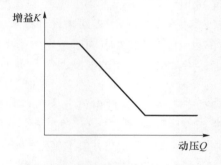

图 7.17　增益随动压的调整曲线

增益调整法困难之一是多变量系统的参数变量多,要调整的参数增益数量多,调整过程复杂。以 n 阶控制器为例,若有 R 个输入 M 个输出,则有 $n(1 + M + R) + MR$ 个控制参数可调整,在飞行包线内要选择许多点进行增益调整设计,重复工作量大,需要反复迭代。迭代过程包括:①选择一组工作点;②飞行控制律参数调节;③调整器设计;④线性分析验证和非线性仿真。针对这个问题,适合采用自适应增益调整。自适应增益调整控制是根据被控对象和外界环境变化改变控制器性能,达到自适应控制目的。在原理上,增益调整控制可用于任何控制问题。自适应增益调整控制器结构如图7.18所示。

192

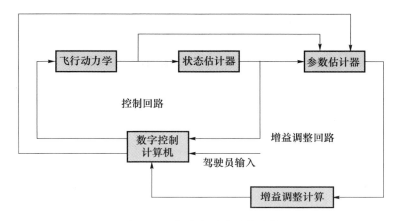

图 7.18　自适应增益调整结构

3. LQR/LQG 方法

经典的频域和时域方法,由单输入单输出系统传递函数扩展为多输入多输出系统传递函数矩阵,现代方法基于状态空间建立线性控制律二次型价值函数,线性二次型方法是控制系统设计的有力工具,分为两类:LQR(Linear Quadratic Regulator)和 LQG(Linear Quadratic Gaussian)。LQR 方法要求测量控制系统状态变量,有时称为全状态反馈。通过 Ricatti 方程,采用多变量频域技术,不像单输入单输出系统考虑增益裕度和相位裕度。LQR 多变量控制系统要采用复杂的奇异值和罗特卡罗技术分析确定鲁棒性。LQG 方法考虑内部和外部随机干扰对飞机运动的影响。波音公司采用基于 LQR/LQG 的多变量控制,在指令响应、抗干扰、回路带宽等方面进行折中,关键是选择控制变量及如何进行控制,选择 Q、R 矩阵[3]。

系统状态方程为

$$\dot{\pmb{x}} = \pmb{Ax} + \pmb{Bu}$$
$$\pmb{y} = \pmb{Cx} + \pmb{Du} \tag{7.3}$$

二次型性能指标为

$$J = \int_0^\infty (\pmb{x}^{\mathrm{T}} \pmb{Qx} + \pmb{u}^{\mathrm{T}} \pmb{Ru}) \mathrm{d}t \tag{7.4}$$

式中:$\pmb{Q}$,$\pmb{R}$ 为状态变量和输入变量的权重矩阵。

设计时要根据技术要求选择 $\pmb{Q}$、$\pmb{R}$ 权重矩阵的各个元素,要确定最优状态反馈控制律 $\pmb{u} = -\pmb{Kx}$,其中 $\pmb{K}$ 为反馈增益。LQR 方法计算全状态反馈控制律的最优增益矩阵 $\pmb{K}$,使包含状态误差权重矩阵 $\pmb{Q}$ 和控制权重矩阵 R 的平方价值函数最小。$\pmb{Q}$ 是对角矩阵,其中元素代表相应状态权重,$\pmb{R}$ 通常选择为单一矩阵。若选择权重矩阵 $\pmb{Q}$ 远大于权重矩阵 $\pmb{R}$,则闭环控制系统响应可能出现大的超调,

若选择权重矩阵 **R** 远大于权重矩阵 **Q**,则控制系统可以采用较小的作动器和放大器增益。

即使控制系统在某个回路或几个回路的增益减小,甚至增益为零,例如反馈信号因故障断开,或者作动器处于饱和状态使系统增益降低,仍要求系统稳定。但一般的状态反馈或输出反馈线性二次型最优调节器在这种情况下不能保证系统稳定。

4. 动态逆方法

动态逆是设计多变量控制律的另一种方法。动态逆控制原理如图 7.19 所示,是将一个系统逆模型接入控制系统,这模型可以是稳定的或不稳定的,用来抵消控制对象原有的系统模型,消除非线性动力学的影响,再设计控制律达到期望的动态响应。这种情况下,控制律和期望的动态响应与被控对象动力学无关。动态逆是基于反馈线性化和增益调整的设计技术,将非线性系统转换为线性时不变形式,获得非线性控制律,动态逆控制类似模型跟踪控制,转换为线性系统后可按线性控制系统设计。

图 7.19　动态逆控制结构

线性系统可表示为 $\dot{x} = Ax + Bu$,若控制律设计为 $u = B^{-1}(\dot{x}d - Ax)$,其中 $\dot{x}d$ 为预设的闭环期望响应。动态逆是控制器综合的一种技术,通过反馈函数的选择,用以消除存在的不期望动力学,以期望的动力学代替,所以动态逆方法又称为反馈线性化。

动态逆方法实际上是一种前馈系统,在有真实系统准确模型和数据情况下,可达到期望的系统输出响应,但问题是往往很少能获得真实系统精确模型和数据。

进一步改善的控制方案如图 7.20 所示。

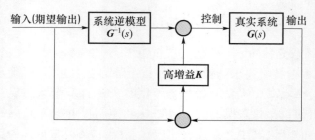

图 7.20　采用高增益反馈的动态逆控制结构

194

动态逆控制器由两部分组成:在内回路具有非线性特性的被控对象由包含非线性逆模型的反馈控制律抵消;在外回路采用一个对应期望指令响应的线性模型。

动态逆设计方法应用到飞行控制律设计时,将飞机自然飞行动力学逆反,抵消飞机原有的飞行动力学,加入期望的线性数学模型,获得期望的动态响应。但这种方法不能完全消除非线性特性。

动态逆设计方法的优点是一个控制器可以用于整个飞行范围,只要有大攻角飞行时飞行动力学准确数学模型,就能保证大攻角飞行时的稳定性,采用线性方法可以调整闭环系统的性能。动态逆方法存在的困难是必须有精确的气动系数,才能完全抵消非线性动力学。

动态逆方法将飞行动力学模型逆反,求出所需的俯仰、横滚、偏航力矩和舵偏角,根据余度设计将操纵面进行分配。F-35飞机采用了动态逆控制律飞行控制系统,如图7.21所示[4]。

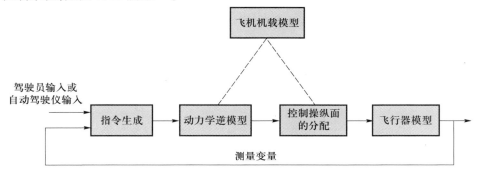

图 7.21 F-35 飞机的动态逆控制律结构

对于多变量飞行控制系统,作动器操纵面的综合分配是一项重要技术,因为飞机有多个操纵面或发动机推力可产生同样的力和力矩,控制操纵面的分配(Control Allocation)是飞行控制系统设计的重要内容之一,现代飞机具有余度操作的能力,同样的飞机动态响应可以由不同的作动器组合来控制操纵面完成。

5. 特征结构配置方法

线性系统的动态响应特性主要取决于系统的特征值和特征矢量,特别是时间响应由系统特征方程的零极点确定,即由特征值和特征矢量确定。通过系统特征方程的零极点配置达到期望动态品质,主要是极点配置方法,是设计反馈增益的一种重要方法。

特征结构配置意味着采用反馈控制改变特征值或特征结构,特征结构配置可采用状态反馈和输出反馈。选择特征值和特征矢量,可以满足动态过程的阻尼、调节时间要求和模态解耦。

特征结构配置方法基于状态空间描述的运动方程。飞行动力学方程可表示为

$$\dot{\boldsymbol{x}}(t) = \boldsymbol{A}\boldsymbol{x}(t) + \boldsymbol{B}\boldsymbol{u}(t)$$
$$\boldsymbol{y}(t) = \boldsymbol{C}\boldsymbol{x}(t) + \boldsymbol{D}\boldsymbol{u}(t) \tag{7.5}$$

式中:$\boldsymbol{x}$ 为 $(n \times 1)$ 状态向量;$\boldsymbol{u}$ 为 $(m \times 1)$ 控制向量;$\boldsymbol{y}$ 为 $(r \times 1)$ 输出向量。一般情况下,输入数 m 小于输出数 r,状态向量 $\boldsymbol{x}(t)$ 负反馈的控制律为

$$\boldsymbol{u}(t) = \boldsymbol{v}(t) - \boldsymbol{K}\boldsymbol{x}(t) \tag{7.6}$$

其中:$\boldsymbol{v}(t)$ 为期望输入变量的向量;$\boldsymbol{K}$ 为反馈增益矩阵。

代入后,得

$$\dot{\boldsymbol{x}}(t) = [\boldsymbol{A} - \boldsymbol{BK}]\boldsymbol{x}(t) + \boldsymbol{B}\boldsymbol{v}(t)$$
$$\boldsymbol{y}(t) = [\boldsymbol{C} - \boldsymbol{DK}]\boldsymbol{x}(t) + \boldsymbol{D}\boldsymbol{v}(t) \tag{7.7}$$

或简化为

$$\dot{\boldsymbol{x}}(t) = \boldsymbol{A}_{\text{aug}}\boldsymbol{x}(t) + \boldsymbol{B}\boldsymbol{v}(t)$$
$$\boldsymbol{y}(t) = \boldsymbol{C}_{\text{aug}}\boldsymbol{x}(t) + \boldsymbol{D}\boldsymbol{v}(t) \tag{7.8}$$

当控制系统为单输入时,反馈矩阵 $\boldsymbol{K}$ 为单一矩阵,仅有一组反馈增益提供系统要求的稳定性,当控制系统为多输入时,可找出无穷多个增益矩阵满足系统稳定性要求。飞机增稳系统一般是单输入,易于用极点配置方法设计。

6. 模型跟踪控制方法

模型跟踪控制系统迫使经补偿的系统复现参考模型的动态性能,用以解决复杂控制系统。模型跟踪控制系统有两种形式,即显模型跟踪和隐模型跟踪。显模型跟踪控制系统的参考模型接入系统,作为控制系统的组成部分,置于被控对象动力学的前面,类似前置滤波器,模型输出与被控对象实际系统输出进行比较,通过被控对象状态变量反馈增益和模型状态变量前馈增益的设计选择,使其差值最小,被控对象状态变量反馈增益与模型无关,而模型状态变量前馈增益的设计选择取决于对象和模型。其模型状态参数用于形成控制律,使系统有不确定性或随机外干扰时能跟踪模型输出的期望响应,例如飞行员输入 $\boldsymbol{u}_{\text{p}}$ 经过一个数学模型,模型输出为系统期望响应 $\boldsymbol{x}_{\text{m}}$,前向控制器可以为飞行动力学提供精确的逆函数,反馈控制器由误差 $(\boldsymbol{x}_{\text{m}} - \boldsymbol{x}_{\text{c}})$ 驱动,用以减小非线性、模型不确定性、外干扰引起的误差。隐模型跟踪由飞行状态参数和飞行员输入形成控制,参考模型不接入系统,其输出仅作为与实际系统输出比较和性能评估,重点在设计

反馈增益,模型状态和闭环系统之间没有动态耦合[4]。

如图7.22所示,显模型跟踪控制系统有真实的参考模型在控制回路中。

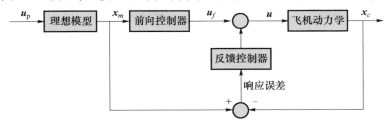

图 7.22　显模型跟踪控制方法

隐模型跟踪控制系统结构如图7.23所示。

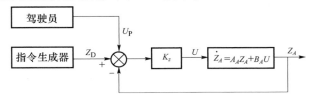

图 7.23　隐模型跟踪控制方法

7. 智能控制方法

智能控制方法包括模糊逻辑、人工神经网络、专家系统、模糊神经系统等,对于未知非线性系统的识别和优化有重要作用[5]。

模糊控制器由模糊化接口、知识库、推理机构、去模糊化接口组成,如图7.24所示。

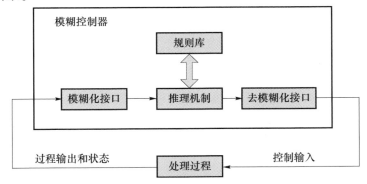

图 7.24　模糊控制器

简单的模糊规则,根据变量及其变化速度的正、负、零来判断选择输入的正、负或零,如表7.1所列。

表 7.1　模糊规则示例

编号	规则
1	若 $e = N$ 且 $\dot{e} = N$，则 $u = N$
2	若 $e = N$ 且 $\dot{e} = Z$，则 $u = N$
3	若 $e = N$ 且 $\dot{e} = P$，则 $u = N$
4	若 $e = Z$ 且 $\dot{e} = N$，则 $u = N$
5	若 $e = Z$ 且 $\dot{e} = Z$，则 $u = Z$
6	若 $e = Z$ 且 $\dot{e} = P$，则 $u = P$
7	若 $e = P$ 且 $\dot{e} = N$，则 $u = P$
8	若 $e = P$ 且 $\dot{e} = Z$，则 $u = P$
9	若 $e = P$ 且 $\dot{e} = P$，则 $u = P$

含有模糊控制器的飞机俯仰运动反馈回路如图 7.25 所示。

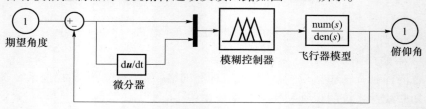

图 7.25　模糊控制器在飞机俯仰回路

8. 小结

20 世纪 80 ~ 90 年代初，先进的控制系统设计方法是基于模型的控制技术，例如非线性动态逆、自适应反步法、模型参考自适应控制、变结构控制等。也可采用上述方法的综合，如 NDI 与神经网络结合，非线性动态逆与模型参考自适应控制结合。

90 年代计算机技术的发展，可以实现更复杂的飞行控制系统，先进控制理论的发展，如非线性控制和自适应控制。先进控制设计方法中，特别是基于模型的控制技术有较大的发展。

飞行控制的技术途径：小干扰线性化是常用方法，增益调整也是常用方法，但工作量大，解决不了不确定因素；动态逆方法是非线性系统通过反馈线性化，但必须知道系统精确的非线性特性，系统存在严重不确定性时，应采用自适应控制。

7.3.5 飞行控制系统设计实例

1. NASA 大攻角技术研究项目

歼击机要求高机动作战飞行,对歼击机飞行控制系统设计有两项关键要求:①机动飞行时要有足够角加速度和角速度;②闭环动态特性满足飞行品质,特别要研究大攻角机动飞行。

大攻角飞行时开环飞行动力学和作动器动态特性都是非线性的,而且参数和动力学特性有许多不确定性,某些或全部作动器操纵面出现瞬态饱和。飞行动力学由于飞机多轴运动之间的耦合、气动系数的多变量函数、特别是大攻角机动飞行条件下,具有严重的非线性[6]。

传统上,飞行控制系统设计基于线性控制理论,有大量线性系统设计分析工具,但现代战斗机大机动已超出线性动力学范围,需要有非线性系统设计分析工具。飞行控制律有两个主要设计目的:一是大机动飞行,将攻角、侧滑角、横滚速率作为控制变量;二是飞行轨迹角的控制。

美国 NASA 大攻角技术研究项目(High – Alpha Technology Program,HATP)涉及多个技术领域,如图 7.26 所示,其中计算流体动力学计算飞机大攻角飞行动力学和新操纵面性能,风洞试验研究同样问题,分析和仿真研究与并行的飞行试验将着重评估所有技术,图中深色部分主要用于大攻角飞行控制律和操纵品质研究设计,先进控制技术将提高飞机的飞行性能和作战性能。

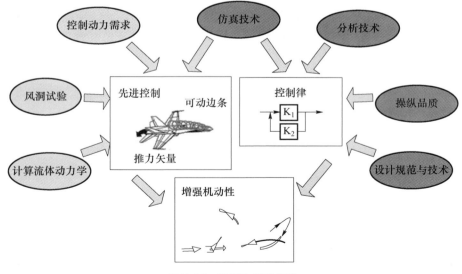

图 7.26 HATP 研究领域

HATP 计划的目的之一是进行大攻角飞行控制系统的设计,如图 7.27 所示,飞行控制系统设计从飞行动力学建模和控制律初步设计开始,经过仿真和飞行试验,是一个迭代过程,不满足要求时需重新设计控制律。

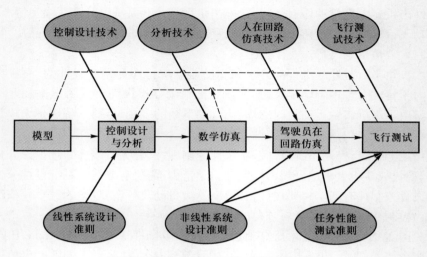

图 7.27　HATP 飞行控制设计过程

NASA 大攻角技术研究机(High Alpha Research Vehicle,HARV) F/A-18 是一个飞行试验床,综合研发分析工具、地面试验和飞行试验,着重研究提高飞机大攻角飞行时的机动能力,控制律设计方法的试飞验证(包括特征结构配置、变增益、模型跟踪等),操纵品质与飞行性能。HARV 研究了各种控制律,采用了不同的设计方法,控制律结构如图 7.28 所示,包括纵向通道和侧向通道,并考虑了发动机推力控制。

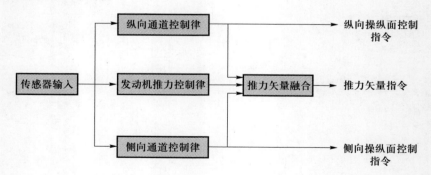

图 7.28　HARV F/A-18 飞行控制律结构

该项目研究设计了 4 种控制律,采用了不同的设计方法,如表 7.2 所列。

200

表 7.2   HARV 控 制 律

控制律	首次飞行	轴线	设计技术	控制参数
NASA – 0	1991 年 7 月	纵向 横侧向	非线性模型跟踪 特征结构分布	Nz, α 横滚角速度
NASA – 1A	1994 年 6 月	纵向 横侧向	增益输出反馈 CRAFT 和伪控制	Nz, α 横滚角速度, β
ANSER	1995 年 7 月	纵向 横侧向	增益输出反馈 CRAFT 和伪控制	Nz, α 横滚角速度;偏航角速度
NASA – 2	无	纵向 横侧向	非线性动态逆 非线性动态逆	q, α β

2. 飞机纵向运动 C^* 控制律的增益选择

飞机纵向的 C^* 控制律由 NASA 在研究航天飞机时首先提出,1978 年在 Concorde 飞机上应用有效。C^* 是输出参数的混合指标,例如:$C^* = n + 12.4q$,其中 n 是过载,q 是俯仰角速度,12.4 是权重系数[7],如图 7.29 所示。

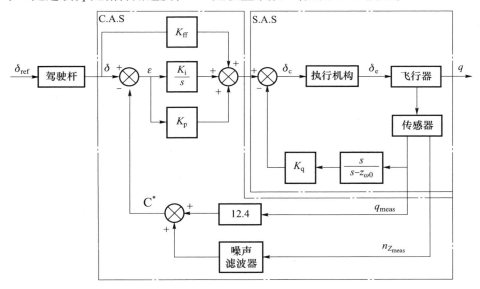

图 7.29 C^* 控制律(一)

另外一种 C^* 输出参数的混合如图 7.30 所示,控制系统分为两个控制回路: SAS 内回路和 CAS 外回路。SAS 内回路输入的俯仰角速度经过滤波器形成动态反馈,在低频时滤波器将信号微分,高频时相当静态反馈,滤波器的极点和增益可以调整。CAS 外回路包括 C^* 输出反馈。在 n_z、q 信号组合前,n_z 经过滤波去除高频噪声。飞行员指令 δ 与 C^* 输出信号输至 PI 控制器,可调增益分别为 K_p、K_i,前向增益为 K_{ff},因此有 4 个增益和一个极点可以调整,以满足所有操纵品质要求。

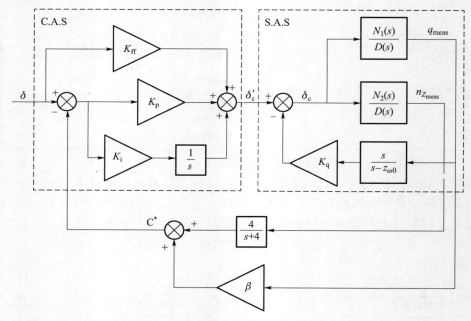

图 7.30 C^* 控制律(二)

飞行品质规范 MIL－F－8785 B 与 C 是经验数据的积累,C^* 标准是分析生成的。现代飞机设计要求最大推力、最小阻力、合适的升力,没有固定稳定性要求。F－16 是不稳定布局的,现代飞机设计应考虑多片操纵面,例如将升降舵、方向舵、副翼分为多片,还应考虑传感器、电源、液压源的余度。多片副翼对飞机 6 个自由度运动都可控制。F－18 采用非相似余度,有一个数字控制系统、一个模拟控制系统和一个备份直接机械系统。

对已有飞机飞行控制系统设计应考虑操纵面损坏时的状况及处理,如故障能否检测、故障效应是否允许、机动性和飞行品质能否保证等。新机飞行控制系统设计时应考虑多个操纵面和多片操纵面、余度传感器/作动器/计算机/液压源/电源/通信网络、非相似余度(数字式、模拟式、机械式)等。

3. 增稳增控纵向系统短周期运动控制律

增稳增控纵向系统主要由短周期运动说明,典型控制律如图 7.31 所示。

增稳增控纵向系统由以下部分组成:

(1)俯仰阻尼。俯仰速率比例反馈,增加俯仰角运动阻尼系数,直接影响飞

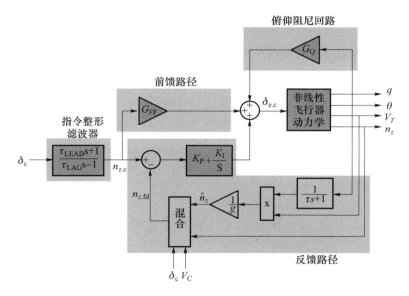

图 7.31　纵向短周期运动控制律

机纵向短周期运动的阻尼系数。

（2）反馈回路。对于增控系统,采用攻角反馈,提高升降舵效应,直接影响飞机纵向短周期运动的刚性和固有频率。

（3）前向回路。对飞行员指令成形,乘以增益,直接控制升降舵。

纵向短周期运动升降舵 δ_e 对法向过载 n_z 的传递函数为

$$\frac{n_z(s)}{\delta_e(s)} = \frac{V_T}{g} \frac{K_q}{\left(\dfrac{s}{\omega_{xp}}\right)^2 + 2\zeta_{sp}\left(\dfrac{s}{\omega_{xp}}\right) + 1} \tag{7.9}$$

考虑前馈增益,有

$$\frac{n_z(s)}{\delta_e(s)} = G_{FF} \frac{V_T}{g} \frac{K_q}{\left(\dfrac{s}{\omega_{xp}}\right)^2 + 2\zeta_{sp}\left(\dfrac{s}{\omega_{xp}}\right) + 1} \tag{7.10}$$

（4）指令成形滤波器。采用超前 – 停滞后滤波器对飞行员指令成形校正,以达到期望的姿态响应。

俯仰速率 q 对升降舵 δ_e 的传递函数为

$$\frac{q(s)}{\delta_e(s)} = \frac{K_q(T_{\theta_2}s + 1)}{\left(\dfrac{s}{\omega_{xp}}\right)^2 + 2\zeta_{sp}\left(\dfrac{s}{\omega_{xp}}\right) + 1} \tag{7.11}$$

指令成形滤波器消除短周期运动的零点,以期望的稳定零点替代,则

$$\frac{K_q(T_{\theta_2,\text{new}}s+1)}{\left(\dfrac{s}{\omega_{xp}}\right)^2+2\zeta_{sp}\left(\dfrac{s}{\omega_{xp}}\right)+1}=\frac{\tau_{\text{LEAD}}s+1}{\tau_{\text{LAG}}s+1}\frac{K_q(T_{\theta_2}s+1)}{\left(\dfrac{s}{\omega_{xp}}\right)^2+2\zeta_{sp}\left(\dfrac{s}{\omega_{xp}}\right)+1} \quad (7.12)$$

式中：$\tau_{\text{LAG}}=T_{\theta_2}$；$\tau_{\text{LEAD}}=T_{\theta_2,\text{new}}$。

7.4　国外飞行控制系统研制情况

1. 俄罗斯

俄罗斯的苏 37 飞机飞行控制系统设计有如下特点：

（1）四余度数字式飞行控制系统；

（2）设计要求：良好操纵品质、最佳配平、故障时重构、自适应控制器消除由于作动器非线性引起的小幅诱发震荡；

（3）鸭翼和推力矢量控制；

（4）纵向控制器采用经典控制方法综合。

2. 美国

波音公司 B2 飞机飞行控制系统采用多变量控制和经典频域方法，20 世纪 80 年代多变量控制已应用于许多飞行控制系统设计，基于 LQR/LQG 方法，考虑性能和鲁棒性，在指令响应、抗干扰能力、回路带宽之间折中考虑，关键是选择被控参数。

F – 104 飞机飞行控制系统主操纵面有方向舵、副翼、整体平尾，液压操纵；次操纵面有前缘襟翼和后缘襟翼（增加升力）、减速板（增加阻力），飞行控制系统包括自动驾驶仪、增稳系统、自动俯仰控制，以及副翼、平尾、方向舵配平系统。

波音 X36 飞机采用重构飞行控制律，神经网络在发生故障和损坏时稳定飞行器，在线神经网络自适应消除逆误差，采用神经网络和动态逆方法改善故障发生时操纵品质。

Honeywell 公司 MACH 飞行控制系统设计，外回路多变量信号成形器提供位置指令和速率跟踪，内回路采用非线性动态逆方法，对飞机状态导数和控制变量进行估计，如图 7.32 所示。

MACH 系统有 5 个主要部分：①为设计系统性能和鲁棒性选择控制变量（Controlled Variables，CV）；②外回路将飞行员或制导指令经成形器或限制器非线性元件转换为控制变量指令；③控制变量跟踪指令，使系统达到期望的动态性能；④采用动态逆处理运动方程，使作动器指令满足控制变量的期望变化速率，并对操纵面控制进行分配；⑤采用 Least – squares 方法逼近气动系数。

F/A – 22 飞机飞行控制系统：①采用特征值配置的经典控制方法；②俯仰操

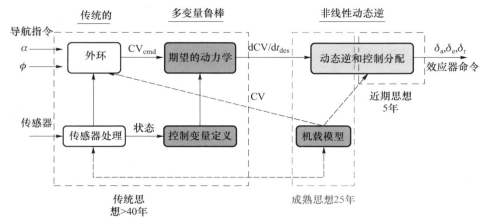

- 外环:多变量信号形成提供了位置命令和速度跟踪
- 内环:应用非线性动态逆的方法规范化待集成的装置动力学
- 非线性动态逆要求机载模型(OBAC)
- 对飞机状态导数和控制变量(CV)进行估计

图 7.32　Honeywell 公司 MACH 飞行控制系统设计

纵指令经一阶前置滤波器,以满足飞行品质要求;③在俯仰姿态角和飞行轨迹角的带宽之间进行折中。

JSF F-35 飞机飞行控制系统(图 7.33):①控制器结构使飞行品质与飞机本身的飞行动力学解耦,飞行控制律直接与飞行品质匹配;②非线性动态逆控制设计;③操纵面组合控制优化。

3. 小结

从以上国外飞行控制系统研制情况可知,各国工业界对飞行控制系统设计采用多变量控制技术设计新飞机飞行控制律已成为一种标准,动态逆是工业界最广泛应用的多变量控制设计技术,过去都是采用经典控制技术。线性理论采用简化数学模型,但不能经常满足设计要求,于是开始研究自适应控制和鲁棒控制,以及非线性控制方法。

各国设计经验分析如下:

(1)随着新技术的发展,满足飞行品质的飞行控制系统设计技术规范应作某些修改,例如多变量鲁棒控制的技术规范应与传统的增益和相位裕度要求有所不同。

(2)将结构柔性考虑在控制律设计中,而不是在控制律设计好后再作处理。

(3)在各个操纵面之间进行指令分配是飞行控制系统设计的重要内容,例如动态逆设计,控制分配(Control Allocation)是系统的组成部分。

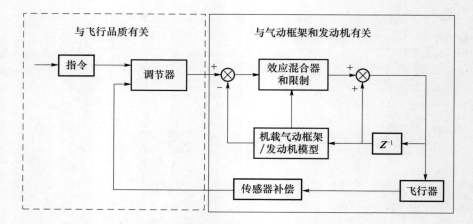

- 控制器结构使飞行品质与飞机本身的飞行动力学解耦
- 需要调节器/命令实现
- 效应混合器以最佳的方式分配所需的加速度命令
- 机载模型
- 控制效率矩阵
- 为动态逆估计加速度

图 7.33　JSF F - 35 飞机飞行控制系统

（4）研究飞行品质规范更直接与飞行控制律对应的各种方法。

（5）可以考虑控制器的结构使飞行品质与飞行动力学稳定性解耦,在经典控制理论方法设计时可同时满足飞行品质与飞行动力学稳定性。

（6）飞机基本的动力学仍然取决于气动特性、质量特性、操纵面布局和偏转速率。

（7）飞行控制律不能依靠飞行模拟器来设计,必须通过离线分析设计,而飞行模拟器可作为飞行控制律的验证工具。

参 考 文 献

[1] Flight Control Design Best Practices, BP 25, 7 RUE ANCELLE, F - 92201 NEUILLY - SUR - SEINE CEDEX, France.

[2] Christopher Cotting M, Timothy H Cox. A Generic Guidance and Control Structure for Six - Degree - of - Freedom Conceptual Aircraft Design, NASA/TM - 2005 - 212866.

[3] Jafar Zarei, Allahyar Montazeri. Design and Comparison of LQG/LTR and HN Controllers for a VSTOL Flight Control System. Journal of the Franklin Institute, 2007, 344:577 - 594.

[4] John Bosworth. Nonlinear Multivariable Flight Control, The Impact of Control Technology, T. Samad and A. M. Annaswamy (eds.), 2011.

[5] Lee Taeyoung Kim Youdan. Nonlinear Adaptive Flight Control Using Backstepping and Neural Networks Controller. Journal of Guidance, Control, and Dynamics, 2012, 24(4):675 - 602.

[6] Davidson J, Lallman F. McMinn J D, et al. Flight Control Laws for NASA's Hyper - X Research Vehicle[AIAA99 - 4124].

[7] Saussié D, Saydy L, Akhrif O. Longitudinal Flight Control Design with Handling Quality Requirements, The Aeronautical Journal, (9):627 - 637.

第8章 飞行仿真系统与技术

8.1 概　　述

系统建模与仿真技术是以运行系统模型,对研究对象(系统)进行认识与改造的一门多学科的综合性、交叉性技术。建模与仿真关系如图8.1所示。其中,模型(Model)是对真实或假想世界中的实体、过程、系统、现象的数学、物理或逻辑的描述,仿真(Simulation)是模型随时间运行的手段和方法。仿真是对已有的或设想的客观事物建立动态数学模型和逻辑关系模型,进行研究。

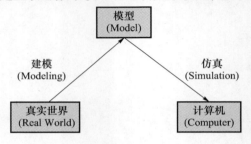

图 8.1　建模与仿真关系

如图8.2所示,真实环境中的客观事物包括:①实体、现象、过程;②综合自然环境——地形、大气、海洋、空间;③人的行为——操作、决策、推理。利用系统原理、理论、定律与系统数据,对真实环境中的客观事物进行建模,逐步形成系统概念模型、数学模型、仿真模型等。在整个建模仿真过程中包括以下内容:对问题的描述;建立概念模型;建立仿真模型;收集数据;编写程序;在计算机进行模型试验;对模型和数据进行验证;仿真结果显示;仿真结果分析和评估。

半个多世纪来,建模与仿真技术在各类应用需求的牵引及有关学科技术的推动下,已经发展形成了较完整的专业技术体系,并正迅速地发展为一项通用性、战略性技术。目前,建模与仿真技术已成功地应用于航空航天、信息、生物、材料、能源、先进制造等高新技术领域和工业、农业、商业、教育、军事、交通、社会、经济、医学、生命、生活服务等众多领域的系统论证、试验、分析、维护、运行、辅助决策及人员训练、教育和娱乐等。建模/仿真技术与高性能计算一起,正成

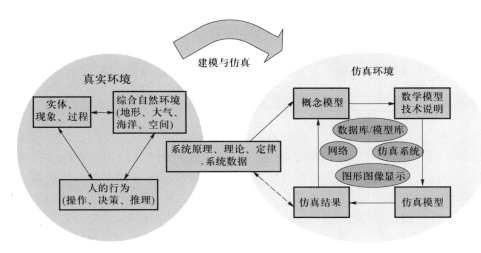

图 8.2　仿真环境与真实环境间的映射关系

为与理论研究、实验研究并列的第三种科学研究手段。

建模/仿真工程是一门新学科,与系统工程、软件工程密切相关。建模/仿真技术应用于产品型号研制的全过程,包括需求分析、方案论证、初步设计、详细设计、生产制造、试验试飞、维护、训练等。

20 世纪 60 年代,建模与仿真已应用于复杂飞行器研究,目前基于计算机的建模与仿真广泛应用于航空航天领域,包括数学分析仿真、硬件在回路仿真、具有固定基座或运动系统的飞行模拟器人在回路仿真,是航空航天技术研发和设计的重要工具和手段。建模仿真与试飞同样重要,相辅相成,建模仿真的特点是"模型－试验－比较"过程,可以重复多次,而试飞是"飞行－修正－飞行"过程,通过建模仿真可以减少试飞时间和成本,提高试验安全性和有效性。

试飞是飞机研制过程中的重要环节,50 年代以来仿真已是飞行动力学试飞的组成部分,70 年代由于计算机技术的发展和应用,仿真更在试飞中起越来越重要的作用,是试飞的关键工具,例如分析类非实时仿真、人在回路仿真、硬件在回路仿真、铁鸟仿真和飞行中仿真。仿真在试飞中的作用包括试飞计划制定、飞行包线验证、机动性测试和确定、飞行控制系统软件校核与验证、飞机故障模式及响应测试、试飞员训练等。

控制系统设计与系统仿真密切相关,系统仿真是控制系统设计的重要手段。可以说,现在控制系统设计过程离不开系统仿真手段,两者紧密结合,如图 8.3 所示[1]。

飞行仿真常用的类别有:

(1)数学仿真(Mathematic Simulation),又称为模型在回路仿真(Model in

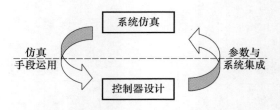

图 8.3　系统仿真与飞行控制系统设计过程的集成

the Loop Simulation),用数学模型描述客观事物,根据数学模型编成程序在计算机上运行。飞行控制律在编码之前是数学模型,将控制律模型在闭环系统进行仿真,包括线性模型和非线性模型。线性模型从非线性模型手工或自动线性化得到,线性模型是稳定性分析和线性操纵品质分析所必需的,用于增益设计和滤波器设计。线性模型不直接与软件研发和测试有关。非线性模型将用于软件设计和编程,方框图形式可以采用 MATLAB – 或 MATRIXx – like,现代歼击机飞行控制系统非常复杂,必需开发新的工具。

（2）软件在回路仿真(Software in the Loop Simulation)。随着计算机技术的发展应用,许多设备和系统采用数字化技术,含有大量应用软件,通过仿真来检查和试验应用软件是重要的技术途径,除了用数学模型描述客观事物外,还将数字设备的软件接入仿真系统。例如,飞机飞行仿真系统,除了飞行动力学、发动机动态特性等数学模型外,还将飞行控制软件、导航软件、飞行管理软件等接入飞行仿真系统。

根据软件生成机上代码,在宿主计算机运行测试,由于与机载硬件环境(如汇编子程序、数据交换总线、处理机间通信、专用内存存取)不同,机上代码不可能全部进行运行测试。软件在回路仿真比模型在回路仿真更进一步,更接近实际。

（3）硬件在回路仿真(Hardware in the Loop Simulation)。又称为半实物仿真。除了用数学模型描述客观事物外,还将部分实物硬件接入仿真系统,使仿真系统更逼近真实系统。例如,飞机飞行控制仿真系统,除了飞行动力学、发动机动态特性等数学模型外,还将飞行控制系统传感器、作动器等实物(惯性传感器、光电传感器,控制计算机,或执行机构)接入飞行仿真系统。半实物仿真系统需要有各种物理效应设备,它将数字信号转变为机械运动(如三自由度转台)、光电效应(如目标模拟器),或压力变化(如动压、静压模拟器)等。

（4）人在回路仿真(Man in the Loop Simulation)。除了用数学模型描述客观事物外,人员(操作人员、指挥人员、决策人员)作为一个环节参与仿真系统回路中。例如,在地面训练飞行员驾驶飞机飞行的飞行模拟器是一个典型的人在

210

回路仿真系统,通过飞行模拟器可以训练起飞、着陆、航线飞行、穿云飞行等。飞行模拟器有一个具有沉浸感的、虚拟的空中飞行环境,包括视景系统、运动系统、音响系统、操纵负荷系统等。通过模拟座舱给飞行员形成空中飞行环境,包括座舱外视景、座舱内仪表显示、运动感觉、听觉等。

此外,还有铁鸟仿真、联网分布交互仿真等类别的飞行仿真系统。

建模/仿真技术应用于产品型号研制的需求分析、方案论证、初步设计、详细设计、生产制造、试验试飞、维护、训练等全过程。

美国 AIAA 认为航空航天领域建模仿真包括以下内容:

(1) 模型在计算机上仿真;

(2) 数学分析工具,如计算流体动力学(CFD);

(3) 模拟飞行试验,如风洞试验;

(4) 硬件在回路仿真;

(5) 飞行员在回路仿真(带或不带硬件在回路仿真);

(6) 飞行中仿真;

(7) 其他大规模地面试验。

仿真是飞行试验前的必须经过的过程,可以进行飞行品质及飞行性能分析,验证飞机特性是否达到期望的设计要求,误差或故障的影响分析,辅助机载分系统和系统的设计,例如飞行控制系统和航电系统设计。

建模仿真可以节省时间,减少风险,例如研发飞行控制系统可以非实时进行,并以数学模型描述飞行员、飞行动力学、结构弹性等,可以建立不同可信度的模型。

60 年代至 70 年代,包括飞行模拟器、数字计算机等在内的技术进步给试飞过程带来影响与变化,电子、数字技术的发展,出现了电传操纵飞行控制系统。

飞行仿真在地面实验室进行,不管那一类飞行仿真,飞机飞行动力学都是建立数学模型,编程后在计算机上运行。飞行仿真模型构成的典型飞行仿真系统如图 8.4 所示。飞行仿真核心内容包括:①六自由度飞行动力学和运动学方程;②气动系数及其数据库;③大气和风;④飞机质量特性;⑤发动机动力学特性;⑥飞行控制律;⑦传感器特性;⑧作动器特性;⑨起飞着陆时地面反作用力及起落架特性。飞机仿真模型基本结构如图 8.5 所示[2],其中六自由度运动方程、大气与风、质量特性、地面反作用力、推进系统等是核心组件。

飞机试飞仿真主要目的:①试飞计划制定;②飞行包线扩展、确定与验证;③飞机机动性测试;④飞行控制系统软件校核与验证;⑤飞机故障模式及其效应测试;⑥极限环振荡;⑦试飞员训练。

六自由度飞行仿真是快速虚拟样机的重要工具,在飞机初步设计阶段,用来

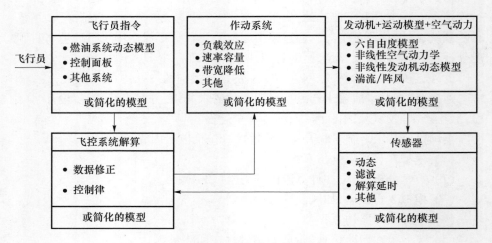

图 8.4 飞机仿真模型

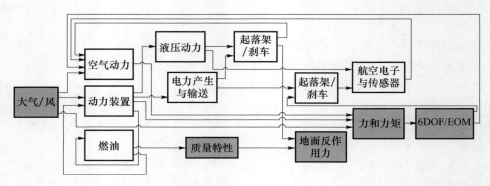

图 8.5 飞机仿真模型基本结构

研究气动特性、发动机特性、飞行控制律对飞行动力学的影响,还可对作动器带宽、气动不确定性灵敏度分析、飞行性能进行研究。

8.2 数 学 仿 真

在设计飞行控制律时必须与飞行动力学结合,建立飞行控制律和飞行动力学数学模型(图8.6),编成程序,在计算机上运行。运行可以实时,也可以非实时。不同设计阶段根据技术要求,飞行动力学数学模型可以采用不同的形式,例如,非线性六自由度全量方程、简化线性方程、纵向动力学方程、侧向动力学方程、纵向短周期运动方程、飞机横滚运动方程等。

飞行控制全系统数学仿真应包括传感器、作动器各个分系统的数学模型,构成闭环仿真回路,如图8.7所示。

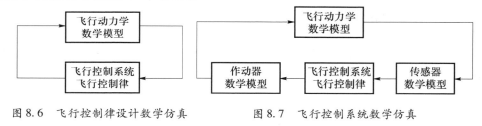

图 8.6 飞行控制律设计数学仿真   图 8.7 飞行控制系统数学仿真

8.3 软件在回路仿真

控制软件是计算机控制系统的核心,软件在回路仿真不同于一般的软件调试,它必须与应用对象结合,是控制软件和应用软件研发过程的重要技术手段。控制软件和应用软件可以加载到通用的计算机内,不一定要加载到控制计算机内。

现代飞机有大量机载软件,系统仿真试验是对机载软件进行验证的重要技术手段。飞行控制系统软件与飞机飞行动力学形成闭环进行仿真试验(图8.8),检查验证飞行控制软件的正确性和有效性,一般需要实时运行。

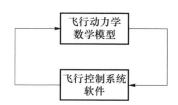

图 8.8 飞行控制系统软件在回路仿真

8.4 硬件在回路仿真

硬件在回路仿真是复杂实时计算机控制系统研发和试验的重要手段,被控对象动力学由数学模型描述,编程后在仿真计算机上运行,控制系统实物要通过物理转换设备与仿真计算机连接构成闭环仿真回路。

HIL 仿真回路如图8.9所示。模拟信号输入到 HIL 后,经 A/D 转换后传输到计算机系统,经模型软件处理后,经 D/A 转换后输出。信号处理流程如图8.10所示。

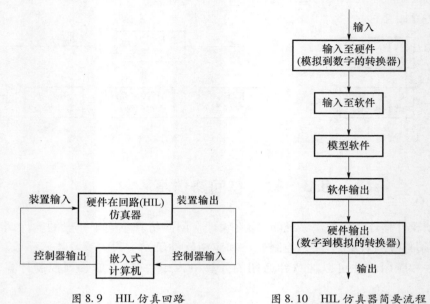

图 8.9　HIL 仿真回路　　　　图 8.10　HIL 仿真器简要流程

由于飞机控制系统的数字计算,及其运行于计算机上的特点,使得目前的飞行仿真系统具有如图 8.11 所示的系统架构[3]。

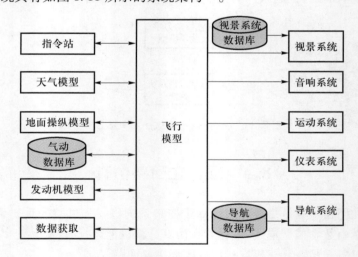

图 8.11　飞行仿真系统中的计算模型

硬件在回路仿真将飞行控制系统、航电系统,甚至发动机等实物装置接入回路,而飞行动力学仍是数学模型程序在仿真计算机中运行。

硬件在回路仿真是一种试验平台,与硬件研制并行进行,例如航空发动机试验95%是硬件在回路仿真。飞行控制系统在地面进行硬件在回路仿真试验比空中试飞的成本低、周期短、安全。

　　飞行控制系统特别是数字式飞行控制系统验证评估,大多通过飞行模拟器进行试验,对飞行控制系统硬件和软件进行评估。

　　飞行控制系统传感器要根据其测量原理采用不同物理转换设备,其驱动信号来自仿真计算机,姿态陀螺安装在三自由度模拟转台上,角速度陀螺安装在角速度模拟转台上,动静压电－气变换装置给空速传感器、高度传感器提供随飞行速度、飞行高度变化的动压和静压,飞行控制系统硬件在回路仿真原理如图8.12所示。

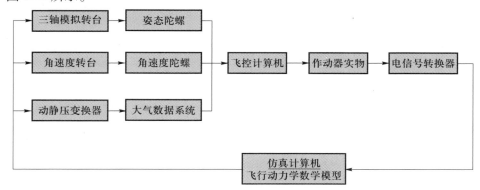

图 8.12　飞行控制系统硬件在回路仿真

8.5　人在回路仿真

　　由计算机、数学模型、数据、软件、物理效应设备等构建的一种空中飞行虚拟环境,供飞行员在这种虚拟环境中感觉在真实环境中一样驾驶飞行器。飞行模拟器是典型的人在回路仿真。

　　从1929年世上第一台飞行模拟器(林克飞行驾驶模拟器)面世以来,随着其工程技术的不断发展与完善,各类飞行模拟器在飞行训练、产品工程设计与开发等领域得到了广泛的应用,其工程应用价值得到广泛的认可,可以说当今飞机的系统研制与飞行员训练已经离不开飞行模拟器。表8.1给出了由美国Calspan公司管控的飞行模拟器型号与飞行时间,由此为例,可以表明,飞行模拟器伴随着航空技术的发展而发展。

表 8.1　由 Calspan 公司管控的飞行模拟器[4]

飞机型号	接收时间	首次飞行时间	末次飞行时间	目前存放地点	总飞行小时
F4U-5	1948 年 9 月	1949 年 3 月	1951 年 10 月	由海军报废	172
F-94	1952 年 3 月	1953 年 12 月	1958 年 7 月	纽约州尼亚加拉瀑布市航空航天博物馆	335
B-26(17H)	1951 年 6 月	1952 年 7 月	1981 年 3 月	销毁	9080
B-26(46H)	1958 年 9 月	1963 年 1 月	1986 年 11 月	爱德华州 USAF 博物馆	7193
NT-33	1954 年 10 月	1957 年 2 月	1997 年 5 月	瑞特-帕特森空军基地 USAF 博物馆	7942
X-22	1971 年 1 月	1971 年 8 月	1984 年 10 月	纽约州尼亚加拉瀑布市航空航天博物馆	405
TIFS	1966 年 12 月	1968 年 12 月	在飞	纽约州尼亚加拉瀑布市 Calspan 公司	约 4400
Learjet #1	1979 年 12 月	1981 年 2 月	在飞	纽约州尼亚加拉瀑布市 Calspan 公司	约 13500
Learjet #2	1990 年 2 月	1991 年 3 月	在飞	纽约州尼亚加拉瀑布市 Calspan 公司	约 3700
Learjet #3	2005 年 3 月	尚未开始	在飞	纽约州尼亚加拉瀑布市 Calspan 公司	0
VISTA	1995 年 1 月	1995 年 2 月	在飞	纽约州尼亚加拉瀑布市 Calspan 公司	约 1100
飞行小时总计					约 47827

　　人在回路的飞行仿真应用广泛,包括飞行控制系统、航空电子、飞机设计、虚拟样机、空中交通管理系统设计以及飞行员训练。

　　例如,在飞机的概念设计阶段,可以改变各个子系统模型,如空气动力学、发动机、作动器执行机构等,从而重新设计控制律。在飞机的初步设计阶段常采用六自由度飞行仿真,可以较快设计控制律,以及作动器带宽、空气动力学不确定性灵敏度分析、飞行性能折中研究、任务规划等。

　　飞行模拟器能很好地预估飞行性能和操纵品质,它有复制的模拟座舱和操纵机构,有飞行控制系统和飞机气动数据,如今许多人在回路仿真系统还包含有飞行控制计算机实物及软件,有视景系统提供座舱外真实世界景象,有运动系统模拟飞机动态过程。但由于运动系统的响应真实程度不高、成本贵、系统复杂,很多飞行模拟器采用固定基座。人在回路仿真系统可用于飞机及机载系统概念设计、需求分析、初步设计和详细设计、运行试验、人的因素分析、试飞、人员训练等。飞行模拟器在民机鉴定和民机飞行员培训中起重要作用,例如图 8.13 中的 A320 飞机飞行模拟器就是如此。而军机飞行模拟器不仅可以培训飞行员基本驾驶技能,还可以进行作战战术研究和训练,甚至是合同战术训练,例如,图 8.14 所示的由军机飞行模拟器系统构成的战术训练系统。

图 8.13　A320 飞机飞行模拟器

图 8.14　由军机飞行模拟器构成的战术训练系统

　　飞行模拟器提供地面滑行和空中飞行的模拟环境,飞行模拟器一般由模拟座舱、运动系统、视景系统、操纵负荷系统、音响系统、仿真计算机等组成。模拟座舱与真实飞机座舱一样,有仪表显示系统、控制面板、驾驶杆,座舱外有视景系统显示屏幕,视场角一般为水平 120°,垂直 60°,飞行员在模拟座舱内操纵飞机。飞行模拟器座舱内部结构如图 8.15 所示[5]。

　　运动系统有多个自由度,有三自由度运动系统(如俯仰、倾斜、升降)和六自由度运动系统(如俯仰、倾斜、偏航角运动和上下、左右、前后加速度线运动),如图 8.16 所示[5]。运动系统向飞行员提供飞机加速度和颠簸的感觉。运动系统伺服系统有液压式和电动式两种。模拟座舱安装在运动系统平台上,如图 8.17 所示[5]。

图 8.15　飞行模拟器座舱内部结构示意图

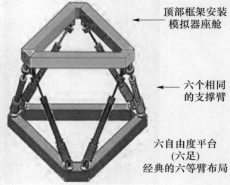

顶部框架安装
模拟器座舱

六个相同
的支撑臂

六自由度平台
（六足）
经典的六等臂布局

图 8.16　六自由度运动平台

图 8.17　安装在六自由度运动系统的飞行座舱

六自由度运动系统速度、加速度典型指标如表 8.2 所列。

表 8.2　典型六自由度运动系统指标

指标项	加速度指标	速度指标
垂直方向运动	0.8g	24 英寸/s
横测向运动	0.6g	24 英寸/s
纵向运动	0.6g	24 英寸/s
俯仰角	60(°)/s²	20(°)/s
横滚角	60(°)/s²	20(°)/s
偏航角	60(°)/s²	20(°)/s

由表 8.2 可知,一般的六自由度运动系统很难提供大过载,与飞行员驾驶战斗机作机动飞行的实际过载感觉相差较大。为了训练飞行员的抗大过载的能力,可采用悬臂大幅度多模态运动系统提供持续的大过载。如图 8.18 所示。

图 8.18　悬臂大幅度多模态运动系统

视景系统是飞行模拟器的重要组成部分,它决定仿真的有效性。视景系统由图像生成器和视景显示系统二部分组成。全任务飞行模拟器的座舱与视景系统常采用封闭的沉浸式结果,如图 8.19 所示。

图 8.19　全任务飞行模拟器座舱与窗外视景

219

视景系统的图像生成器采用计算机图像生成技术,将三维建模后的场景,由计算机经坐标变换、透视变换、光照计算、消隐与剪裁、光栅化等处理过程,生成三维动态图像,包括田野、河流、森林、道路、城市、机场跑道、地形地貌、海洋等,显示在飞机座舱窗外,并可生成与显示云、雨、雪、雾、闪电等天气状况,为飞行员提供座舱外随飞机运动的景象,如图 8.20 所示。

飞机着陆时飞行模拟器视景系统跑道　　　　　　有雾天气下的视景系统

图 8.20　不同条件下的视景系统显示效果

操纵负荷系统模拟飞行员操纵驾驶杆的阻力感觉、操纵舵面的铰链力矩负荷感觉,特别是中央驾驶杆必须有操纵负荷系统提供操纵负荷感觉,先进的侧杆可以不需外加操纵负荷系统。音响系统在座舱内提供发动机噪声等音响。

仿真计算机是飞行模拟器的核心,飞行系统、发动机系统等系统软件运行于仿真计算机上。飞行模拟器中的软件应包括:①六自由度飞行动力学方程;②气动系数数据库及模型;③大气条件和风;④质量特性;⑤起飞着陆时起落架地面反作用力和力矩;⑥发动机动态特性;⑦燃油消耗特性;⑧飞行控制系统;⑨导航系统及无线电导航数据库。飞行模拟器软件还包括运动系统、视景系统、仪表系统、操纵负荷系统、音响系统等分系统的驱动软件。

飞行模拟器原理结构图如图 8.21 所示。

飞行模拟器按功能划分为两类:一类为训练飞行模拟器,用于训练飞行员起飞、着陆、巡航、空中机动、对空攻击、对地攻击等操作;另一类为工程飞行模拟器,用于飞行性能分析评估、机载系统测试试验、飞行软件测试、飞行器虚拟样机等。训练飞行模拟器又分为三类,分别为基于计算机训练(CBT)、飞行训练器(FTD)(图 8.22)和全任务飞行模拟器(FFS)(图 8.23[6])。其中飞行训练器分成 7 级,第 7 级为最高等级;全任务飞行模拟(FFS)分 A、B、C、D 四级,D 级等级最高。

飞行训练器根据系统功能组成、成本高低,又可分为带运动平台的飞行训练器和固定基座的飞行训练器。固定基座飞行训练器又分为带座舱的飞行训练器

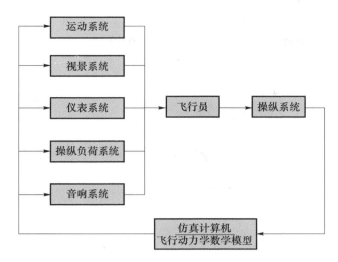

图 8.21　飞行模拟器原理结构图

图 8.22　飞行训练器（FTD）

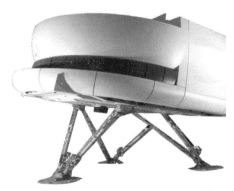

图 8.23　A380 全任务飞行模拟器[6]

221

和台式不带座舱（或简易座舱）的飞行训练器[7]，如图 8.24 所示。

(a) 带座舱   (b) 台式

图 8.24　固定基座飞行模拟器

飞行模拟器可以很好模拟飞机起飞着陆、巡航飞行、复杂气象条件飞行、夜航飞行，但由于飞行模拟器硬件带宽和快速响应的限制，进行大过载大机动飞行的可信度受到影响。

8.6　铁　鸟　仿　真

面向飞行控制系统的仿真包括地面试验和空中飞行试验，各有多种不同结构形式，如图 8.25 所示[8]。装置在空中的形式对应于飞行中仿真形式（空中飞行试验），装置在地面的形式根据装置运动与否又分为基座固定和基座运动两类，而根据基座运动形式又划分成旋转运动、平移运动和组合运动形式。不同结构形式体现了仿真逼真度的差异。

其中铁鸟是一类装置在地面、固定在地面的一种仿真形式，如图 8.26 所示[9]，飞机上所有组件均可在仿真飞行环境中进行试验与测试。

铁鸟仿真系统包含除飞机蒙皮外壳之外的飞机所有部件，与真飞机一样在机体规定位置安装了飞机电气机械真实硬件设备，可以进行飞机分系统试验，如液压系统、飞行控制系统、发动机系统等。

铁鸟仿真系统常常与硬件在回路仿真系统和人在回路仿真系统连接，这时仿真计算机中只有飞行动力学和发动机的数学模型软件，运行于图 8.27 中的主仿真计算机中[10]。铁鸟仿真系统是飞机设计和试验的重要工具，例如，由于飞行控制系统增益过高使操纵面偏转速率达到最大值而引起的极限振荡测试，就是为了避免发生 PIO，通过调整优化飞行控制律的增益，使之不发生极限振荡。又如操纵面作动器的时间延迟引起飞行控制系统不稳定，通过铁鸟系统可以对

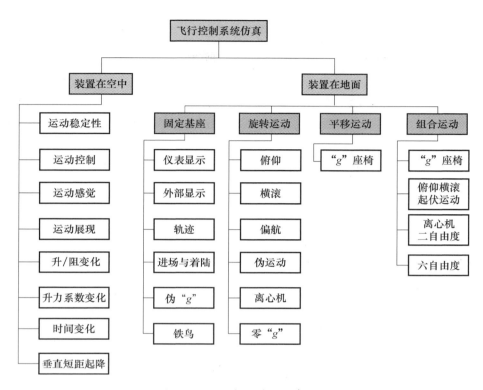

图 8.25　飞行控制系统仿真分类

图 8.26　铁鸟系统

其控制效果进行测试。

　　B777 飞机综合实验室的铁鸟有与真飞机一样布局和长度的导线和液压管路,电源由地面供应,飞行控制系统操纵舵面偏转。

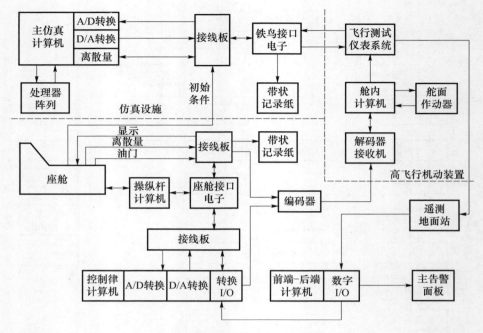

图 8.27　铁鸟仿真方框图

　　早期的铁鸟系统主要是 1:1 的机械操纵系统或机械 - 液压操纵系统,并配有简单的模拟座舱。现代电传操纵系统铁鸟仿真包括硬件在回路仿真、软件在回路仿真、人在回路仿真。铁鸟试验时飞行控制计算机可以在回路,也可以不在回路。飞行控制计算机不在回路时,由仿真计算机代替。图 8.28 中的液压系统有两个作动器:其一是飞行控制作动器,操作操纵面位置;其二是仿真的力负载作动器,模拟铰链力矩。系统采用简单的人机界面:操纵杆和多个微型计算机生成的飞行仪表显示和视景显示,相当于简易飞行模拟器。图 8.28 中的铁鸟系统采用多机并行计算,实时性要求为 0.1ms。

　　铁鸟仿真器在电传操纵系统研制中起重要作用,图 8.29 中的 F - 8C 铁鸟仿真器包括 F - 8C 飞机、安装在飞机上的数字式电传飞行控制系统硬件、仿真计算机和接口设备。仿真计算机采用混合计算机,其数字部分解算飞行动力学,其模拟部分解算结构弯曲模态。

　　铁鸟仿真飞机外形采用钢结构框架,所有相关机载系统部件安装在上面,是地面飞行仿真设备,可用于新的飞行控制概念和系统的研究试验,也可模拟进行飞行控制系统、液压系统、电气系统、作动器的故障试验,与模拟座舱结合可以进行闭环试验。

224

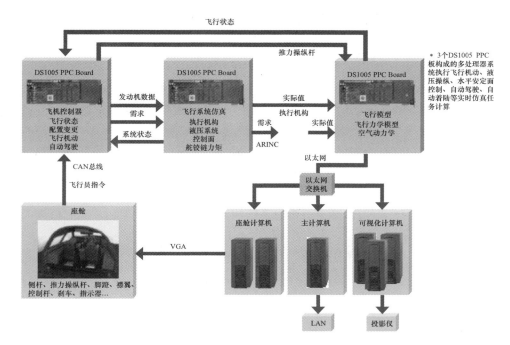

图 8.28　铁鸟仿真示意图

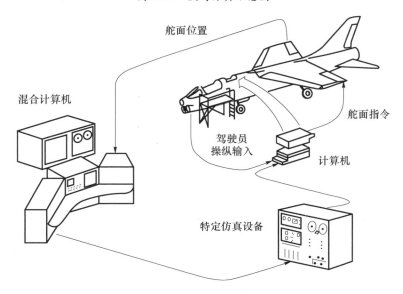

图 8.29　F8 - C 飞机铁鸟仿真器

全部的机载系统都可以安装在铁鸟上，在飞行仿真条件下，可以对所有组件进行试验。铁鸟为系统组件、系统部件和整机系统的检测提供了可能性，并可用于分析组件的相互影响。

硬件在回路仿真系统与铁鸟结合将形成新的仿真环境，在这种环境下可完成许多飞行任务试验，包括飞行控制系统硬件和软件、作动器实物、传感器模拟数据，以及飞行员在回路的操纵。

电传飞行控制系统 FBW/FCS 是复杂的多专业问题，涉及飞行力学、自动控制、流体力学和结构动力学等专业领域，必须协同配合。电传飞行控制系统的主飞行控制系统是数字式的，采用三余度模拟式电传操纵系统作为备份，有 3 个通道的直接模式，飞行员通过杆舵和调整片直接操纵舵面，有 3 个通道的增稳模式，采用角速度反馈，由俯仰通道增稳系统加上法向加速度反馈和前向滤波构成增控模式。

飞行前的飞行控制系统增益边界值试验很重要，结合飞行动力学、飞行控制系统、结构弹性，确定飞行控制系统增益的最大边界值，超过该值系统将不稳定，会发生极限振荡和结构共振。

试飞前为了预测和补偿部件级和系统级可能存在的问题，FBW/FCS 必须进行各种地面试验，包括软件仿真、硬件在回路仿真、人在回路仿真、铁鸟仿真。

虚拟铁鸟仿真系统可以是各种各样的结构，图 8.30 给出了一种实施方案，这是一种硬件在回路、支持实时仿真的系统架构。系统中包含有一个工程试验系统(ETS)，简易飞行操纵接口，飞行控制计算机和测试飞行作动器的液压装置[11]。

实施方案的系统结构可进行一定的灵活配置。重新配置后，实时仿真软件部分和简化的硬件在回路部分，仍可组织在系统内来运行，以体现系统的集成运行能力，这个能力对于飞行控制系统的设计与验证过程来说是特别需要的。结构图中的工程试验部分的硬件配置结构如图 8.31 所示。工程试验系统主要由输入/输出(I/O)部分、实时解算飞行控制系统模型的并行计算网络组成。I/O 部分为回路中的硬件提供电气接口，并对飞行作动器与液压装置实施闭环控制。

各种地面飞行仿真系统不能完全代替试飞，因为仿真模型和数据不可能完全精确，例如大攻角飞行，风洞试验和计算流体力学得到的气动数据，不能预测大攻角飞行时将发生的变化，地面飞行仿真系统形成的虚拟飞行环境还不能给飞行员提供完全空中飞行的感觉，所以试飞是完全必要的，仿真可以支持试飞，但不能完全代替飞行动力学的试飞。

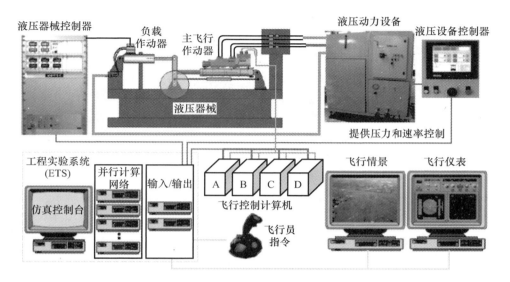

图 8.30　采用实时硬件在回路仿真的虚拟铁鸟

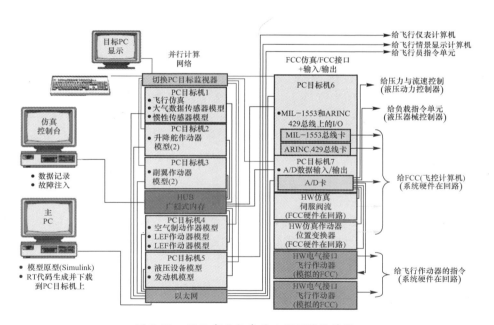

图 8.31　用于实时仿真的工程测试验系统

227

8.7　飞行中仿真

地面仿真形成的虚拟空中飞行环境给飞行员的视觉、动感、听觉、操纵负荷力都不如真实飞行感觉,有必要进行飞行中仿真。飞行中仿真试验不同于飞机完整的试飞试验,它采用了仿真概念和技术方法。

飞行中仿真器是某种型号飞机,通过计算机软件实现模型跟踪或响应反馈,改变飞行动力学特性,用于仿真另一种型号飞机的飞行性能和操纵品质,这种试验飞机也称为变稳飞机。

德国的先进技术试验飞机系统(Advanced Technologies Testing Aircraft System,ATTAS)是一种飞行试验飞行器,可以进行飞行控制系统、导航系统、人机界面等试验验证,ATTAS 是一架双发动机短行程客机,装有数字式电传飞行控制系统,作为飞行中仿真器(in-flight simulator),主要用于客机类型的飞机。

美国空军研究实验室的变稳飞机(Variable In-flight Stability Aircraft,VISTA)是一架 F - 16 飞机,用于研究歼击机类型飞机的飞行中仿真。

ATTAS 和 VISTA/F - l6 飞机都是试验工具,是飞机研制过程中的重要工具,但必须明确这种飞行中仿真器的试验目的和限制条件。

美国 NASA Ames 研究中心的高机动飞机技术(Highly Maneuverable Aircraft Technology,HiMAT)展示的对象是一种远程控制飞机,研究中心采用仿真技术进行飞机及机载系统的设计、研发、验证和飞行员的训练。HiMAT 远程控制飞行过程如图 8.32 所示,HiMAT 飞行器由 B - 52 飞机搭载,在约 13700m 高空发射出去,由地面座舱内飞行员操纵飞行,受地面计算机控制,飞行数据与状态参数下传地面控制站,舵面操作指令上传到飞行器,操作飞机完成机动飞行动作,最后改平后返回机场着陆。

HiMAT 地面控制系统装置系统结构如图 8.33 所示,下行参数送至遥测数据接收处理系统,然后传至双系统(系统 A 和系统 B)的前端计算机和控制律计算机,以及座舱内的显示仪表。由控制律计算机输出的舵面控制指令以及座舱的离散操作量通过上行链路传输至飞行器,这些指令采用 8 个 16 位编码字传输,传输频率为 53.3 次/s。

由于地面仿真系统对飞行品质的初步验证是一种很好的工具,但不能充分精确提供视觉和运动感觉,对于巡航飞行还可接受的,但对于精确着陆这种地面仿真系统不具有足够的可信度,所以飞行中仿真具有重要意义。在地面固定基座仿真很难反映出飞行员诱发振荡,但飞行中仿真较易出现。

飞行中仿真有两种类型:①飞机动态仿真(Dynamic Simulation)。试验检验

228

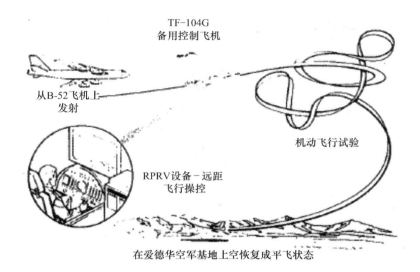

TF-104G
备用控制飞机

从B-52飞机上
发射

机动飞行试验

RPRV设备-远距
飞行操控

在爱德华空军基地上空恢复成平飞状态

图 8.32 HiMAT 操作概念

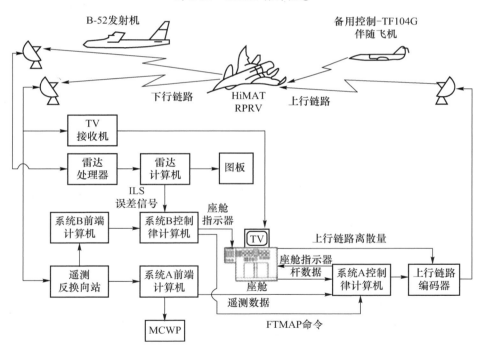

B-52发射机

备用控制-TF104G
伴随飞机

下行链路 HiMAT RPRV 上行链路

TV 接收机

雷达处理器 → 雷达计算机 → 图板

ILS 误差信号

座舱指示器

系统B前端计算机 → 系统B控制律计算机

TV

上行链路离散量

遥测反换向站 → 系统A前端计算机

座舱指示器 杆数据

座舱

系统A控制律计算机 → 上行链路编码器

遥测数据

MCWP

FTMAP命令

图 8.33 HiMAT RPRV 控制系统

飞机的动态响应,修改仿真飞机的动态特性(如飞机自然频率和阻尼比),去接近设想飞机的动态特性,研究飞行品质,仿真飞机可以飞出另一种飞机的动态特

229

性,变稳飞机接受各种飞行控制系统;②飞机性能仿真(Performance Simulation)。例如,增大减速板改变升阻比来试验飞机动态性能。受仿真飞机性能的限制,性能仿真通用性较少。

飞行中仿真是困难耗时的,而且较地面仿真设备成本高。

NASA F-8 安装了全权限数字式电传飞行控制系统,在飞行仿真中可以从座舱输入时间延迟和控制系统增益。当工作在遥操作模式(图 8.34、图 8.35),飞机可以接收地面计算机发出的控制操纵面的指令,飞行控制律可以在地面计算机中调整改变,F-8 数字式电传飞行控制系统可用于研究非线性控制算法,如可变增益、前置滤波等非线性。非线性前置滤波器设计为较小控制指令时使俯仰速率超调小、法向加速度起始响应慢,而较大控制指令时使俯仰速率超调增大、法向加速度起始响应加快,这通过改变前置滤波器的超前时间常数达到。

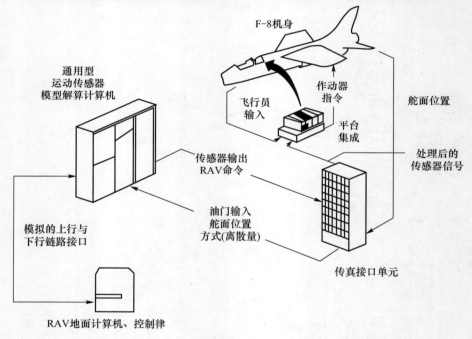

图 8.34　通过地面遥操作进行的 F-8 飞机飞行仿真

对于 F-8 飞机的遥操作模式,仿真系统通过地面调整的飞行控制律、地面添加的飞行状态数据综合显示和基于地面座舱模式的飞行操纵(图 8.35),在相关装置的支撑下,增强 F-8 飞机的飞行操控能力[12]。遥操作模式分为 3 类:第一类(图 8.35(a))是采用地面计算机来增强机载控制系统的能力,这种方式可用于测试备选控制律的控制效果、引入先进的自动飞行系统来作精准的机动飞行,或形成频扫分析数据;第二类(图8.35(b))是在地面进行显示计算,以引导飞行员完成精确的机动飞行,控制律计算机使用下传的飞行信号,来计算发送给飞机的显示信息;第三类(图8.35(c))是遥操作飞行研究装置,由地面座舱来操纵飞机飞行。

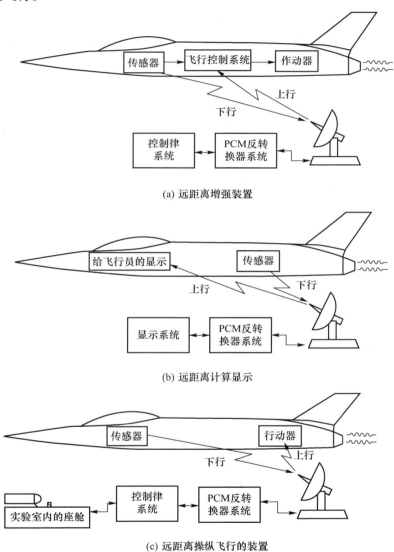

(a) 远距离增强装置

(b) 远距离计算显示

(c) 远距离操纵飞行的装置

图 8.35　F-8 的 3 种远距离增强的装置配置

作为飞行中仿真器的 X-29 是前掠机翼、静不稳定飞机,主飞行控制系统

231

采用数字式电传操纵系统,另有一个数字式飞行控制系统和一个玛纳斯飞行控制系统作为备份。

8.8　综合自然环境下的飞行仿真

飞机等系统都是在各种自然环境条件下操作的,要使飞机的建模与仿真具有可信性,就不得不考虑自然环境的影响。

综合自然环境(Synthetic Natural Environment, SNE)包含地形、大气、海洋、空间等领域。综合自然环境对飞行器飞行、舰船航行、车辆行驶、传感器探测、人的决策等都有很大影响,例如,风对飞行器飞行轨迹的影响,地形对视线的影响,云层对红外传感器探测的影响等。SNE 的组成及其对飞行器等对象的交互作用如图8.36 所示。

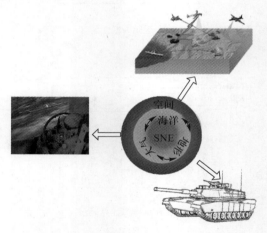

图 8.36　SNE 对飞行器等对象的交互作用

同样,实体和系统对自然环境也产生干扰和破坏,例如,车辆行驶在地面留下的痕迹和扬起的尘土。自然环境的建模与仿真将描述这些自然现象。除了模型描述外,由大量的数据表示,它是随时间和空间变化的数据场。图 8.37 给出表现自然环境与飞行器等系统对象间的交互关系[13]。

SNE 与飞行器运动、传感器等用户之间存在的交互作用(图8.38),对于飞行仿真系统而言,主要考虑自然环境因素对仿真系统的影响。

大气环境包括地球表面至对流层的整个空间范围,对飞行器飞行和传感器探测有影响的因素有风、气压、温度、云、雨、雾、尘土、烟雾等,这些因素是随时间、空间变化的,可以生成、移动和消失。而空间环境则延伸至整个外太空,结合

232

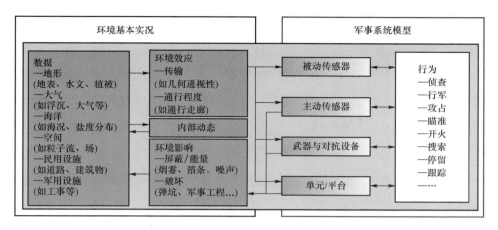

图 8.37　自然环境概念参考模型

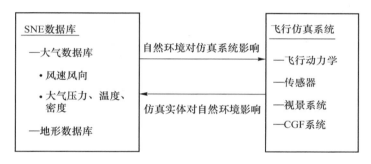

图 8.38　SNE 与飞行仿真系统的关系

大气、地形、海洋环境,形成人类及人工系统活动的无缝空间范围,如图 8.39 所示。

　　对航空飞行器飞行仿真主要考虑大气和地形两种自然环境。

　　飞行仿真中大气环境主要考虑以下因素:大气密度、大气温度、湿度、风速风向、大气扰流、雨、雪、雾、云等。

　　飞行仿真中地形环境主要考虑以下因素:地形高度、地形地貌、植被情况、地形结构(泥土、岩石)、河流湖泊、交通线路、城市等,如图 8.40 所示。

　　综合自然环境是综合环境(SE)的重要组成部分。综合环境除了包含自然环境外,还包括综合兵力、武器装备、仿真体系结构、网络等其他部分。而综合自然环境还包括许多人造特征,如建筑、道路、桥梁。真实世界与综合环境中的对象关系如图 8.41 所示。综合自然环境是物理世界的数据表示,它不仅描述视觉、红外、雷达环境,还包括大气、海洋。SNE 的关键是建立运行数据库,不同用户将建立不同的运行数据库,但必须相对于物理环境是一致的。

　　SNE 领域的研究重点包括:

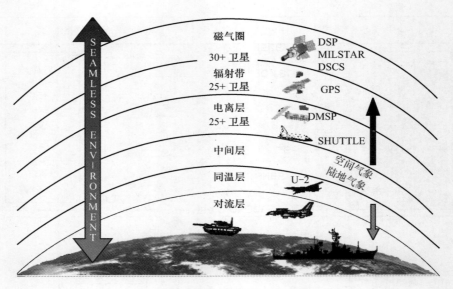

图 8.39　人类及人工系统活动范围

图 8.40　飞行仿真中地形环境表现

（1）SNE 运行数据库的建立（分布/集中）与访问技术；

（2）SNE 对仿真实体的影响建模，特别对各频谱传感器的影响建模；

（3）SNE 内部各部分相互影响建模；

（4）SNE 对各用户的一致性；

（5）SNE 的可视化技术；

（6）SNE 数据的深层次表示。

地形描述地球表面特性，包括森林、湖泊、河流、田野等自然特性，道路、铁

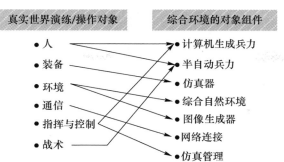

图 8.41 真实世界中的对象与综合环境中的对象间映射关系

路、桥梁、城市等人造特性,以及气候对地表的影响(如下雨、雪覆盖),日照和季节变化。

综合自然环境数据表示和交换的技术规范(Synthetic Environment Data Representation and Interchange Specification,SEDRIS)的目的是在 SNE 数据库中数据可重用,在分布联网仿真系统中实现互操作性,在传输和变换过程中数据不损失、无歧义。

SNE 数据建模具有数据场、时空变化、定量与定性描述相结合、多分辨率、多用户等特点,在 SNE 仿真系统中常采用数据库描述自然环境的物理特性。

SNE 数据库包括地形数据库、大气环境数据库、海洋环境数据库、空间环境数据库,其中地形数据库最具复杂性、典型性。

SNE 数据库可以分为 3 种类型:①原始数据库,如美国国防部建模仿真管理办公室资助开发的主环境库(Master Environmental Library,MEL);②SEDRIS 标准数据库;③仿真运行时数据库。3 类数据库的的层次关系如图 8.42 所示。

对于飞行仿真需要采用实时、多用户数据库。

SNE 数据库用户包括飞行器平台(单平台和多平台)、传感器(气压仪表、雷达、红外、光电)、2D/3D 可视化(视觉可视化和非视觉可视化)、计算机生成兵力(Computer Generated Forces,CGF)(单兵种和多兵种)、地图显示等。

SNE 数据随空间、时间变化,是经度、纬度、飞行高度和时间的函数。

SNE 的特性可以用模型或数据描述,更普遍的是用数据描述,数据量很大,是一种数据场,它具有时空特点。

$$(DATA)_{SNE} = f(\varphi, \lambda, H, t)$$

式中:φ 为纬度;λ 为经度;H 为高度;t 为时间。

$$或 (DATA)_{SNE} = F(X, Y, Z, t)$$

式中:X, Y, Z 为地理直角坐标。

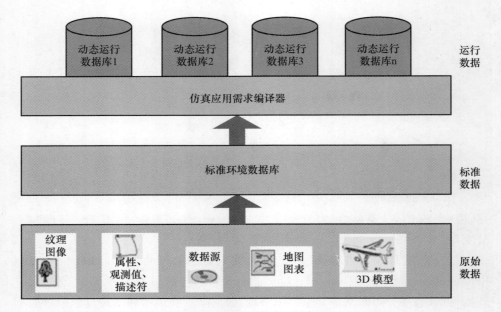

图 8.42　环境数据库层次关系

各种用户对 SNE 数据库的要求不同：

（1）飞行动力学——大气条件对飞行的影响，例如风和扰流对飞行航迹的影响，大气密度对气动力和力矩的影响；

（2）3D 可视化——立体视图，提供给人的视觉（眼睛），LOD 技术，例如飞行模拟器的视景系统；

（3）传感器——包括可见光、红外、热线、夜视、声纳、激光、射频等传感器，受大气和地形的能量吸收、反射、散射的影响；

（4）CGF——包括武器平台、人的决策，数据库应提供智能推理的数据；

（5）2D 可视化——平面视图，提供给指挥员，应具有 ZOOM 功能，视觉信息显示与非视觉信息显示；

（6）地图显示——有地名、疆界、实体符号等。

SNE 中同一对象的多个不同视图，不同用户在同一环境对象中有不同的信息类型和数据格式，对环境可视化的需求也不相同（图 8.43），例如，飞机与地面车辆——飞机对地形地面细节的要求低于地面车辆；CIG 与 CGF——CIG 要求地面纹理、颜色、光照，CGF 不需要这些而需要能推理的数据；2D 与 3D 显示——地图不需要纹理、立体图，而需要路标、路名、符号等。

传感器仿真内容广泛，结合任务需重点解决：

（1）制导系统多频谱传感器（如，红外传感器、可见光传感器、射频传感器、

236

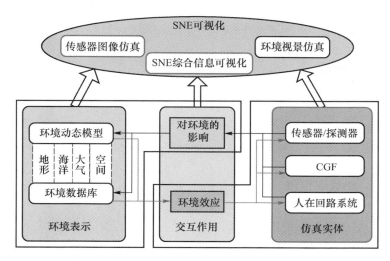

图 8.43　SNE 的可视化

微波传感器、声传感器);

(2)主动传感器与被动传感器;

(3)可见光与红外图像传感器;

(4)SNE 环境(特别是大气环境)对多频谱传感器的影响;

(5)可视化图像图形显示。

制导、导航传感器功能:

(1)探测目标的距离;

(2)探测目标的方位;

(3)探测目标的速度;

(4)目标定位;

(5)目标识别。

传感器仿真应考虑的几个问题:

(1)将传感器实物接入的硬件在回路仿真系统需要目标模拟器装置,如微波暗室、红外目标模拟器;

(2)采用建模方法,将传感器及其与环境的交互建立数学描述进行数学仿真;

(3)应着重研究传感器与自然环境(特别是大气环境)的交互影响;

(4)大气对传感器探测性能的影响包括能量吸收和衰减、传播方向变化、杂波、信噪比等;

(5)目标点探测与目标图像探测;

（6）LOS（Line of Sight）计算；

（7）可见光目标图像识别；

（8）红外目标图像识别。

8.9　对抗作战环境下的飞行仿真

仿真系统在对抗作战环境下验证飞机操纵性和机动性是非常重要的，对抗包括 1:1 双机格斗、1:2 空战、多机作战等对抗环境。常用飞行模拟器、计算机生成航空兵力（数字飞机）描述单个作战飞机，并通过联网体系结构形成虚拟战场。

早期的空战模拟系统以 Langley 差分机动模拟器为代表，外观表现为双圆球空战模拟系统，如图 8.44 所示。系统中有两个 40 英尺直径的投影球幕，显示天空、地球、地平线和目标机等图像，飞行员座舱在圆球中央，可进行 1 对 1 空战，其特点是 360°投影屏幕，适应空战要求的大视场角，适用于视距内的近距作战，这种仿真设备成本高，随着导弹武器系统技术发展，经常是超视距作战，飞行员主要通过座舱内平显获取态势感知信息，而不是通过目测。

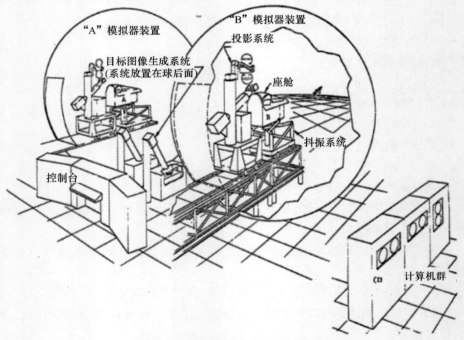

图 8.44　Langley 差分机动模拟器

双球空战模拟器系统的框图如图 8.45 所示,球 A 和球 B 中分别具有运动方程等仿真模型、操纵系统硬件和飞行驾驶员等,双机的状态数据用于解算相对几何关系,从而对飞行员战术决策与操作的结果进行评价。

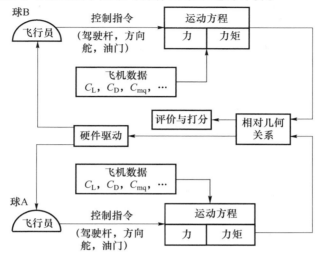

图 8.45　双球空战模拟器系统框图

系统中的模型采用面向对象的角色分析与建模(Object-oriented Role Analysis and Modeling,OOram)方法进行建模。对不同的对象的角色进行分析,便于从不同的视角来描述系统功能和模型间信息铰链关系,如图 8.46 的飞机模型视图,图 8.47 的飞行员模型视图。

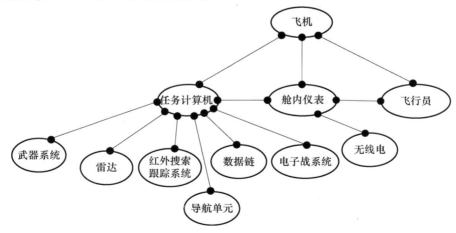

图 8.46　OOram 飞机模型视图

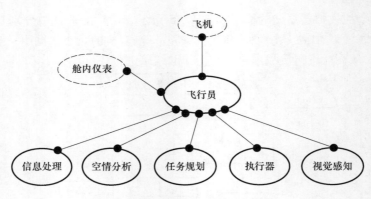

图 8.47 OOram 飞行员模型视图

对于某一时刻的双机相对几何关系,双方飞行员都有若干种可选择的机动,通过对对手下一时刻可能采用的机动动作进行预测,飞行员在综合考虑防止撞地危险、实施战术机动的能量保障等因素后,对所有动作进行评价,进一步从中优选出对自己最有利的机动动作,并加以实施、完成操纵控制,其自适应机动逻辑处理过程如图 8.48 所示。

空战模拟器仿真计算机中有一组机动动作程序库,包括纯追击、超前追击、滞后追击、比例导航、俯冲、跃升、横滚等机动动作。对抗双方有多架飞机和不同机种的空战是一种复杂的动态过程,仿真时需要综合考虑。

利用双球空战模拟系统,可以在实验室训练飞行员完成各种机动任务,也可以进行新的战术战法研究。如图 8.49 所示,基于双球空战仿真器实现了战术制导导引与评估系统。TGRES 系统[14]以战术机动策略研发与评价为目标,系统由战术决策生成器、战术机动仿真器和差分机动仿真器组成。

现代空战是非常复杂过程,有视距内的近距格斗和超视距作战,空战模拟器主要由模拟座舱、360°大视场角视景系统、高可信度数学模型(包括飞行动力学和武器系统模型)组成。有自适应机动逻辑程序,采用"If-Then"规则决策,空战仿真技术关键在于被仿真的飞机数量、飞行动力学和武器系统数学模型的复杂程度、随机效应的仿真、仿真实时性等。实时仿真中要考虑飞行动力学解算和决策过程运算在规定计算帧周期内完成,人在回路近距空战实时仿真系统帧周期一般为 10 ~ 50ms。

空战仿真系统的不同复杂程度描述如图 8.50 所示。

通过空战仿真系统,可以进行相关性能测试,包括:单机性能(如转弯速率、机动性)、对抗双机性能比较、战术性能等。

近距空战中飞机数学模型应精确描述法向加速度和横滚动力学,能迅速改

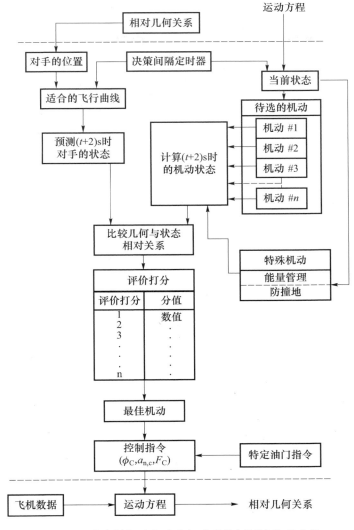

图 8.48　空战模拟器自适应机动逻辑(AML)处理流程

变升力方向和飞行轨迹,增强机动性。

　　智能体应用于空战,飞行状况复杂多变,空战时要根据态势作出规划,在时间限制内迅速决策、执行。智能代理可以用于人的推理决策过程建模,采用智能代理建立飞机和飞行员的数学模型应考虑以下几点:①智能体连续接收周围环境的输入信息,即态势感知的建立;②周围环境动态变化不能预测和不确定,飞机应重新布局和规划,例如本机的故障、他机的损毁等情况;③智能体应在规定

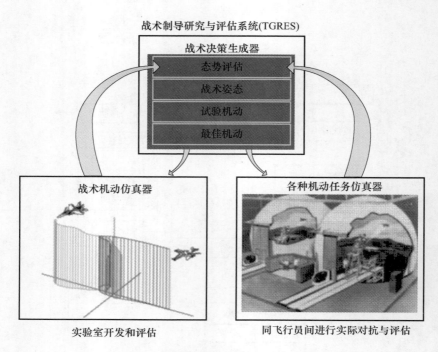

图 8.49　基于双球空战仿真器实现的 TGRES 系统[14]

时限内完成决策,并不要求详细分析现状给出针对最终目标的解,但要快速适应当前态势作出相应动作,常用"If-Then"规则进行推理。

空战仿真另一个重要问题是多智能体协同动作。

空战仿真包括几个基本因素:①计算机可执行的机动飞行逻辑,产生机动决策;②执行决策的战术控制系统;③计算机技术的发展,计算速度和内存容量迅速增加,飞行动力学数学模型可采用六自由度非线性全量方程,也可采用五自由度飞行动力学数学模型(侧滑角为零,无侧滑),有时也采用简化的质点运动方程。

典型的空对地作战仿真如图 8.51 所示[15],系统包含装备有反辐射导弹的空中巡逻飞机与装备地空导弹的地面防空作战单元,飞机配备有机载雷达和雷达对抗武器,飞机间采用无线电进行通信;地面防空作战单元由指控车、地面雷达和地空导弹发射车组成。系统以空中巡逻飞机为仿真重点,故其他部分可采用简化级别的模型,在仿真过程地面防空作战单元采用自治模式的交战方式。

在空地作战仿真系统中,联邦中包含有 3 个联邦成员:飞机邦员、地面雷达邦员、提供实时仿真动画的显示邦员。系统中不提供专用的邦员来空地、地空导弹的模拟,在导弹发射之后,空地导弹的模拟由飞机邦员来完成,地空导弹的模

飞机
　　质点模型
　　瞬时响应

武器
　　火炮：杀伤概率，易损锥
　　导弹：杀伤概率，发射包络
　　　　　　飞行时间
　　　　　　　　　　质点模型
　　　　　　　　　理想化的制导律

飞机
　　六自由度模型
　　非线性空气动力学
　　控制非线性飞行

武器
　　火炮，导弹
　　六自由度飞行
　　脱靶距离
　　易损区域内的杀伤概率

　　细化的导引头、制导与控制器
　　和推进系统模型
　　干扰与红外对抗效果

电子
　　雷达，红外搜索跟踪系统，
　　目视发现距离

电子
　　雷达、红外搜索跟踪
　　系统探测概率
　　目标闪烁
　　对抗

战术
　　一对一
　　预定程序
　　　　　　　　通用产生式
　　　　　　　规则和制导律

战术
　　多对多；分部战术产生式规则
　　和平台/武器/目标的优化战术
　　试探性机动
　　指控
　　与地空导弹系统联合

环境
　　离线仿真

环境
　　实时飞行模拟器
　　地形
　　大气能见度

图 8.50　空战仿真系统复杂程度与模型组件的对应关系

拟由地面雷达邦员来完成。

　　作战仿真系统形成的对抗环境,最主要的应用还是在作战人员战术训练方面,包括作战人员的单体训练和作战团体的配合训练。受训一方的交战对手可以由 3 种方式来提供:①对手可以是另一组受训人员,双方进行武力对抗,其缺点是作为反方的培训人员与受训人员采用的是相同的作战原则与技巧,培训人员不具备真实对抗中反方的作战原则与技巧;②对手可以是受过专门训练的,具有真实对抗中反方的作战原则与技巧,其缺点是带来额外的培训消耗;③对手可由一台仿真器提供,仿真器提供的反方称为计算机生成兵力,它克服了前两种方式的缺点,并可在一个节点上提供多个实体或构成威胁环境。

　　CGF 的定义:计算机生成兵力是指仿真(战场)环境中由计算机生成和控制的仿真实体。通过对人类的(作战)行为的足够的建模,这些实体能不需要人的

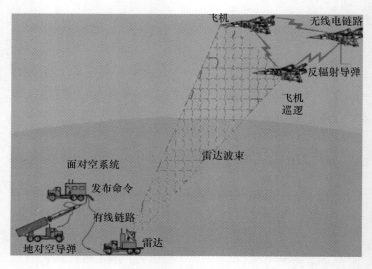

图 8.51　空地作战仿真

交互而自动地对仿真(战场)环境中的事件和状态做出反应。

采用 CGF 系统来作为模拟反方的优点有:①对一个给定的作战想定,在系统构成和系统运行方面,可以大大减少所需人员和模拟器的数量,降低系统的成本(STOW97 系统中运行 8000 多个实体,大部分由 CGF 系统提供);②CGF 系统的行为是由计算机软件实现的,理论上可以按所希望的任意敌方的战术条令行动,最多只需要按敌方战术条令训练一个或少数几个 CGF 操作员;③一个 CGF 操作员可以控制大量的 CGF 仿真实体,这也使得整个训练过程易于控制。

另外,采用 CGF 系统也可提供友方兵力系统和中立方兵力,扩大了系统仿真的实体数量和规模。

采用 CGF 系统,在任务规划、任务再现、新战术开发、设想中的武器系统评估、概念测试与验证等方面也有很重要的作用,如佛罗里达大学计算机与信息科学系就采用建模仿真研究所的 CGF 实验台进行战术任务规划和评估,开创了基于实时仿真的任务规划研究的先例。

CGF 类型实例包括:

(1)半自动兵力(Semi-Automated Forces,SAF)。包含有基本行为表示的一类 CGF,可以分配有任务并能自动响应,但是需要定期性的操作员(真人)命令干预,其不进行学习也不进行推理。

(2)智能兵力(Intelligent Forces,IFOR)。表现为具有高度技能的个体或小型团体的一类智慧型 CGF,可以依赖于操作员的一些干预命令。

SAF 的定义:半自动兵力是在 DIS 环境中的单台计算机工作站上,在单个操

244

作员控制下对多架装置进行仿真的复杂系统。

计算机生成兵力还有一些其他的称呼，如实体的计算机表示（Computer Representations of Entities）、合成兵力（Synthetic Forces）、合成士兵（Synthetic Soldiers）等。

对于兵力（Forces）一词，还可以有其他的理解。北大西洋公约组织（North Atlantic Treaty Organization，NATO）的长期科学研究（Long Term Scientific Study，LTSS）报告中将计算机生成兵力的"兵力"定义为：仿真系统中用计算机表示其行为的，用于解决冲突、维持和平和抢险救灾等其他行动的军队单位、地方单位和个人。

计算机生成兵力采用建立仿真模型的方法在计算机上运行，属于数学仿真，仿真模型主要包括动力学系统和人行为的描述，例如计算机生成的航空兵力，其动力学系统模型包括飞行动力学、飞行控制系统控制律、传感器信息、作动器动态特性等，人行为的描述包括态势感知信息获取、推理决策、执行动作，甚至人的经验、情绪的描述等。计算机生成兵力属于包含有命令行动建模的构造类仿真。半自动兵力也是能够依照平台级别的行为规则自动展开操作的构造类仿真，全局真实性还是要由操作员来提供。

计算机生成兵力是战术想定参与者的一种表现形式，它可以是个体级别，也可以是平台级别或聚合体级别。典型而言，它代表与需求相关的最低级别的命令与控制单元，通常包含以下表现：物理能力（如移动、火力、探测、后勤等）、知识与决策能力（如规划、战术等）、任务目标与责任等。

计算机生成兵力行为包含类型如下：

（1）辨别与感知；

（2）运动技能；

（3）标准战术与条例；

（4）特定任务目标；

（5）态势告警（心智模型）；

（6）生理与心理因素；

（7）决策过程；

（8）短期、中期和长期规划；

（9）敌方战术与条例；

（10）军事组织结构中的位置；

（11）协作与团队运作技能；

（12）……

CGF 按照其行为反应形式分成 3 类，分别如下：

（1）被动式：简单的平台模型，有限的行为功能；用于填充想定或用于提供不交战的实体。

（2）反应式：具有完整的装备配置、自身的任务目标和反应式行为；可以依赖于操作员的一些干预命令；用于本方和大部分敌方兵力的模拟。

（3）交互式：用于同有人操作的仿真器进行密切交互；模型逼真度非常高（与有人操作仿真器相似），包含有自治行为；能担任本方编队实体，直接的上级或下级，或直接交战的敌方兵力。

成熟的 CGF 系统有三大类应用领域：①训练：充当军事训练中的我军、友军或敌军，仿真结束后可对参与人员进行事后评估；②分析：包括先进的概念研究和分析，新武器系统、兵力部署、条令的有效性分析，回答被仿真的系统或剧本的问题等，在分析过程中设定不同初始条件、各种限制因素、不同武器性能水平进行重复运行；③试验（Experimentation）：包括武器装备研制、开发、采办中的应用，进行开放式探索问题研究，例如不同概念武器系统的研究。

CGF 建模时应考虑模块化、组合性、互操作性、可重用性和实时性。

CGF 实体模型中，最为关键的是人的行为表示与建模。人的行为描述（Human Behavior Represantation，HBR）是一种基于计算机的模型，描述人的决策过程以及与决策有关的动作，模拟单个人的行为或群体的集体动作。例如：描述个体某部分的行为，如手的操作；描述个体（如设备操作员、步兵）的行为；描述个体的聚合（如群众、指挥员）；描述机构的聚合（如多个组织机构处理应急状况）；描述一个或多个典型认知函数（如感知、推理、规划、操作）；描述人行为的极限（如感知带宽、决策延迟）；描述行为主体的效应（如紧张、受伤、疲劳、不舒服、兴奋）。

HBR 有两个重要部分，如图 8.52 所示。

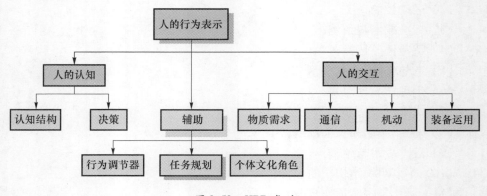

图 8.52　HBR 类别

（1）认知（Human Cognition）：人的认知是接收、处理、存储、使用信息的

246

过程。

（2）交互（Human Interaction）：人的交互是与决策相关的一系列动作。

8.10　联网分布交互仿真

随着网络等技术的发展和应用需求增加,传统的反馈控制系统通过通信网络形成闭环控制系统,称为联网控制系统,它可以分享控制系统外的消息资源,同样,一个控制系统内部各部件(如传感器、控制器、作动器)也可通过网络交换输入输出信息[16]。如图8.53所示。

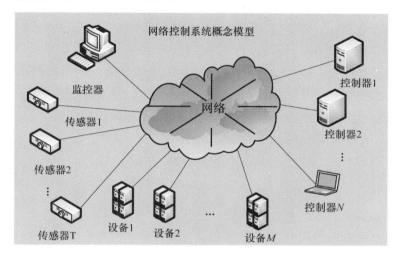

图 8.53　网络控制系统典型结构

同样,随着网络、计算机等技术的发展和应用需求增加,在体系结构上产生了联网分布交互仿真系统,将多个仿真系统、仿真器互连,相互之间采用高层体系结构(High Level Architecture, HLA)连接。在应用上,从单台模拟器(如飞行模拟器)发展为多台同构型模拟器联网和多台异构型模拟器联网。

现代先进分布仿真技术,将分布在不同地理位置的仿真系统、模型、计算机、设备,通过网络构成分布联网仿真系统。仿真运行时,仿真系统中的模型之间,计算机之间,甚至仿真系统之间有大量数据和信息传送和交互。这些数据和信息包括连续量(离散化的连续量),离散量(离散事件)和声音图像多媒体信息,通信方式有广播、组播、单播等多种,将正确的信息在正确的时间传送到正确的地点。因此,必须要有仿真系统的数据通信协议,目前广泛采用 DIS,HLA/RTI协议,进一步将发展基于 Web 的通信、仿真网格等。在先进分布仿真系统中应着重解决数据管理和时间管理问题。

分布交互仿真提出互操作性、重用性、组合性的技术问题。其中，互操作性是指一批独立开发的部件、应用或系统能一起工作，作为整体的一部分，并达到用户的要求；重用性是指已有的部件、应用或系统可用于重新布局、配置或复合；组合性是指能从大量可重用、互操作的元素中构建系统，并快速装配、初始化、测试、运行。将可组合部件连接能创建一个应用，将可组合应用连接能创建一个系统，将可组合系统连接能创建一个复合系统，即：部件→应用（分系统）→系统→复合系统。

仿真系统的发展，特别是分布仿真系统的发展，对系统互联提出了新的要求。系统互联有多种形式，包括：①集成；②配制；③互操作；④组合。例如，模型互联构成复合模型或系统，系统互联构成复合系统等。

系统互联需面对的问题如下：

（1）系统之间、模型之间有大量信息交互（信息含义是广义的）；

（2）信息交互应有规范、协议、标准；

（3）设计实现一个仿真系统需要大量人力、时间和经费；

（4）仿真系统规模越来越大，越来越复杂；

（5）要求充分利用已有仿真系统和模型；

（6）仿真资源共享；

（7）快速构成新的仿真系统；

（8）提高仿真系统的可信度。

仿真互联有各种属性，其中重要的是互操作性和可组合性。可组合性属于模型的范畴，例如假如两个模型的对象和假设充分一致，则可以组合；互操作性是模型的软件实现的范畴，例如数据类型的一致。互操作性是仿真互联的实践领域，而可组合性包含仿真互联的理论工作。下面重点阐述互操作性、可组合性的概念。

可组合性和可重用性是仿真系统设计的需求和目标，一个部件可以多次重复使用，与其他部件组合，可节省大量时间、经费、人力。重用性包含 3 种级别，分别为：①对象和功能的重用（Object and Function Reuse），实现某个对象或功能的软件模块重用；②部件重用（Component Reuse），某个应用的分系统重用；③应用系统重用（Application System Reuse），整个应用系统的重用。

组合的方式如下：

（1）应用组合；

（2）联邦成员组合；

（3）包组合；

（4）参数组合；

（5）模块组合；

（6）模型组合；

（7）数据组合；

（8）实体组合；

（9）行为组合。

互操作性可分为：①技术互操作性（Technical Interoperability），即仿真系统与互操作协议兼容；②本质互操作性（Substantive Interoperability），即交换的信息在语义上是有意义的。

概念互操作模型包含 7 个等级：

（1）0 级：无互操作性（No Interoperability），无连接，单独的系统。

（2）1 级：技术互操作性（Technical Interoperability），要求有统一的通信技术基础和协议，如 UDP 或 TCP/IP，支持联网系统的数据信息交换，物理上的连接允许字节和位的交换。

（3）2 级：语法互操作性（Syntactic Interoperability），在联网系统之间确立交换信息的通用结构，如通用的数据格式，数据可以按标准格式交换，相同的协议和格式。可采用 XML 来定义。

（4）3 级：语义互操作性（Semantic Interoperability），采用通用参考模型（即定义集），不仅交换数据，还要交换上下文内容即信息，以了解数据的含义和数据共享。

（5）4 级：语用互操作性（Pragmatic Interoperability），在交换数据的各系统、仿真、应用中知道调用的方法和顺序，能交换信息及其应用（知识）。

（6）5 级：动态互操作性（Dynamic Interoperability），系统在线运行，运行时系统之间能进行数据信息交换，系统状态在假设条件和限制条件下随时间变化。

（7）6 级：概念互操作性（Conceptual Interoperability），建立对事物的共识，模型和仿真系统能为所有参与者理解明白，即一种认识论（与本体论相对），不仅包含实现知识，还包含各元素之间的关系，并以文件形式描述。

关于互操作性和可组合性的特性说明如下：

（1）互操作性是仿真运行时的数据和服务交换的能力，而可组合性是仿真运行前装配部件的能力。

（2）互操作性是可组合性的必要条件，但不是充分条件；可组合性要求互操作性。例如，没有互操作的联邦成员不能组合，能互操作的联邦成员不一定能组合。

（3）可组合性不仅能组合联邦成员，还能重新组合联邦成员到其他仿真系统中。

（4）可组合性属于模型范畴,例如,两个模型的对象和假设正确一致就可组合。

（5）互操作性属于模型软件实现范畴,例如,数据类型一致。

（6）互操作性是一种在运行时交换数据和服务的能力,而可组合性是一种在运行前部件组合的能力。

因为要求部件能适合各个方面的需要,所以要同时达到可组合性和可重用性是较困难的。

参 考 文 献

[1] Liu H H T, Berndt H. Interactive design and simulation platform for flight vehicle systems development[J]. Journal of Aerospace Computing, Information, and Communication, 2006, 3(11): 550 – 561.

[2] Stephen Landers. Real – Time Pilot – in – the – Loop and hardware – in – the – Loop Simulation at Gulfstream. ADI User Society Dec. 4 – 6, 2007.

[3] Brough Branch, Hugh Dibley. Development of Aircraft Simulation – A Civil Overview. Royal Aeronautical Society, 11th February 2009.

[4] Weingarten N C. History of in – flight simulation at general dynamics[J]. Journal of Aircraft, 2005(2): 290 – 298.

[5] Coiro D P, De Marco A, Nicolosi F. A 6DOF flight simulation environment for general aviation aircraft with control loading reproduction[J]. AIAA Paper, 2007, 6364.

[6] Benac C. A380 simulation models[J]. Airbus Standardization of Developments New Media Support Centre [OL], 2003.

[7] Feisel L D, Rosa A J. The role of the laboratory in undergraduate engineering education[J]. Journal of Engineering Education, 2005, 94(1): 121 – 130.

[8] Gerathewohl S J. Fidelity of simulation and transfer of training: a review of the problem[M]. Department of Transportation, Federal Aviation Administration, Office of Aviation Medicine, 1969.

[9] Goraj Z, Kitmann K, Voit – Nitschmann R, et al. Design and integration of flexi bird – a low cost sub – scale research aircraft for safety and environmental issues[J]. International Council of the Aeronautical Sciences, Nice, France, 2010.

[10] Evans M B, Schilling L J. The role of simulation in the development and flight test of the HiMAT vehicle [M]. National Aeronautics and Space Administration, Ames Research Center, Dryden Flight Research Facility, 1984.

[11] Denti E, Di Rito G, Galatolo R. Real – time hardware – in – the – loop simulation of fly – by – wire flight control systems[J]. integration, 2006, 1: 2.

[12] Mackall D, McBride D, Cohen D. Overview of the NASA Ames – Dryden Integrated Test Facility[M]. National Aeronautics and Space Administration, Ames Research Center, Dryden Flight Research Facility, 1990.

[13] 刘卫华, 王行仁, 李宁. 综合自然环境 (SNE) 建模与仿真[J]. 系统仿真学报, 2005, 16(12): 2631 – 2635.

[14] McManus J W. A Parallel Distributed System for Aircraft Tactical Decision Generation[R]. NASA Langley Technical Report Server, 2003.

[15] Adelantado M, Siron P. Multiresolution Modeling and Simulation of an Air – Ground Combat Application [C]. Proceeding of the 2001 Spring SIW.

[16] Gupta R A, Chow M Y. Networked control system: Overview and research trends[J]. IEEE Transactions on Industrial Electronics, 2010, 57(7): 2527 – 2535.

第9章　飞行控制系统设计支撑环境

9.1　设计与仿真

飞行器的研发过程如图9.1所示[1]，飞行器研发过程包括技术要求说明、设计、仿真、研发以及飞行试验几个环节，其中设计与仿真是研发过程中的重要组成部分。

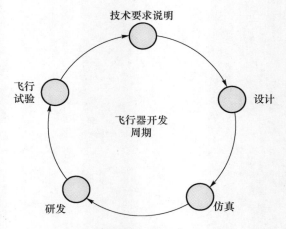

图9.1　飞行器开发周期组成环节

飞行控制系统研发过程采用的方法和工具在不断变化：在设计仿真阶段先是采用高级编程语言，后发展采用软件工具和程序包，建立软件环境，进一步发展到采用和建立设计综合支撑环境。图9.2给出了传统研发过程和当前状态的对比，在设计综合支撑环境的支持下，设计、仿真、飞行试验和分析各个阶段都得到了有效的改进和提高。

现代飞机自动控制系统，能辅助进行导航飞行、飞行管理和飞机增稳[2]。飞行控制系统研发可划分为几个典型阶段[3]：①建立系统目的和要求；②部件详细设计与选择；③集成、测试与验证。飞行控制系统设计过程有以下特点：①基于模型的设计；②飞行控制系统关键硬件部件的功能建模；③应满足控制律

252

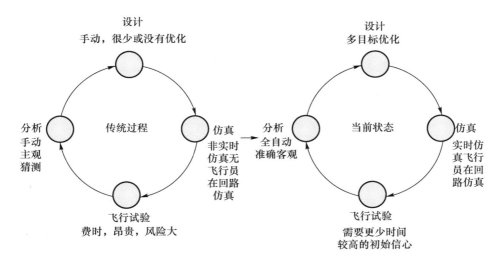

图9.2　飞行控制系统研发过程的发展

设计技术规格。用于飞行控制系统研发的交互设计与仿真平台,将系统仿真引入控制设计中。

控制器设计与系统仿真的集成过程如图9.3所示,系统仿真是控制系统设计的重要的、不可或缺的技术手段,设计与仿真是交互的[4]。在控制器设计部分进行反复设计修改,在系统仿真部分包括不同程度的校核与验证方法和基于异构平台的仿真。飞行控制系统研发过程是设

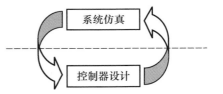

图9.3　集成的飞行控制
系统开发过程

计与仿真平台交互的过程,系统仿真技术已广泛应用于控制系统设计。

飞行控制系统研发过程中由分系统模型编码构成系统模型,有两种集成方法(图9.4):一种是数学仿真,根据控制器算法自动生成代码并封装为子模型,集成各类子模型形成系统模型并进行系统模型的验证和确认(图9.4(a));另一种集成方法支持硬件在回路仿真和异构仿真,并考虑实际环境的影响(图9.4(b))。

通过设计和仿真之间的交互平台,实现基于模型的先进设计方法。部件级主要是设计问题,而系统级主要是动态仿真问题,如图9.5所示。设计仿真系统的"即接即用"(connect – and – play)能力比"即插即用"(plug – and – play)能力有很大改善。它不仅支持不同组件模型在不同的系统级环境中运行和仿真,即具备"即插即用"能力,同时还具备"即接即用"能力,系统仿真器还能直接"连

253

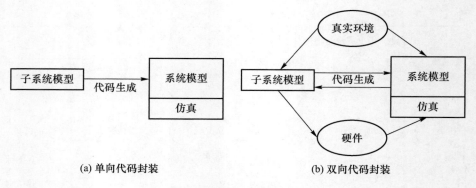

(a) 单向代码封装   (b) 双向代码封装

图9.4 基于代码生成的集成方法

接"到设计模型,使得设计仿真系统在开发过程中具有更好的交互性和集成能力。

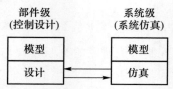

图9.5 交互式设计与仿真平台

飞行控制系统设计是多学科设计,典型的飞行控制系统方框图如图9.6所示。制导/指令模块代表飞行轨迹生成或控制指令输入,传感器和作动器可以用数学模型或软件模块表示,也可以接入硬件实物。飞行动力学模块根据不同的仿真任务采用不同的软件模块,简化的线性动力学模型用于控制系统设计,全量非线性飞行方程用于高逼真度飞行仿真。图9.6中"硬件在回路"方框中的模块可以由硬件设备代替,进行硬件在回路仿真试验。当整个飞行控制系统与其他机载系统连接时可以进行人在回路仿真,即飞行模拟器,对设计进行验证。为了模拟机载系统各部件安装在飞机上的不同位置以及它们之间通过数据总线连接的实际情况,可以采用分布式模型结构。每个软件模块可加载到不同的处理器,硬件在回路仿真也同样处理。对于分布式仿真结构仍要保证各分系统或部件之间的实时交互和同步。

计算机辅助控制系统设计软件大大改善了控制系统的设计实践,例如CONDUIT(Control Designer's and Unified Interface)工具软件使控制工程师实现控制系统综合设计,满足复杂的技术要求和规范。Matlab可以计算控制系统动态响应,绘制根轨迹图、波特图和奈奎斯特图。控制器可以采用Matlab/Simulink在计算机上编码和编译,并在带有 D/A、A/D 接口的计算机上运行[5]。

254

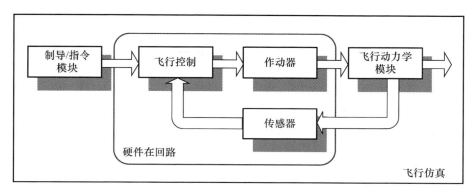

图 9.6　飞行控制系统方框图

设计、分析、仿真综合环境,可用于飞行控制系统、空气动力学、发动机和结构模型的分析与综合,可以处理大量输入输出操作,减少需用户管理的数据,采用模块化结构易于运行或增加新模块[6]。

数字式电传操纵飞行控制系统要求用不同的数学模型描述,放宽静稳定性飞机设计、新复合材料引起的结构弹性与气动耦合等都要求进行分析与评估,设计飞行控制律时常采用降阶的结构动力学模型。

控制工程师应充分利用各种分析工具研究实现设计新技术,可以进行线性和非线性仿真。设计、分析、仿真综合环境支持选择需要的分析方法,分析结果采用图形显示。可以引入专家系统按期望飞行品质评估闭环系统性能,若不能满足期望飞行品质,则基于规则修改飞行控制系统。

飞行控制系统研制经历的各阶段是互相影响的,包括线性分析、非线性分析、实时仿真、地面试验和飞行试验。因此,飞行控制系统设计程序包必须有很强的交互能力,必须提供输入输出接口,使各相关专业领域之间能交换数据和信息。自动驾驶仪设计过程如图 9.7 所示。设计过程首先基于任务和功能需求分析定义基本的体系结构,包括从线性分析、非线性仿真、逻辑仿真、驾驶仿真到飞行测试一系列步骤。设计过程中前一阶段的模型在后续阶段能够继续使用,并进行进一步分析。

飞行控制系统设计软件环境向设计人员提供经典的和现代的线性系统、非线性系统设计技术,包含各种分析工具,支持控制系统的评估和综合过程。有许多设计方法和软件包使工程师能解决日益复杂的设计问题,但许多工具的功能和复杂性增加,设计人员有效使用这些软件变得困难。专家辅助系统能帮助解决这种困难,提高效率,减少机时,改善飞行性能。各相关专业之间通过接口交换信息,采用模块方法便于专家系统的加入。

动态仿真在飞机设计和验证过程中起着重要作用,典型应用有飞行控制律

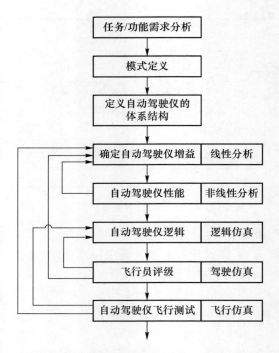

图 9.7   自动驾驶仪设计过程

研发、飞行载荷分析、机载系统测试验证、飞行操纵品质评估等。德国宇航中心（Deutsches Zentrum für Luft – und Raumfahrt, DLR）曾研发一个扩展的 Modelica 模型库,包括飞机飞行动力学模型,可应用于飞机研制的各个不同阶段[7]。

多专业领域交互在飞行动力学中有重要作用,特别是与飞行控制律结合时会涉及飞行机械、结构动力学。Modelica 提供有各种专业的模型库支持这些模型的建立。根据飞行控制系统不同的分析方法,可采用不同类型的模型,如用于仿真的非线性模型、用于稳定性和鲁棒性分析的线性模型、用于控制律综合的逆模型等。

1995 年,DLR 开始采用 Dymola 语言研发第一个飞机飞行动力学模型库,包括飞行动力学、机载系统动力学和结构动力学,用于飞行控制律设计与验证,为快速配平计算和非线性控制律自动生成逆模型。近来应用于推力矢量飞机 X – 31A 的大攻角飞行,以及实时集成飞行动力学与空气弹性结合的运输机模型,包括非定态空气动力学、结构动力学和控制系统等。

飞行动力学程序库（Flight Dynamics Library）的组成如图 9.8 所示[7],包括飞行器模型和环境模型,其中环境模型包括世界模型、大气模型、地形模型和机场模型。

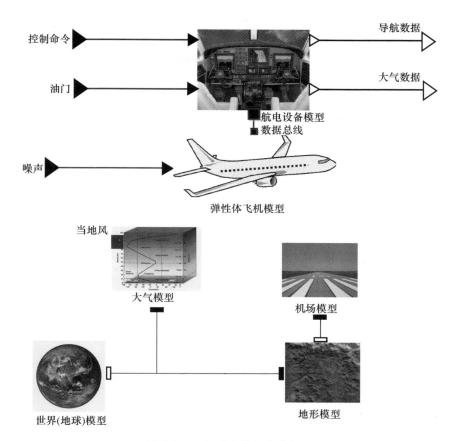

图 9.8　飞行动力学程序库组成

大气模型是海拔高度的函数。地形模型用于自动着陆控制律设计,提供跑道的地理位置、海拔高度、方位、坡度,无线电高度表测量离地面的实际高度。机场模型包括固定在地面的导航设备,如甚高频全向信标(Very High Frequency Omnidirectional Radio Range,VOR),测距仪(Distance Measuring Equipment,DME),仪表着陆系统(Instrument Landing System,ILS)。传感器模型包括加速度表惯性传感器、运动传感器,ILS、GPS、无线电高度表等传感器获得的信息值,以及机场、大气、地形等环境模型。当地风模型在大气模块中计算,随机干扰速度由专门的滤波器(如 Dryden、Karman)获得,白色噪声作为滤波器的输入信号。机载系统包括作动器部件,用简单的传递函数描述作动器和液压 – 电气系统。

在模型组合后,实现自动编码生成,模型转换器将根据用于仿真的常微分方程或差分代数方程的输入输出求解所有模型方程式,Dymola 建模工具具有这种功能。除了图形建模环境和符号算法外,该工具还提供仿真和数据分析能力。

模型编码还能用于其他工程环境和仿真工具,例如 Matlab/Simulink。

基于 Modelica 的飞行动力学程序库可构建多学科模型,用于飞机设计和飞行控制律设计,该程序库具有以下特点[7]:

(1)与其他基于 Modelica 语言的程序库完全兼容,可以扩展多学科飞机模型;

(2)根据物理特性分解模型为模块及其交互,构建组合结构模型;

(3)构建飞机刚体模型和柔体模型,包括非定态空气动力学效应;

(4)利用同样的大气地形环境模型,实现多架飞机模型;

(5)采用 Modelica 工具如 Dymola,自动生成各种工程环境的仿真编码;

(6)可自动生成逆模型编码,用于非线性控制律设计;

(7)自动生成配平和线性化,便于使用 Matlab/Simulink 模型;

(8)易于使用桌面图形可视化。

在控制系统设计中采用参数调整技术进行多目标优化,适用于解决复杂的多学科设计问题。控制律设计是多学科问题,经常遇到各种互相矛盾的要求,在这种多设计目标情况下,设计者必须比较各种不同设计方案[8]。

一种用于控制系统设计的多目标优化软件环境——多目标参数综合(Multi-Objective Parameter Synthesis,MOPS)程序包有 3 项功能,即鲁棒控制律调整、控制律鲁棒性评估、非线性动力学系统参数估计,可用于支持控制器设计过程,如图 9.9 中粗体方框所示。通过优化能够较好地实现上述功能,多目标优化问题通过最小 - 最大参数优化问题得以解决。对于参数估计,则转化为非线性最小二乘问题。

从结构上看,MOPS 可以划分为 3 个层次,如图 9.10 所示。在基本方法和工具层 MOPS 集成了 Matlab、各种建模与仿真方法以及数值算法。MOPS 基于 Matlab 计算环境,采用功能强的 Matlab 语言,例如柔性的数据结构和图形处理方式。MOPS 在第二层提供了支持通用控制系统设计的各类工具软件。MOPS 可应用于飞行控制、功率优化以及机器人控制等领域。硬件在回路仿真、人在回路仿真和快速样机是飞行控制系统研发的重要手段,研发各个阶段不同系统的模型应可重用,以减少时间和成本,增加可靠性。飞机仿真应包括大气模型、发动机模型、空气动力学模型、运动模型、初始化程序等,采用图形用户界面(GUI),进行显示、监控和数据通信[9]。

硬件在回路仿真、人在回路仿真必须是实时仿真环境,典型的组成如图 9.11[10]所示。通过控制系统设计工具实现控制器自动代码生成,实时仿真环境中通过共享内存实现数据交互。

协同工程环境是基于计算机架构的平台,可基于 Matlab / Simulink 软件建

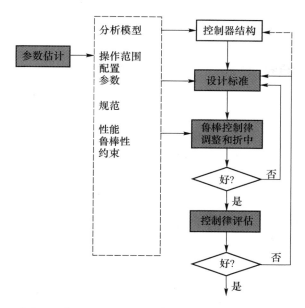

图 9.9　基于 MOPS 组件支持的通用控制器设计过程

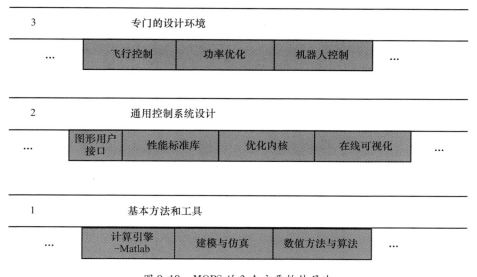

图 9.10　MOPS 的 3 个主要软件层次

立建模、仿真和分析环境。协同工程环境将改善工程设计过程,作为一个多专业领域仿真环境,把所有专业模型集成在一个通用框架下。根据专门设计问题快速进行配置,可视化的信息反馈能力能使工程设计团队着重综合设计能力。工程过程管理系统使工程设计团队能并行工作,包括确定流程和共享数据库的应

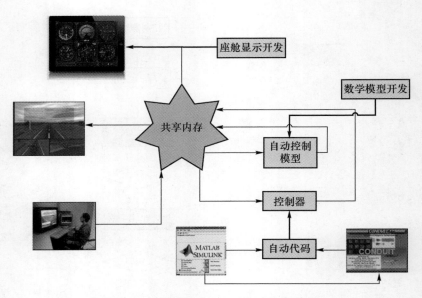

图 9.11　基于设计工具的实时仿真环境

用工具。提供通用的飞机六自由度刚体运动方程,也可采用 NASTRAN 有限元模型增加弹性自由度。通过有关的工具程序,可以给飞机仿真模型快速提供质量、转动惯量、重心、起落架、发动机、空气动力学和机载系统等数据。飞机仿真环境另一个重要输入是空气动力学数据库,描述作用在飞机上的气动力是各种状态变量的函数,气动数据库综合采用风洞数据、计算流体力学和经验数据[11]来实现。

9.2　飞行控制系统设计软件工具和软件环境

　　飞行控制系统设计与仿真交互平台,即飞行控制系统设计软件环境,实现基于模型的设计与仿真。飞行控制系统设计工具有一个发展过程,早期采用高级编程语言,后来发展为采用软件工具或程序包进行飞行控制系统设计,进一步发展为采用飞行控制系统设计软件环境。

　　图 9.12 所示为 1990 年进行的一个飞行控制律设计过程[12],它采用基于模型的设计方法,使用 FORTRAN 语言编程,对飞行控制系统关键硬件部件进行建模。90 年代开始采用 Matlab,有飞行控制律设计程序包。90 年代末,有Autocode和 MatrixX。

　　1993 年,FCS 采用 Matlab 进行设计,有飞行控制律设计程序包,包括结构凹陷滤波器优化,推力矢量控制研究。1995—1996 年期间出现飞行控制律设计工

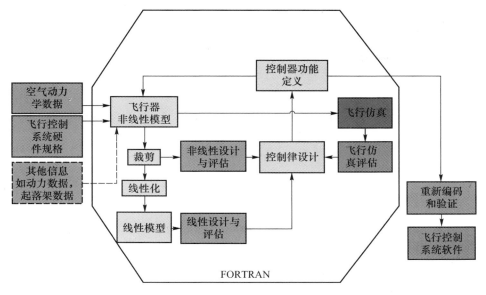

图 9.12　飞行控制律设计过程(1990 年)

具集,开始采用图形用户界面,由数据库存储结果,有效改善了飞行控制律的验证过程。1997 年开始研究控制律自动编码,90 年代末,出现 Autocode 和 MatrixX,MatrixX 比 Simulink 自动编码器更有效。2000 年发布 MatrixX 系列产品,1997—2001 年,Matlab/Simulink 和 MatrixX 并行发展。2003 年 Matlab 应用于线性稳定性分析,并加入到已有的工具集中,解决了接口子程序问题。

　　Matlab/Simulink 工具成功集成后,飞行控制律可采用 Simulink 模型编写。单个 Simulink 模型可脱机用于飞行仿真目的,控制律软件可以自动生成目标码。Matlab/Simulink 工具进一步应用于飞行控制律设计、试飞数据分析和飞行控制律自动编码。2010 年飞行控制律设计过程采用 Matlab/Simulink,如图 9.13 所示。飞行控制律设计和验证的过程和工具基于 Matlab/Simulink 实现,并完成从 Unix 到 PC/Linux 操作系统的迁移。

　　Matlab、Simulink、MatrixX 是常用的基本工具软件,它们的基本特性叙述如下:

　　(1) Matlab[13]。Matlab 是一种计算环境,是一个软件包。它可用于分析和解决数学及工程问题,尤其为矩阵计算而设计,并广泛应用于电路、信号处理、控制系统、通信、图像处理、符号数学、神经网络、系统识别等。Matlab 具有很强的编程能力,有很丰富的函数库和工具库以及图形功能,成为电气工程研究的重要工具。它具有较强的人机交互能力,用户指令可立刻翻译,进一步写成流程,经

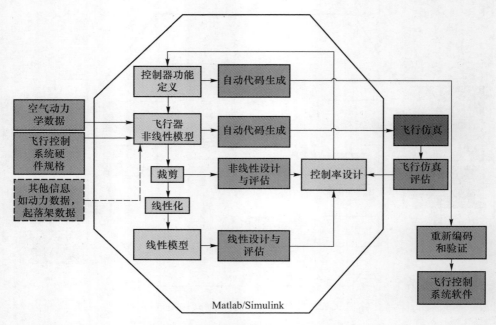

图 9.13　飞行控制率设计过程(2010 年)

文本编辑,变为文件存储,并在 Matlab 中执行。可以在许多操作系统下运行,如 Windows、Unix、DOS 等。

　　Matlab 的特点:提供一种交互编程环境和一种高级语言;是一种易于使用的研发工具;具有丰富的数学函数库(其中 Matlab – Toolboxes 是专用的 Matlab 函数库),其中 AeroSim 是 Matlab 函数库,为开发六自由度飞机飞行动力学模型提供组件。

　　(2) Simulink[13]。Simulink 是一种仿真动力学系统的程序,是 Matlab 的扩充,增加了许多动力学系统仿真的功能,Matlab/Simulink 功能图如图 9.14 所示。Simulink 采用方框图对动力学系统进行建模、分析和仿真,可以对线性系统、非线性系统和离散系统仿真,是一种很好的研究工具。Simulink 的使用有两个阶段,即模型定义和模型分析。Simulink 有多种窗口,如方框图窗口。定义模型后,可以从 Simulink 菜单中选择分析方法或进入 Matlab 指令窗口,然后仿真运行,仿真结束得出最后结果。

　　Simulink 是一种图形开发工具,采用方框图结构形式,用于建模、仿真、线性和非线性系统分析等。Stateflow 是 Simulink 的专用方框图,用于复杂控制结构的设计,事件驱动系统的分析和仿真。Simulink – Blocksets 是专用的 Simulink 模型库。

262

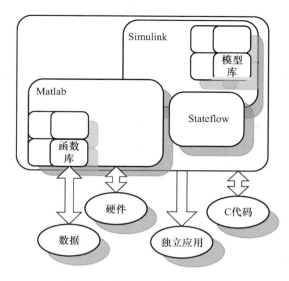

图 9.14 Matlab/Simulink 功能图

Simulink 中的 Real-Time Workshop 组件用来由方框图自动生成 C 或 Ada 代码,若采用 Simulink 模块中的 Matlab 函数,则不能生成代码。Report Generator 将从方框图自动生成项目文件,包括图表、状态转换图。有 200 多个在 Matlab 环境下生成的工具程序,有 I/O 接口可进行数据访问,支持快速样机实现。

(3)MatrixX[9,14]。MatrixX 是美国国家仪器公司研发的一种支持系统设计和控制研发的软件,其体系结构如图 9.15 所示。其中 Xmath 用于数学分析、可视化,SystemBuild 用于可视化建模、仿真、设计,AutoCode 用于为仿真自动生成代码,DocumentIt 用于自动生成文档。MatrixX 可在以下操作系统下运行:Windows 2000/NT/XP、Sun Solaris、SGI IRIX、IBM AIX、Compaq Tru64 以及 HP-UX。科技工程界使用 MatrixX 已有 20 多年,用于系统设计和控制研发,包括系统设计和分析、动力学建模与仿真、虚拟样机、硬件在回路试验等。

MatrixX 是一种集成软件设计工具包和设计研发工具,能建立精确的高逼真度模型,并为飞行控制设计进行交互式仿真。它能分析系统模型,建立鲁棒控制算法,为控制器虚拟样机实时平台和硬件在回路试验生成可读的 C 或 Ada 码。MatrixX 共有 4 个主要组件:①SystemBuild:为模型开发和仿真提供图形环境,模型由库中方框图构成;②Xmath:可视化数学分析软件环境,采用面向对象的高级编程语言 MathScript,包括用编程语言写的程序包、查错程序、数学模型和函数库;③DocumentIt:生成 SystemBuild 模型的一定格式的文件;④AutoCode:自动从方框图生成 C 或 Ada 的编码工具,这种代码非常适用于实时控制系统或硬件在

263

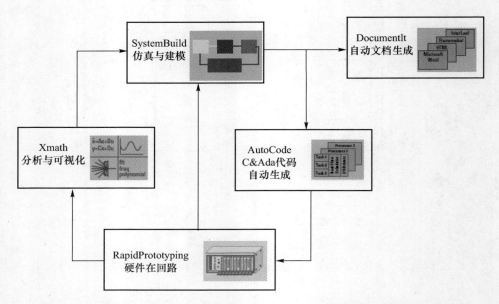

图 9.15　MatrixX 体系结构以及基于 MatrixX 的样机开发和硬件在回路解决方案

回路仿真,若系统分为不同的任务和不同的频率,AutoCode 可将任务自动分组加以管理。

　　MatrixX 核心是 SystemBuild,易于实现复杂动力学系统的建模与仿真。采用图形框架,支持基于用户图形界面的交互式建模仿真过程。对仿真结果数据进行采集记录,事后进行处理分析。通过增加新的分析设计模块可以扩展 System-Build 的建模能力。可选择的模块包括模糊逻辑设计、神经网络设计、最优控制和飞行器模型库等。Datalogging 可提供对 Xmath 中的仿真结果进行快速分析和图形显示,通过 AutoCode 易于实现 SystemBuild 模型的实时研发,MatrixX 的自动生成编码模块将自动集成到 SystemBuild 环境中,DocumentIt 将自动生成文档。

　　Xmath 软件工具为数值分析提供环境,有 700 多个函数和指令,包括基本数学计算和滤波器设计等。Xmath 还提供二维、三维绘图能力,通过用户图形界面进行交互和对话。Xmath 可与 SystemBuild 并行使用,可同时编辑 SystemBuild 模型,通过 Xmath 用户界面和绘图能力,对 SystemBuild 仿真结果进行分析。

　　SystemBuild 是 MatrixX 的组成部分,用于非线性仿真,基于图形方框图进行编辑,构成所需的仿真系统。有两类基本方框:一类是表示仿真的功能部件,另一类是 SuperBlocks,用于组合各个方框。SystemBuild 可用于线性和非线性系统、连续和离散系统的仿真。

264

Xmath 的核心是统一的编程语言 MathScript,用户可以通过 MathScript 扩展 Xmath 功能,生成新的函数和指令,或采用用户已有的程序。

自动编码生成程序 AutoCode 能将 SystemBuild 视图转换为 ANSIC 或 Ada,用于控制系统虚拟样机和硬件在回路仿真,自动编码生成节省了时间,提高了效率。

Xmath/SystemBuild 是非线性仿真研发的非常好的工具,面向对象设计允许仿真重用。其绘图显示能力强,适用于飞行软件测试。

MatrixX 各组成部分主要包含 Xmath、System Build、Autocode 模块。

Xmath 包含:

(1)控制设计模块(Control Design Module):一组较完整的工具,用于多输入多输出连续系统和离散系统的控制设计和分析;

(2)鲁棒控制模块(Robust Control Module):基于现代鲁棒控制设计理论的一组工具软件,包括鲁棒控制系统的分析、设计和性能评估等;

(3)模型降阶模块(Model Reduction Module):系统模型降阶的工具集;

(4)Xm 模块(Xm Module):一组多变量鲁棒控制程序,用于控制器设计和综合;

(5)交互控制设计模块(Interactive Control Design Module):用于单输入单输出系统和多输入多输出系统的经典控制和现代控制设计分析的工具;

(6)交互系统识别模块(Interactive System Identification Module):基于测量数据的交互识别系统模型的一组工具;

(7)优化模块(Optimization Module):解决优化问题的算法的一组工具。

SystemBuild 包含:

(1)状态转换图模块(State Transition Diagrams Module):有限状态机的图形建立和执行;

(2)超构建模块(HyperBuild Module):加速 SystemBuild 的仿真;

(3)实时模糊逻辑模块(RT/Fuzzy Logic Module):实时模糊逻辑系统设计和仿真的开发环境;

(4)神经网络模块(Neural Networks Module):人工神经网络的设计、建模、仿真的交互工具;

(5)交互动画模块(Interactive Animation Module):通过动画与基于 System-Build 的模型交互与监控,可以创建、编辑和操作显示的动画;

(6)航天程序库模块(Aerospace Libraries Module):包括六自由度运动模型、航天环境模型、姿态控制模型等。

AutoCode 包含 C 语言定点数据自动编码、C 语言多处理器自动编码、Ada 语言定点数据自动编码和 Ada 语言多处理器自动编码等模块。自动编码可能比手工编码的程序量大,运行占时多、速度慢,应检验是否满足实时性要求。

MatrixX 和 Matlab 的性能比较如表 9.1 所列[9]。

表 9.1　MatrixX 和 Matlab 环境功能比较

项目	MatrixX	Matlab
安装	需要支持	容易
使用	容易,直观	容易,直观
平台	DOS/Windows, OpenVMS, UNIX, VxWorks, PSOS	DOS/Windows, OpenVMS, UNIX, VxWorks, Macos (5.3)
支持	很好	很好
界面	可视化,图形化和直观	可视化,图形化和直观
建模和仿真资源	很好	很好,丰富的函数库
仿真控制	暂停、继续和重新运行	暂停、继续和重新运行
结果显示	图形化对象	图形化对象
工程文档	很好	很好
代码文档	很好	差
代码生成	C 和 Ada	C(有限制)和 Ada
连续离散转换	自动	模型中需要包含采样和保持器
是否支持实时	是	第三方函数库

上述 MatrixX 和 Matlab 两种环境能满足飞行器建模仿真需求,其中图形界面和自动生成编码特别重要。这种环境再与综合环境相结合,将对军机和空间飞行器复杂系统的系统集成和试验起重要作用。

在 Matlab/Simulink、MatrixX 软件工具基础上,根据任务需求可以构建各种软件环境,举例如下:

(1) CONDUIT[15-19]。CONDUIT 是由美国陆军航空飞行动力学局与美国航天局、美国马里兰大学和加利福尼亚州立理工大学合作开发的一种软件环境,其目的在于将飞机操纵品质与飞行控制系统集成设计,控制系统设计人员可以直接设计控制系统满足操纵品质要求。CONDUIT 允许控制系统设计人员不改变原有控制律结构,仅调整系统参数以满足操纵品质要求。飞机控制系统设计要满足固定翼飞机操纵品质规范 MIL-STD-1797A 和军用旋翼机操纵品质规范 ADS-33 规范中对操纵品质的要求,这个设计过程有很大工作量,飞行控制系统设计时可能满足某些技术要求,但不满足其他技术要求,必须进行折中。在 ADS-33 和 MIL-STD-1797A 规范中将飞行性能分为 3 类:Ⅰ级—飞行员最小

266

工作负担即可到达期望的飞行性能；Ⅱ级—飞行员增加一些工作负担或飞行性能有所降低；Ⅲ级—飞机仍能操纵,而飞行任务不能成功完成。

CONDUIT 是控制系统设计和优化的一组工具,允许用户评估、比较和调整控制系统,提供可视化环境和快速完整的分析功能,以及用户易于使用的界面,允许用户创建不同的控制器体系结构。CONDUIT 是高度灵活的基于 Matlab/Simulink 的系统建模和分析环境,包括图形方框图编辑、方框图到编码的转换。利用 Matlab 的图形用户界面开发并建立人机交互,设置研究问题和程序运行。采用 Matlab 数学引擎计算和处理控制系统及其限制条件,并采用 Matlab 图形输出能力显示计算结果。图 9.16 所示为基于 CONCUIT 的控制系统集成和设计评估过程。

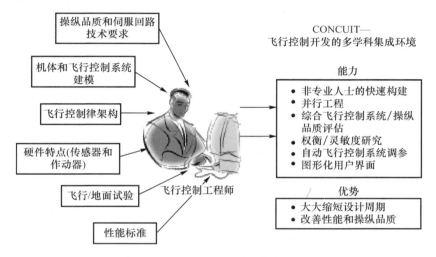

图 9.16　基于 CONCUIT 的控制系统集成和设计评估过程

CONDUIT 的设计考虑以下因素：①自动化,自动进行操纵品质的复杂计算,不采用耗时的人工计算；②灵活性,不仅能建立期望的控制系统体系结构,还能评估和调整所设计的控制系统；③启发式,采用图形环境,进行启发式操作和分析。

CONDUIT 特点包括：

① 操纵品质标准和动态响应技术要求的图形化,建立有图形库；

② 用户新定义技术规范的建立、验证、分类的集成环境,能建立新用户定义的技术规范；

③ 技术规范易于通过图形选择、建立和评估；

④ 可调整任何设计方法的框架,可进行任何设计方法和体系结构的调整与

综合；

　　⑤ 采用矢量最优方法自动调整用户选择的设计参数，逐个满足动态响应指标；

　　⑥ 最终设计优化，折中所选择的性能指标；

　　⑦ 扩展的支持绘图和综合分析工具。

　　CONDUIT 工具支持各种设计方法，包括经典的和现代的 LQR，动态逆和 H_∞ 方法。各种设计方法的参数调整是一个优化过程。CONDUIT 可以将多种控制律设计方法和体系结构自动评估和优化，快速修改控制律，快速解决试飞中的问题。这对飞机研发来说非常重要。例如美国 UH – 60 和 RAH – 66 直升机有关飞行控制系统的试飞占整个试飞时间的 25%，试飞、飞行仿真、分析研究中着重操纵品质标准和鲁棒稳定性标准。美国固定翼飞机操纵品质标准为 Military Standard 1797A，直升机操纵品质标准为 Design Standard ADS – 33E，飞行控制稳定性要求标准为 MilSpec 9490，详细的设计标准有 50 ~ 100 项，例如，时间响应、稳定性边界、干扰响应等。飞行控制系统各种控制律设计方法不变的是都有一组调整参数，例如 LQR 设计方法中的 Q、R 矩阵，H_∞ 方法中的重量函数，特征向量分配设计中的目标特征空间位置等，这种参数选择方法只能根据一、二个关键的设计要求来确定，如控制系统带宽、上升时间等。

　　（2）一种基于 Matlab/Simulink 的交互图形软件环境（Interactive Graphical Software Environment）[20]。基于 Matlab/Simulink 的交互图形软件环境是由瑞典国防研究局提供的一种飞机系统仿真、控制设计和分析的软件工具，是基于 Matlab/Simulink 的图形交互式软件环境。它用于飞行动力学和控制律的设计和分析，可以直接建模，降低模型的复杂性，改善模型的可维护性、可重用性和可靠性。软件编码基于 Matlab，可用于 Matlab/Simulink 环境，易于使用。支持飞行动力学和控制系统的设计和分析，并简化了飞行控制系统设计过程，在一个软件环境下可进行线性和非线性分析。为了减少复杂性，系统动力学分解为分系统，即模块。每个模块是分开的模型，各个单个模型互连构成整个系统。分系统主要有：飞机六自由度刚体运动数学方程、作动器数学模型、大气数据库、空气动力学、结构弹性、大气特性和发动机。

　　在飞行品质设计规范中规定有飞机的期望性能，包括时域和频域的飞机动态性能，飞机系统典型的 5 种规范如下：

　　① 性能规范（Performance Criteria）：例如跟踪误差、抗干扰能力；

　　② 鲁棒性规范（Robust Criteria）：反映参数变化时的稳定边界；

　　③ 乘坐品质规范（Ride Quality Criteria）：反映在最大允许加速度和最小阻尼情况下，飞行员的舒适度；

④ 安全规范(Safety Criteria):反映安全的飞行包线;

⑤ 控制作用规范(Control Activity Criteria):反映控制消耗的功率以及疲劳效应。

这种交互图形软件环境包括控制设计环境和仿真环境。其中控制设计环境(Control Design Environment)主要目的是帮助设计员在繁重的工作任务中研发鲁棒飞行控制器。由于近年来,控制理论的发展使得许多鲁棒控制方法得到应用,鲁棒控制律可以覆盖一个设计点周围的较大范围,这可以减少设计点的数目,使增益调整过程简化。设计环境中采用标准的 Simulink 模块,包括状态空间和传递函数模块。

仿真环境(Simulation Environment)相比仿真工具来说是一种更好的设计环境,主要用来研发鲁棒控制器,设计的控制器可以系统实现或仿真实现。对所设计控制器的评估过程分为 3 步:①单一的线性模型评估所设计的控制律;②按同一控制律,考虑多种飞行条件的非线性模型的评估,例如包含多个机动飞行的飞行任务;③飞行员在回路的实时仿真。

(3) 一种用于制导、导航、控制(GNC)系统的仿真环境[21]。制导、导航、控制系统仿真环境是荷兰研发的基于 Matlab/Simulink 的工具集,包括空间环境、飞行动力学、姿态 - 轨道控制系统部件及界面。Matlab 实时系统支持 Simulink 模型重用,在扰动大气和太阳辐射环境下进行姿态机动飞行。

GNC 系统仿真环境用于航天飞机动态仿真及其自然环境的研发,可用于GNC 系统的全生命周期,从设计阶段到功能和性能评估阶段。GNC 设计阶段,此动态模拟器用于非实时设计仿真;机载 GNC 软件设计与验证时,采用实时软件验证设备;GNC 系统运行时,此动态仿真器设备用于训练和软件维护。动态仿真器体系结构的建立基于 Simulink 的图形化用户接口实现。

建模仿真环境采用模块化仿真器体系结构,基于 Matlab/Simulink 设计,模型与 Matlab/Simulink 程序库结合。包含 GNC 系统的仿真器体系结构如图 9.17所示,用于动态仿真与测试过程。研发项目开始时没有必要采用全功能的模型,功能的程度取决于仿真设备,软件在回路和硬件在回路设备将采用功能较全的模型,包括详细的通信界面。

仿真器应用的通用体系结构如图 9.18 所示,GNC 系统要考虑陀螺仪传感器接口,实时硬件在回路试验和联机仿真都采用同样的体系结构。

图 9.19 所示为 GNC 仿真器顶层系统体系结构,用户通过从库中选择组件模型和环境数据库配置仿真器。图中包含以下功能模型:

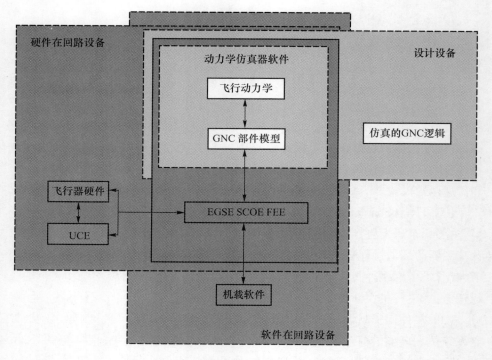

图 9.17　基于 GNC 动态仿真器的仿真和测试

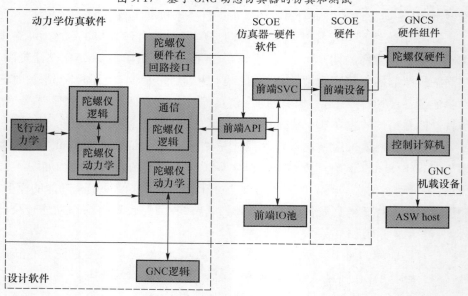

图 9.18　仿真器应用的通用体系结构

270

① 环境模型:包括地球磁场、重力场、太阳辐射压力等;
② 飞行器模型:包括运动方程;
③ 飞行器部件模型:传感器、作动器模型;
④ GNC 模型:控制飞行器运动的模型和算法。

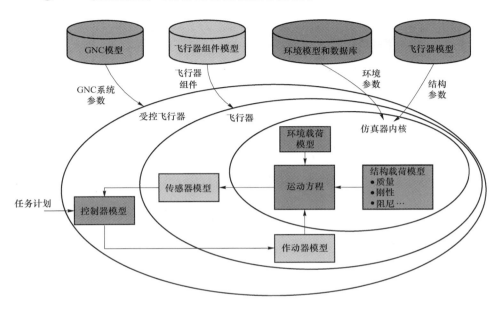

图 9.19　GNC 仿真器顶层系统体系结构

　　图 9.19 可以转换为用 Simulink 结构表示(图 9.20),图中白底方框代表飞行器运动方程和飞行环境,阴影方框代表 GNC 系统的传感器、作动器部件和逻辑关系。

　　飞行动力学模型关系如图 9.21 所示。

　　GNC 仿真环境由一组 Matlab/Simulink 程序库组成,每个程序库包括许多相对简单的模块,每个模块仅仅仿真/计算/评估一种功能特性,并且分为应用部分和接口部分,接口部分将处理与仿真平台(如 Matlab/Simulink)的全部数据通信。在 Matlab/Simulink 中以模块化、反映物理机理的方式设计和建立仿真器的体系结构,作为其他仿真设备(如机载软件)开发的基准,支持其全生命周期的设计和开发。

　　飞行控制系统设计软件工具箱仿真环境的选择应取决于项目开发的目的,一般来说仿真环境应包含图形显示、对象物理特性,新增加模块能易于接入仿真环境,按照一定的数据格式实现仿真环境的输入输出。

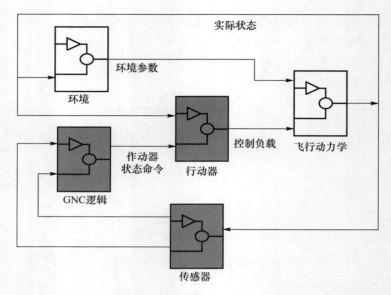

图 9.20　仿真器的 Simulink 顶层实现

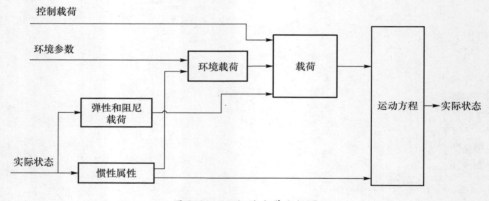

图 9.21　飞行动力学方框图

9.3　飞行控制系统设计综合支撑环境

在飞行控制系统设计软件环境基础上,增加硬件在回路仿真、人在回路仿真、铁鸟仿真系统,通过联网构成复杂的实时分布仿真系统,称为飞行控制系统设计综合支撑环境,或称为飞行控制系统设计综合支撑平台。

飞行控制系统设计综合支撑环境应具有以下功能:

(1)飞行控制系统体系结构设计;

272

（2）飞行控制律设计；

（3）飞行动力学建模；

（4）飞机的操纵性、稳定性研究；

（5）飞行性能与操纵品质研究；

（6）作动器、传感器建模；

（7）飞行故障分析研究；

（8）容错飞行控制系统的故障检测与识别设计；

（9）飞行控制系统硬件和软件多余度管理技术研究；

（10）作动器伺服系统设计与研发；

（11）传感器信息的综合集成技术；

（12）数字式飞行控制系统的信息管理技术；

（13）硬件在回路仿真；

（14）飞行软件在回路仿真；

（15）人在回路仿真；

（16）铁鸟仿真；

（17）综合自然环境下的飞行仿真；

（18）作战对抗环境下的飞行仿真；

（19）飞行控制系统虚拟样机研发；

（20）飞行控制系统的验证与确认。

飞行控制系统设计支撑平台由以下部分组成：仿真计算机、模型库、数据库、工具库、实时I/O接口、物理转换设备、飞行模拟器、图形显示系统、结果评估等。可进行数学仿真、硬件在回路仿真、软件在回路仿真、人在回路仿真、虚拟样机、虚拟采办、性能评估和验证。

FCS设计支撑平台应满足[4]：

（1）灵活性。模型是分布的，计算机通过实时通信网络调用模型运行，数据可实时查询、记录和存储，模型参数值在运行时能通过图形界面修改，计算机内的I/O板允许硬件在回路仿真。可单独进行数学仿真、硬件在回路仿真、软件在回路仿真或人在回路仿真，也可组合运行。

（2）开发性。Matlab/Simulink自动编码生成，目标程序加载考虑所有处理器和I/O同步，Simulink库易于通过I/O板与动态模型连接，应用编程界面API为用户提供仿真系统控制、在线参数调整、结果显示功能。

（3）可扩展性。根据应用要求，可扩展计算能力，采用新的硬件和部件。

（4）多学科设计。飞行控制系统涉及多个学科：飞行力学、结构力学、发动机动力学、控制理论、伺服系统设计、传感器信息采集与处理、计算机网络、计算机软件等。

（5）性能。可实时与非实时运行，可多采样速率、多迭代速率运行，延迟较小，满足数据同步。

飞机飞行动力学模型和分系统模型可采用 FORTRAN、C 语言编程，视景数据库采用 MultiGen 软件。控制系统研发采用 Matlab/Simulink 软件平台，也使用C，Ada 和 C＋＋语言用于控制系统建模。飞机系统和操纵负荷系统的模型运行具有强实时性要求，运行在实时操作系统上。视景仪表辅助（Visual Instruments Aid，VIA）采用计算机控制航电仪表面板的显示。可把教员台（Instructor Operation Station，IOS）作为接口计算机，实现飞行训练器（Flight Training Device，FTD）与其他网络的连接[4]。

图 9.22 给出了 LCA（Light Combat Aircraft）控制律综合设计过程[22]，开发了一套控制律设计和性能评估工具用于线性设计，折中研究与优化设计。为了优化飞行员大输入情况下的飞机响应，以及在俯仰、横滚和偏航轴耦合输入下保证飞机安全操作，在控制律结构中包含了一些非线性信号整形模块，在离线和实时仿真中可以进行优化。

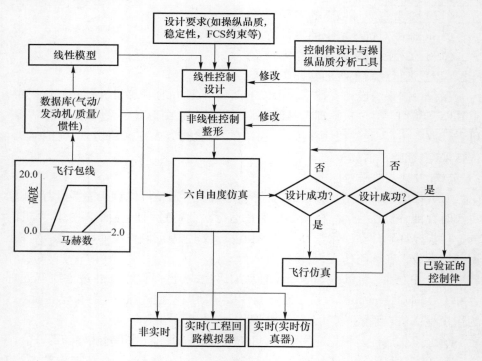

图 9.22　LCA 控制律综合设计过程

274

工程飞行模拟器是飞机设计和试验的集成平台,其中有各种软件模块、数据库和硬件,可构成不同的虚拟样机环境,进行飞行控制律、座舱显示系统和航电系统设计[23]。工程飞行模拟器在飞机研制过程中起着重要作用,在概念设计阶段可对各种方案进行评估比较,在详细设计阶段可进行飞行控制律优化、飞机气动布局优化、座舱人机交互界面布局评估,在综合试验阶段可进行飞机的综合试验,为首次试飞准备,在试飞阶段可对发生的故障进行分析。

总之,工程飞行模拟器可完成以下任务:①飞行控制系统设计,包括控制律设计、配平参数选择、余度结构和管理等;②座舱人机界面布局和仪表显示系统设计;③航电系统性能优化和功能验证;④试飞中的故障分析;⑤试飞员训练。其中飞行控制系统设计和人机界面设计属于人在回路仿真,航电系统验证属于硬件在回路仿真。某型工程飞行模拟器系统结构如图9.23所示,各个子系统之间通过网络连接。

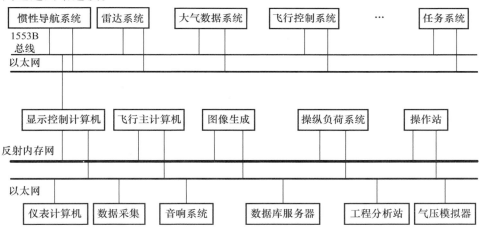

图 9.23 某型工程模拟器系统结构

在计算机、网络、操作系统、工具软件的基础上构建建模仿真环境(Modeling and Simulation Environment),它的体系结构应从资源,通信,应用三个方面来设计。建模仿真环境可划分为研究开发环境(Research and Development Environment)和运行环境(Run Time Environment),两者有共享的资源。研究开发环境没有严格的时间管理要求,但要保证事件发生的前后顺序,而仿真运行环境必须有严格的时间管理,保证实时性。一般情况下,仿真系统运行时调用的资源是固定的、静态的,要实现调用动态资源则建模仿真环境体系结构更复杂。

建模仿真技术可应用于分析、研究、设计、制造、试验、训练等各个环节。基于仿真设计(Simulation Based Design,SBD)、基于仿真研究开发(Simulation

Based on Research and Development，SBR&D)、虚拟样机(Virtual Prototyping)，基于仿真采办(Simulation Based Acquisition，SBA)等都是以建模仿真为基础。在真实产品设备或系统生产出来之前，通过建模仿真在计算机上结合图形图像显示建立虚拟样机，进行分析设计和试验。目前，许多行业采用虚拟样机技术，缩短了产品研制周期，降低了成本，提高了质量。

综合环境[24]是数字电传飞行控制系统飞机六自由度仿真的软件工具。它基于Matlab/Simulink开发，包括传感器、作动器、飞行控制数字计算机的数学模型，综合环境可以实时运行，用于硬件在回路仿真。

综合环境的体系结构如图9.24所示，每个组件可以有不同的复杂度，各个组件如下：

（1）飞机飞行动力学。包括六自由度运动方程、气动模型、重力模型、铰链力矩模型、载荷模型等。

（2）大气数据模型。考虑了大气数据探头和大气数据计算机，大气数据探头测量大气静压、动压和大气温度，大气数据计算机将计算压力高度、爬升速率、

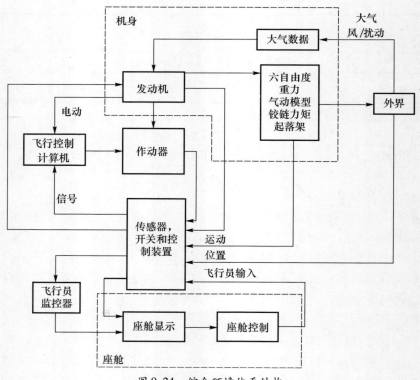

图9.24　综合环境体系结构

276

空速、马赫数、真空速和校正攻角。

（3）发动机模型。发动机推力是油门杆位置、飞行高度、马赫数的函数，推力动态变化过程可以用一阶延迟环节描述。

（4）大气环境。包括大气标准数据和模型、大气扰动模型和风切变模型。

（5）飞行控制计算机。飞行控制计算机模型包括各通道的数据铰链、传感器/作动器故障检测与识别的表决器和监控器、飞行控制律、自动驾驶仪模态和飞行包线保护模态。

（6）作动器。包括带电子控制装置和线性位移传感器的液压作动器模型，复杂的电子控制装置模型应包括传感器、解调器和闭环回路。

（7）传感器及开关控制。传感器模型考虑了故障、比例因子变化等特性，用于数字式电传飞行控制系统非线性动态仿真。

（8）座舱。座舱模型包括飞行员指令信号生成。

飞行控制系统设计涉及多个专业领域，包括飞机质量和惯性、空气动力学、液压和电子。不仅需要结构化方法，更需要一个强大的环境支持飞行控制系统的设计。采用集成环境用于飞机飞行控制系统的基于模型设计、仿真和分析[25]。

建模与仿真是现代飞机某些分系统设计过程高质量高效率的重要方法，飞行控制系统设计的各种要求将构成设计空间的边界，飞行控制律设计要考虑飞机数据、技术要求和飞行员经验，如图 9.25 所示，设计要求来源如下[26]：

（1）基本机动要求的操纵品质；

（2）飞机载荷和飞行包线；

（3）结构和气动伺服弹性对作动器某些频率上速度的限制；

（4）飞机重量、转动惯量、质心受燃油、载荷、乘员的影响；

（5）液压源、电源功率对操纵权限的限制；

（6）飞行动力学与非线性空气动力学在某些范围的不确定特性；

（7）涉及系统安全的余度管理和控制模式的快速变换。

描述实际的或设想的产品的飞行器仿真模型由以下部分组成[25]（图 9.26）：

（1）飞行员响应模型；

（2）控制律与逻辑软件；

（3）飞行员输入的操纵机构；

（4）作动器产生位置、能量、功率的；

（5）采集位置、速度、方位、姿态、能量、功率等参数的传感器；

（6）反馈信息的窗口、面板、显示器；

（7）飞机及周围环境。

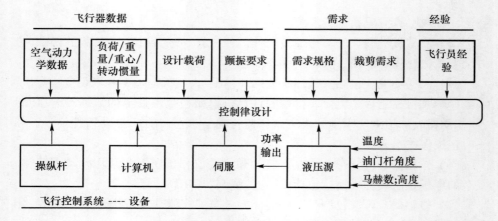

图 9.25　飞行控制律设计要求的来源

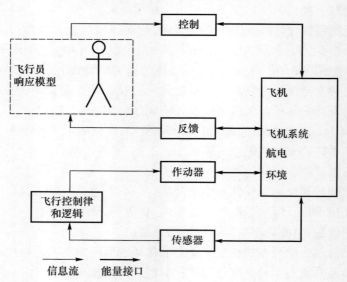

图 9.26　飞行器仿真模型基本组成

　　为使模型的研发和维护，以及分析、设计和验证工作更有效，整个环境的内容和布局(包括计算机、仿真工具、工具集成等)格外重要。模型可以不断完善，例如空气动力学可以修改数据、液压系统可以更改子模型，而航电系统只建立与飞行控制系统有关的模型(包括功能和接口)。

　　飞行控制系统设计环境通常由计算、仿真、绘图等一系列工具以及支持工具组成，支持工具包括设计人员之间通信、报告文档生成、打印等。从工程观点，设计环境可分为 3 个主要部分[25]，即图形建模设计环境 (Graphical Modeling

Design Environment, GMDE)、仿真环境和分析综合环境（Analysis and Synthesis Environment, ASE)，如图9.27所示。

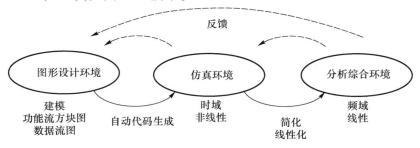

图9.27 面向飞行器控制系统设计的3种环境

图形设计环境（Graphical Design Environment, GDE）采用基于SystemBuild工具[14]的图形编辑器建立功能流方块图（Function Flow Block Diagrams, FFBD）和数据流程图（Data Flow Diagrams, DFD），图中包含信号流元件（如增益、乘法器、滤波器）和逻辑元件（如开关、状态机），从预定的不同功能程序库中选择模块建立或扩充模型。从图形设计环境将仿真模型设计结果通过自动编码生成和集成转换到仿真器和软件实现，进行时域分析。

仿真环境中有各种类型的仿真设备，包括非实时控制仿真工具，飞行员在回路的飞行模拟器（验证操纵品质和飞行软件），硬件在回路仿真（系统仿真器）。批处理仿真是将仿真模型运行在工作范围内多个工作点，除给定初始工作点外，还给定一系列工作点的动态仿真输入。批处理仿真结果采用图形显示，通过图形用户界面绘出批处理仿真的各个极值。

分析综合环境，将对控制系统设计及其有关部件的模型进行降阶和线性化。控制系统设计中常用频域分析方法，采用线性动力学数学模型，例如状态空间线性连续时间模型的 A、B、C、D 四个常值实数矩阵。飞行控制系统设计可将飞行动力学模型简化，分解为纵向运动和侧向运动。闭环系统分析需要调整控制器的增益和时间常数。支持仿真分析与可视化，仿真结果分析要处理大量数据，包括绘图、结果比较等，例如机动飞行批处理仿真的结果可采用基于Matlab的绘图，找出最大的攻角、侧滑角、过载和操纵面偏转角。当分析结束后，将开始下一个机动飞行仿真。仿真数据批处理可视化由综合化图形进行显示，对所有飞行运行点（不同飞行高度和速度）的信息数据加以综合。

上述3种环境的转换过程如下：

（1）从图形建模环境设计结果到仿真环境的转换通过实际模块的编码生成、编译、链接和集成进入到仿真工具，这是重复性程序工作，可采用自动编码。

279

如前文提到，目前已有多种自动编码生成器，如 Matlab/Simulink，MatrixX/Sytem-Build。

（2）从仿真环境转换到分析综合环境，将采取自动转换，能快速可靠转换到分析综合环境。仿真环境中采用的数学模型是高阶动力学模型，不便于分析，因而需要降阶线性化模型。采用自动化工具将模型进行降阶和线性化，找出状态变量与输入输出信号的线性关系，即 A、B、C、D 矩阵，矩阵降阶由工具完成。

3 种环境也对模型的校核与验证工作提供了支持。

验证（Validation）定义为"确定要求是正确、完整的要求的过程"，校核（Verification）定义为"评估结果的过程，保证结果与输入和规范的一致性和正确性"。简言之，验证代表要求正确，校核代表根据要求建立系统。校核与验证在不同阶段有不同内容：功能校核、软件测试与校核、系统测试与校核和飞行试验。其中：

（1）控制律的功能校核。在校核程序中对校核活动进行了规定，如果飞行员校核测试结果，发现其与指定结果不同，需要提交校核差异报告并由设计人员、测试负责人和飞行员共同商议处理。如果需要改变设计，将重新进行商定，实施和测试。完成校核后要发布校核报告，作为最终软件定型的决策依据。

（2）软件校核。根据实际要求和自动生成的代码量进行不同级别的代码审查，软件校核的一个有效的方法是比较目标代码与生成的仿真器代码。

（3）系统校核。主要针对系统仿真器开展，与等同产品的计算机和其他设备一起进行在环校核。当校核多通道系统时，基于模型方法的缺点在于：所有内部通道行为和总线通信都要进行分别测试。

上述集成环境的优点包括：在一种分析工具中研发，支持设计和实例分析；具有规范化使用功能程序库；自动生成编码；自动生成文件；模型自动降阶和简化；运行自动管理等。存在的主要缺点是：对于没有使用工具经验的设计人员，较难阅读文件[25]。

参 考 文 献

[1] Frost C R, Hindson W S, Moralez E, et al. Design and Testing of Flight Control Laws on the RASCAL Research Helicopter[C], Proceedings of the American Institute of Aeronautics and Astronautics Modeling and Simulation Technologies Conference, Monterey, CA. 2002.

[2] Nelson R C. Flight Stability and Automatic Control [M]. New York, McGraw – Hill, 1989.

[3] McRuer D T, Graham D, Ashkenas I. Aircraft Dynamics and Automatic Control [M]. Princeton University Press, 1972.

[4] Liu H H, Berndt H. Interactive Design and Simulation Platform for Flight Vehicle Systems Development[C].

AIAA Modeling and Simulation Technologies Conference and Exhibit,2006.

[5] Levine W S, Hristu – Varsakelis D. Some Uses for Computer – Aided Control System Design Software in Control Education[C]. Computer Aided Control System Design, IEEE. International Conference on Control Applications, IEEE International Symposium on Intelligent Control,2006: 2281 – 2285.

[6] Colgren R D. Workstation for the Integrated Design and Simulation of Flight Control Systems [J]. Control Systems Magazine, IEEE, 1989, 9(4): 25 – 28.

[7] Looye G. The New DLR Flight Dynamics Library[C]. Proceedings of the 6th International Modelica Conference,2008, 1: 193 – 202.

[8] Joos H D. A Multiobjective Optimisation – based Software Environment for Control Systems Design[C]. Computer Aided Control System Design, Proceedings, IEEE International Symposium on. IEEE, 2002: 7 – 14.

[9] Gilberto da Cunha Trivelato, Marcelo Lopes de Oliveira e Souza, Comparing MatrixX and Matlab for Modeling. Designing and Simulating Flight Control Systems [EB/OL]. http://www2. dem. inpe. br/marcelo/dados/MST4187. pdf.

[10] Chad R Frost. Flight Control System Design and Test for Unmanned Rotorcraft, IEEE Control Systems Society Technical Meeting, Santa Clara Valley, 2000.

[11] Spee J, Bijwaard D J A, Laan D J. Collaborative Engineering Environments——Two Examples of Process Improvement[R],NLR – TP – 98600,2001.

[12] Matt Lodge. Integration of the MathWorks Tools into Flight Control Law Design & Learance Processes – A BAE Systems Perspective [EB/OL]. http://www. mathworks. com.

[13] Introduction to Matlab, Simulink, and the communication toolbox [EB/OL]. http://www. eem. anadolu. edu. tr.

[14] MatrixX Overview – National Instruments [EB/OL], http://www. ni. com/pdf/products/us/matrixx _04. pdf.

[15] Tischler M B, Colbourne J D, Morel M R, et al. CONDUIT – A New Multidisciplinary Integration Environment for Flight Control Development[R]. National Aeronautics and Space Administration Moffett Field CA AMES Research Center, 1997.

[16] Jason Colbourne. The Development of the CONDUIT Advanced Control System Design and Evaluation Interface with a Case Study Application to an Advanced Fly by Wire Helicopter Design[R], NASA/TM – 1999 – 208763, AFDD/TR – 99 – A – 005, 1999.

[17] Tischler M B, Colbourne J D, Morel M R, et al. A Multidisciplinary Flight Control Development Environment and its Application to a Helicopter[J]. Control Systems, IEEE, 1999, 19(4): 22 – 33.

[18] Tischler M B, Lee J, Colbourne J. Optimization and Comparison of Alternative Flight Control System Design Methods Using a Common Set of Handling – qualities Criteria[J]. AIAA Paper, 2001, 4266.

[19] Frost C R. Design and Optimization of a Rotorcraft Flight Control System Using the Control Designer's Unified Interface(CONDUIT)[D]. California Polytechnic State University, 1999.

[20] Haouani M, Akhrif O, Saad M. A Software Environment for Aircraft Modern Control Design and Simulation [C]. Control and Automation, 2003. ICCA03. Proceedings. 4th International Conference on. IEEE, 2003: 345 – 349.

[21] Mooij E, Ellenbroek M H M. Multi – functional guidance, navigation, and control simulation environment

[R]. American Institute of Aeronautics and Astronautics,2007: 1 – 16.

[22] Shyam Chetty, Girish Deodhare. Design And Development Of Flight Control Laws For Lca [Eb/Ol]. http://nal – ir. nal. res. in/1679/1/jasiv542002. pdf.

[23] Lee Gaomin, Gao Yakui. An Integrated Platform For Aircraft Design: Flight Engineering Simulator[C], 25th International Congress of the Aeronautical Sciences, 2006.

[24] Marcel Oosterom. Soft Computing Methods in Flight Control System Design [EB/OL], http://www. dcsc. tudelft. nl/Research/PublicationFiles/publication – 6246. pdf.

[25] Henric Andersson, Bengt – Göran Sundkvist. Method And Integrated Tools For Efficient Design Of Aircraft Control Systems[C]. 25th International Congress of the Aeronautical Sciences, 2006.

[26] Pratt R. Flight control systems: practical issues in design and implementation[M], The Institution of Electrical Engineers and American Institute of Aeronautics and Astronautics, 2000.

内 容 简 介

本书介绍飞行器飞行控制系统的基本原理、技术和实现方法，飞行控制系统设计方法与支撑环境的相关知识，以及运用飞行仿真技术进行飞行控制系统设计与试验的方法与工程技术。书中内容主要包括飞行动力学模型，电传操纵系统原理与余度技术，数字式飞行控制系统的特点与实现技术，飞行控制系统的容错与重构技术，分布式飞行控制系统的结构与通信协议，飞行控制系统的设计任务、设计方法与设计过程，飞行控制系统设计支撑环境，以及面向飞行控制系统设计与验证的飞行仿真系统的实现技术。

本书理论、方法、技术与工程实践经验相结合，可供从事航空航天飞行器控制理论、技术与工程实现的技术人员参考，也适合作为航空、航天高等院校控制科学与工程学科飞行器控制、建模仿真相关专业学生的学习参考书。

Introduction

The basic principle, technology and realization method of the aircraft flight control system were introduced in this book, including design method and the supporting environment of the knowledge, as well as the use of flight simulation technology of flight control system design and the test method and engineering technology. The main contents of the book includes the flight dynamics model, the principle of Fly – By – Wire system and redundancy technique, the characteristics of the digital flight control system and its implementation technology, fault tolerance and reconstruction technology of flight control system, the structure and communication protocol of distributed flight control system, the design task, design method and design process of flight control system, design supporting environment, as well as flight simulation implementation technology used for flight control system design and verification.

The characteristic that theory, method, technology and engineering practice experience were combined in this book, make it very useful for the engineers and technicians to obtain reference material in the area of aerospace vehicle control theory, technology and engineering. It was also suitable as a reference book for the college students in aircraft control science and engineering, modelling & simulation and relevant major.